安徽省河长制决策支持系统技术研究与开发应用

赵以国　储涛　黄祚继　胡剑波　马浩　吴美琴　等著

黄河水利出版社
·郑州·

图书在版编目(CIP)数据

安徽省河长制决策支持系统技术研究与开发应用/赵以国等著.—郑州:黄河水利出版社,2020.6
ISBN 978-7-5509-2703-2

Ⅰ.①安… Ⅱ.①赵… Ⅲ.①河道整治-责任制-决策支持系统-系统开发-研究-安徽 Ⅳ.①TV882.854-39

中国版本图书馆 CIP 数据核字(2020)第 112093 号

组稿编辑:李洪良 电话:0371-66026352 E-mail:hongliang0013@163.com

出 版 社:黄河水利出版社
网址:www.yrcp.com
地址:河南省郑州市顺河路黄委会综合楼 14 层 邮政编码:450003
发行单位:黄河水利出版社
发行部电话:0371-66026940、66020550、66028024、66022620(传真)
E-mail:hhslcbs@126.com
承印单位:虎彩印艺股份有限公司
开本:787 mm×1 092 mm 1/16
印张:13.5
字数:312 千字 印数:1—1 000
版次:2020 年 6 月第 1 版 印次:2020 年 6 月第 1 次印刷

定价:90.00 元

前　言

为贯彻落实2017年3月6日中共安徽省委办公厅、安徽省人民政府办公厅发布的《关于印发<安徽省全面推行河长制工作方案>的通知》《安徽省全面推行河长制省级河长会议制度(试行)》等文件精神,根据水利部办公厅印发的《河长制湖长制管理信息系统指导意见》和《河长制湖长制管理信息系统建设技术指南》要求,安徽省河长制决策支持系统已建成,为指导用户正确操作和使用系统平台,切实提升安徽省河长制决策支持系统实际操作技能,特编写《安徽省河长制决策支持系统技术研究与开发应用》。

全书共分14章:第1章系统概述,介绍了河长制决策支持系统建设背景,提出了建设目标和系统内容,由臧东亮、齐航撰写。第2章应用平台前端建设内容,详细介绍了河长制信息化业务管理及信息服务平台、河长制地理信息系统平台、河长制省级调度(监控)平台、河长制业务移动平台、河长制信息发布平台和示范河湖监测平台六大平台建设内容,其中2.1节河长制信息化业务管理及信息服务平台,介绍服务于不同部门、各级用户日常处理河(湖)长业务、进行信息查询、协同办公等内容,由赵以国、胡剑波、龙斌撰写;2.2节河长制地理信息系统平台,介绍了在"水利一张图"的基础上,制作河湖长制一张图,实现全景监视内容,由王春林、张蕊撰写;2.3节河长制省级调度(监控)平台,介绍了满足省级河长和河长办开展调度工作,实现对全省河湖长制开展工作的全范围、全过程掌控,并能快速地进行河湖事件的组织调度与处置决策等内容,由黄祚继、吴美琴撰写;2.4节河长制业务移动平台,介绍了桌面终端和移动App主要建设等内容,由赵以国、刘怀利撰写;2.5节河长制信息发布平台,介绍了河长制发布的相关公开信息,由龙斌、臧东亮撰写;2.6节示范河湖监测平台,介绍了示范河湖实时视频监控、自动巡河和电子公示牌建设内容,由刘怀利、贾飞撰写。第3章应用平台后端建设内容,介绍了后端服务功能,主要为支撑六大平台前端软件功能的实现内容,由王春林、张蕊、宋强撰写。第4章河长制信息化业务管理及信息服务平台开发,介绍了工作台和综合管理功能开发内容,由陈乃庚、马浩、刘怀利、张九鼎、贾飞撰写。第5章河长制地理信息系统平台开发,介绍了河长制一张图、全景监视和自动识别功能开发内容,由王春林、宋强、赵佳撰写。第6章河长制省级调度(监控)平台开发,介绍了业务工作台、视频语音调度和水质监测监控功能开发内容,由胡剑波、黄祚继撰写。第7章示范河湖监测平台开发,介绍了示范河湖的实时监测、视频巡河、电子公示牌及综合管理功能开发内容,由马浩、贾飞、郭鑫及刘怀利撰写。第8章河长制信息发布平台开发,介绍了河长制信息发布、工作动态、通知公告等内容,由龙斌、储涛、胡剑波、臧东亮撰写。第9章移动App专业版应用平台开发,介绍了服务于各级河长及河长办工作人员,开展现场巡河、事件上报、问题处理、督查暗访等相关河长制工作内容,由赵以国、储涛、赵佳及张九鼎撰写。第10章移动App巡河版应用平台开发,介绍了服务于村级河长及基层巡河人员，开展现场巡河、事件上报工作内容，由方兵、吴美琴、王晓敏撰写。第11章移动App公众版应用平台开发，介绍了公众了解河长制信息，并对河湖问题进行投诉举报、献计献策等内容，由方兵、吴美琴、王晓敏撰写。第12章系统特色与科技创新，由黄祚继、朱岳松、臧东亮撰写。第13章数据库建设与数据整编，介绍了数据库建库与数据整编内容，由吴美琴、陈乃庚、朱岳松撰写。第14章数据上传、更新、修改，介绍了系统开放省、市、县三级修改权限，由各市、县(区)河长办负责本行政区划内的数据校核和补充完善工作，由臧东亮、方兵、郭鑫撰写。

全书统稿和校对由吴美琴、胡剑波、朱岳松及黄祚继共同完成，由赵以国、储涛、龙斌统审。

本书在撰写过程中得到安徽省全面推行河长制办公室、安徽省·水利部淮河水利委员会水利科学研究院、安徽省大禹水利工程科技有限公司、中水三立数据技术股份有限公司、安徽四创电子股份有限公司、中国电信集团系统集成有限责任公司、合肥信息工程监理咨询有限公司和北京新国信软件评测技术有限公司的大力支持和帮助，在此一并表示诚挚的感谢！

由于编写时间仓促，作者水平有限，不当之处恳请读者批评指正。

作　者

2020年5月

目　录

第 1 章　系统概述

1.1　系统概况

根据《安徽省全面推行河长制工作方案》,围绕河湖管理的目标,安徽省建立了“分级设立河长、建立河长会议制度、建立河长制办公室”的整套制度体系,确定了各级河长的职责和任务;对发展和改革委员会等 14 个省级河长会议成员单位进行了明确的职权划分,并从加强组织领导、健全工作机制、强化考核问责和社会监督上提出了河长制推进的保障措施,这对河长制的推行起到了重要的促进作用。由于河(湖)长制任务重、涉及部门多、管理范围大,安徽省河(湖)长制的实施过程中仍然面临诸多问题。例如,河长制办公室掌握的河湖信息完整性和实时性不强,需要河长会议成员单位加大信息共享和更新力度;河(湖)长制相关措施落实情况的统计汇总较为烦琐,以传统手工统计汇总的工作量大、难度高;河湖健康问题缺乏及时发现、及时处置的有效畅通渠道,各部门联动执法缺乏便捷的渠道和平台;河(湖)长巡河过程中发现的河湖健康问题无法及时共享、快速上报,导致问题处置滞后;河(湖)长履职情况难以监督,年度考核工作量大等,这一系列问题将导致安徽省河(湖)长制相关制度难以落实、工作机制难以保障,极大地阻碍了河(湖)长制的推进及其长效机制的构建。

为了更好地推进河(湖)长制工作的开展,利用“互联网+”思维,通过信息化技术,为河(湖)长制各部门履职和考核构建一个便捷的渠道与平台,形成服务于安徽省河长制的信息系统,是解决安徽省河(湖)长制推进过程中相关问题的有效手段。安徽省委、省政府高度重视,决定建设安徽省河长制决策支持系统(简称决策支持系统)。该系统立足基础数据,以河长需求为指导,从推进河(湖)长制角度出发,在最大程度地共享和集成现有数据、应用系统以及软硬件资源的基础上,建设决策支持系统,为决策支持系统的实施和建设提供科学依据与保障。

1.2　系统建设目标

按照党中央、国务院和安徽省委、省政府对全面推行河(湖)长制的总体部署,围绕安徽省河(湖)长制工作总体要求、组织形式与工作职责、主要任务以及保障措施等制度和规范要求,以安徽省全面推行河(湖)长制实际需求为出发点,依托安徽省省级河长会议成员单位信息化建设工作基础,依据国家及水利、环保、住建等行业信息化规划、顶层设计及相关行业规范;充分结合安徽省全面推行河长制工作业务管理实际,以河长信息系统智慧化为目标,开展决策支持系统的建设。该系统的建设,将解决安徽省河长制工作中存在的一系列问题,为安徽省河(湖)长制六大任务的开展提供强有力的支持。系统建设的主要目标如下：

(1)充分整合、集成和共享安徽省省级河长会议成员单位、河长办和各级河长信息系统相关资料，实现河(湖)长制信息共享，为安徽省五级河(湖)长和河长办掌握提供完整、实时、可靠的河长制相关信息。

(2)以辅助河(湖)长制“水资源保护、水域岸线管护、水污染防治、水环境治理、水生态修复和执法监管”为主要任务，实现河(湖)长制相关工作的自动分析，相关数据的自动统计以及河湖的实时监测，为各级河长办业务的开展、河(湖)长履职以及各部门综合执法提供便捷平台，为河(湖)健康问题的及时发现、及时处置提供畅通渠道。

(3)为河(湖)长履职与考核提供动态、自动的电子化监督和统计平台，保障考核评价结果的准确化和公平化，推进河(湖)长制并确保安徽省河(湖)长制长效机制的构建。

(4)以辅助河(湖)长决策为目标，实现安徽省河湖问题的快速发现、高效流转和及时优化处置，为河(湖)长“管河、护河、巡河”提供智慧化的业务服务与数据支撑，保障安徽省河(湖)长制决策的科学性，提高河(湖)长决策落地实施的可行性和实效性。

(5)加强河(湖)长制空间管控能力，统筹山水林田湖，以环境承载力为约束，强化流域空间管控，划定水功能区，严守生态保护红线，制定完善相关配套制度。

(6)提升河(湖)长巡河管理，坚持以问题为导向，以务实抓推进，进一步强化工作措施，协调各方力量，形成“河长牵头抓总，层层抓好落实”的工作合力，全面推进河(湖)长制工作。

1.3 系统内容

安徽省河长制决策支持系统的建设，服务于水资源、水环境、水生态和水务执法的涉水管理全过程，能实现“河湖综治化、管理精细化、业务流程化、巡查标准化、考核指标化”的安徽省河湖管理新模式，为安徽省各级河长、有关部门和工作人员提供先进可靠的信息系统支撑，以推动安徽省河(湖)长制组织工作的规范化、促进河湖管理协同工作的高效化、实现执法监督工作的实时化、保证河(湖)长制信息的公开化，全面提升河湖管理保护信息化水平。

1.3.1 系统用户

系统的用户包括：

(1)省、市、县(市、区、开发区)、乡(街道)、村五级河(湖)长，分为省级和各市、县(市、区、开发区)、乡镇(街道)总河长、副总河长以及各河湖所在市、县(市、区、开发区)、乡(街道)、村分级分段设立的河(湖)长；安徽省目前已设立各级总河长、副总河长、河(湖)长总计约5.4万名。

(2)省级和各市、县(市、区、开发区)、乡(街道)分级设立河长制办公室。

(3)河长会议成员单位，省、市、县三级河长会议成员单位和湖长协助单位。

(4)河道专管员。

(5)社会公众。

1.3.2　建设内容

安徽省河长制决策支持系统的建设内容如下。

1.3.2.1　标准规范体系建设

标准规范体系建设包括数据库标准规范、数据加工存储规范、数据资源共享规范、应用服务规范、数据更新规范、运行维护管理规范。

1.3.2.2　数据整合与集成

汇集水利、环保、住建、国土、林业等相关部门当前已有的各类数据,形成最完整的河湖数据体系;基于数据格式标准化、规范化,实现跨部门、跨平台的河湖数据聚集、整合与共享;以方便查询、展示各类数据,为各级河(湖)长和工作人员提供数据支撑,为全市各县(区)提供辅助决策支持,完成省河长办与省级河长会议成员单位之间的网络集成,确保各省级河长会议成员单位通过政务外网、互联网均能顺利访问决策支持系统,并能分别通过政务外网和互联网向决策支持系统共享和上报相关数据信息。

1.3.2.3　应用系统开发

应用系统开发包括河长制信息化业务管理及信息化服务平台、河长制地理信息系统平台、省级调度(监控)平台、河长制业务移动平台、信息发布平台、示范河湖监测平台、后台服务开发、数据库开发、系统统一登录门户建设等。

(1)河长制信息化业务管理及信息化服务平台功能需求。

河长制信息化业务管理及信息化服务平台包括工作台、信息管理、信息服务、河长履职、事件处理、抽查督导、项目管理、考核评估、投诉举报管理、河长知识库、统计分析、公文流转、工作简报、系统管理等功能。

(2)河长制地理信息系统平台功能需求。

河长制地理信息系统平台包括河长制一张图、全景监视、自动识别。河长制一张图包括河湖基础信息展现、水资源预警展现、水环境预警展现、河湖岸线变化预警展现;全景监视包括传感监视、遥感监视、移动监视(无人机)、视频监视、公众参与等;自动识别包括河湖污染责任主体自动识别、河湖管控范围自动识别、水面污染自动识别、水体富营养化自动识别、面源污染自动识别。

(3)河长制省级调度(监控)平台功能需求。

河长制省级调度(监控)平台包括业务工作台、视频监视、联席会议、作业调度、调度决策支持等。业务工作台包括调度数、河湖可视化展示、省河长制推进情况展现、河长考核情况、空地一体化监测等;视频监视包括视频管理功能、视频显示功能、视频存储功能;联系会议包括在席语音会议、视频联席会议;作业调度包括语音调度、视频调度、无人机调度、智慧作战专题图;调度决策支持包括水量监控预警、水质监控预警、突然污染应急处置决策、涉水案件处置决策、项目管理调度与监控等。

(4)河长制业务移动平台功能需求。

河长制业务移动平台包括河长制桌面终端、河长通 App。河长制桌面终端包括综合展示、来电智能查询、去电智能匹配;河长通 App 包括综合展示、信息查询、事件管理、巡查监督、考核评估、任务管理、移动直播、信息采集、社会监督、信息推送、巡河管理、信息发布等功能。

(5)河长制信息发布平台功能需求。

河长制信息发布平台包括公众App、河长微信公众号、河长网页。公众App包括信息公开、工作动态、举报投诉、曝光台;河长微信公众号包括河(湖)信息发布、工作动态、投诉举报、曝光台;河长网页包括河(湖)信息发布、工作动态、投诉举报、曝光台。

(6)示范河湖监测平台开发功能需求。

示范河湖监测平台包括实时监测、视频巡河、电子公示牌、综合管理功能。该平台在满足河湖长制日常工作的基础上,围绕河湖长制六大任务,辅助河湖长决策,以长江、淮河、新安江和巢湖作为典型示范河湖,建设视频站点,系统采用无插件浏览模式实现视频在线播放。利用远程视频巡河功能,可自动巡河或手动巡河,代替人工巡河工作,提高巡河效率。利用电子公示牌,展示河长信息、管理职责、管控范围、投诉举报途径,动态展播河长制相关信息以及公益类宣传视频。对视频站点、电子公示牌实现增删改查管理,并可对巡河记录做查看、删除操作,对电子公示牌实现远程开启控制。

(7)后台服务开发功能需求。

后台服务开发包括统一地图服务、线路导航服务、遥感监控分析服务、公文流转管理服务、值班电话接入服务、水污染防治评估与预突发水污染事件预测预警与处置决策、视频监视智能识别与分析、遥感影响智能识别与分析、三网通短信发送平台、移动App后端服务平台等功能。

(8)数据库开发。

数据库包括结构化数据库和非结构化数据库。

结构化数据库包括:基础数据库、动态数据库、属性数据库、空间数据库。

非结构化数据库包括:文本数据库、音视频数据库、图像数据库、GIS相关数据库。

(9)系统统一登录门户建设。

系统统一登录门户建设包括统一用户集成、统一认证集成。

统一用户集成:用户管理、用户注册、统一信息更新、统一权限设定。

统一认证集成:身份认证管理中心、访问统计分析。

1.3.2.4 系统集成

从横向和纵向两个方面,开展网络数据、应用服务、数据、软硬件的集成。横向面向省级河长会议成员单位,集成现有的网络数据和服务,确保省级河长会议成员单位可通过政务外网和互联网访问决策支持系统,并能共享和上报相关数据信息。纵向面向各市河长办,集成现有的数据和服务。充分整合现有各部门相关数据,对河长制相关信息系统提供的服务进行整合。

1.3.2.5 安全体系建设

河湖数据库在水利数据中心基础上进行扩展,六套应用平台,其中四套需要部署政务网内,两套部署在互联网端,本系统要调用和使用的政务网核心数据按当前水利数据中心等级保护要求执行,其余应用系统按三级等级保护要求执行。

1.3.2.6 系统部署与实施

部署和实施要满足如下需求:

（1）平台面向省、市、县、乡、村五级用户，按照省级部署、三级贯通和五级应用的原则进行部署。

（2）决策支持系统的六大平台中，河长制信息化业务管理及信息服务平台、河长制地理信息系统、省级调度（监控）平台、示范河湖监测平台部署在安徽省水利专网；河长制业务移动平台、河长制信息发布平台部署在公网。

（3）省、市、县、乡、村五级用户通过统一用户管理模式访问各平台，平台按照用户的不同层级、不同角色分配功能和数据权限，以及业务流转模式，满足五级人员的安全使用。

（4）尚未进行市级平台建设的市，共享使用省级平台，系统在部署时将功能模块分为通用功能和特殊功能，通用功能面向所有用户统一开放，特殊功能则是各个市特殊的业务需求，根据各个市要求单独立项开发，按照用户权限进行配置开放，达到求同存异的目的。

（5）已经建设有市级平台的市，需依据省级平台数据规范和接口标准，开发相应的接口，对接省级平台。

第2章 应用平台前端建设内容

应用平台前端建设内容主要包括信息化业务管理及信息服务平台、地理信息系统平台、省级调度(监控)平台、业务移动平台、信息发布平台和示范河湖监测平台六大平台建设,后期可扩展为 N 个平台,涵盖全省16市134县(区)。

2.1 河长制信息化业务管理及信息服务平台

建设包含河长制业务工作台、信息管理、信息服务、河长履职、事件处理、抽查督导、项目管理、考核评估、投诉举报、河长知识库、统计分析、公文流转、工作简报、系统管理在内的河长制业务服务平台。平台服务于不同部门、各级用户日常处理河(湖)长业务、进行信息查询、协同办公,不同用户的功能权限及数据权限都有所不同。相关功能实现的效果和功能内容如下。

2.1.1 工作台

工作台的主要功能是实现对河(湖)长管辖范围内河道基本信息和治理活动实时可视化展现,帮助河(湖)长全面地了解辖区范围内的河(湖)、河(湖)长信息、下级河(湖)长履职信息、水质状况、河道事件、系统使用信息、投诉信息等情况。

2.1.1.1 数据展示板

数据展示板是用户了解河湖信息和河(湖)长制推进状况的快捷窗口,展示板按照不同的模块显示管辖区域内河道数量、涉河事件数量、河(湖)长数量、区域总巡查次数、专项行动、河(湖)长使用次数以及重点项目等数量。

2.1.1.2 水资源三条红线预警

动态实时展现全省水资源三条红线的目标,当前全省用水总量、用水效率和排污总量,实时判断当前是否超过红线要求,设置预警值,并以统计图表的形式对比展现不同产业、不同市县的用水总量、用水效率和排污总量等数据。

2.1.1.3 水质达标情况展现

将水质分为Ⅰ、Ⅱ、Ⅲ、Ⅳ、Ⅴ、劣Ⅴ共六类,基于水质达标分析结果,展现省控水质断面的COD、氨氮、总磷、总氮等水质指标值,并展现其达标评估结果,通过饼状、柱状等统计图表展现所有断面,不同类别水体的占比、达标和不达标断面的占比等数据。

2.1.1.4 突发水污染情况展现

展现省级河湖的当日和上一季度的突发性的水污染情况,按照企业偷排、交通事故导致污染、船舶泄漏、沿岸工厂事故、地质灾害引发污染等类型,对突发水污染情况进行统计,以饼状、柱状等图表展现各类型事件的占比等数据。

2.1.1.5　事件处理情况展现

以统计图表的形式,分别展现全省各个市和省级河湖中所有涉河事件的总数、结案数和正在处理数的数量和占比等数据。

2.1.1.6　综合执法情况展现

实现对河湖治理综合执法总体情况展示,包含事件数量、完成数量、完成百分比,支持按照不同行政区、不同河流、不同时间等维度进行选择性的展现。

2.1.1.7　专项行动情况展现

实现对河湖治理专项行动总体情况展示,包含事件数量、完成数量、完成百分比,支持按照不同行政区、不同河流、不同时间等维度进行选择性的展现。

2.1.1.8　公众投诉统计情况展现

展现各市的公众投诉情况,根据投诉来源,以统计图表形式展现公众通过 App、微信、电话等平台进行投诉的数量和占比等数据;同时展现公众投诉案例的核实数目和结案数目等数据。

2.1.1.9　河(湖)长使用情况展现

实现以统计图表的形式展现全省所有河(湖)长当日、当月和本年度使用决策支持系统六大平台的数量、不同平台的使用人数占比等数据。

2.1.1.10　河(湖)长巡河情况展现

实现以统计图表的形式展示按市、县各级河(湖)长的巡查次数、巡查达标率等情况。

2.1.2　信息管理

对系统所有数据进行分级分权限管理,上级河长办支持管理下级河长办基础信息数据,下级河长办对上级河长办和平级河长办单位不具备管理权限,信息公开内容不在此约束范围内。

2.1.2.1　基础数据管理

基础数据管理实现对河湖管理保护涉及的河道、水系、污染源、排污口、水利设施等基础信息的管理,包含河流管理、河道网格管理、部件管理、数据导入导出等功能。

1.河流管理

提供河流信息的维护、查询和更新等功能,用户可以新增、修改、删除河流的属性,并提供河流批量导入导出等功能。

2.河段管理

实现河长根据自己所管辖河段的长度,可以在地图上设定河段的起始点、终点等信息,以确定河段的地理位置,并填写河段的名称、位置、起始点地名、管辖河长等相关信息。

3.湖泊、水库管理

实现河(湖)长根据自己所管辖湖(库)范围,确定湖(库)的地理位置,并填写湖(库)的名称、位置、管控范围、管辖湖长等相关信息。

4.数据导入

提供标准数据模板,实现断面水质、水闸、泵站、排污口、污染源、河(湖)长等数据的导入。

5.数据导出

按照要求的格式,实现属性数据和相关统计报表的导出。

6.部件管理

提供河道部件的增、删、改、查,批量导入、数据审核、数据版本管理等功能。河道部件包括河(湖)长公示牌、水质监测站、水文监测站、监控摄像头、监测断面、涉河项目等部件信息。

7.黑臭水体管理

提供黑臭水体信息的增、删、改、查等功能,支持数据批量导入。具体信息包括:黑臭水体的名称、消除状态、位置、联系人信息、污染成因、污染指标、计划消除时间等信息。

8.组织体系信息

实现以树状结构展示河长制工作中涉及的单位部门,用户可以查看每个部门的详细信息,包括行政区划、部门名称、负责人、联系方式、地址、上级部门等。用户可按条件对部门进行筛选。组织体系管理实现管理与查询权限分离,实现全省组织机构和河(湖)长及河长办人员联系方式管理功能。组织体系查询权限,本级河长能够查看上一级河长和工作人员与河流上下游相关河流河长和工作人员联系方式查询功能;普通工作人员能够查询上一级工作人员和河流上下游相关河流工作人员联系方式。

9.方案制度信息

实现将安徽省河长制工作方案和管理制度,按工作方案、管理制度标准等不同分类进行结构化展示,用户可查看、填写、修改、下载和上传相关文档等。

2.1.2.2　行政区域管理

提供行政区域信息的维护、查询和更新功能,省级用户可以新增、修改、删除行政区域位置,能通过批量导入的方式上传行政区域信息。

2.1.2.3　组织领导

1.组织机构管理

实现以树状结构展示河长制工作中涉及的单位部门信息,包括行政区划、部门名称、负责人、联系方式、地址、上级部门等信息。用户可按条件对部门进行筛选,同时可以对组织机构信息进行维护,包括新增、修改、删除组织机构,并提供批量导入功能。

2.河(湖)长树

实现河(湖)长信息按省、市、县、乡、村分成5级显示,用户可以分权限查看河(湖)长姓名、职位、所属单位、联系电话等信息,权限划分支持对相关流域和上级直管单位河长工作人员资料查看功能,也可以查看其所管辖的河湖信息,展示河流(段)(包括各支流)的起止位置、所在行政区名称、河流(段)长度、湖泊位置、湖泊面积等。此外,可以查看河(湖)长上下级关系树。

2.1.2.4　一河(湖)一策

实现“一河(湖)一策”的查询、管理功能,实现“一河(湖)一策”中相关业务全生命周期管理和全流程存档,具体包括档案管理、“一河(湖)一策”结构化管理、整治项目管理等功能模块。

1.档案管理

档案管理模块能提供河道治理策略、档案资料、公示牌、涉河信息等河道相关数据信息化管理功能,面向河(湖)长提供相关信息搜索、查阅、下载、导出、打印等功能,面向河长办系统维护人员提供文件上传、下载、修改更新、删除等高级权限。

(1)档案查询:支持通过关键词、条件选择(如流域、行政区域)对“一河(湖)一策”的相关信息进行查询,并支持在线浏览。

(2)档案上传:支持用户将“一河(湖)一策”相关材料进行上传,存入系统,供其他用户查阅。

(3)档案修改:支持用户在线修改“一河(湖)一策”相关材料,并进行保存。

(4)档案删除:支持用户针对上传错误的材料或者是旧版的“一河(湖)一策”相关材料进行删除。

(5)档案下载:支持用户下载选中的“一河(湖)一策”材料。

(6)档案打印:支持用户打印选中的“一河(湖)一策”材料。

2.结构化管理

实现能将文档进行结构化管理,并与河湖数据库以及相关工程进行关联。用户可根据不同权限查看不同河湖结构化信息,系统可自动生成各级“一河(湖)一策”档案。结构化管理中的信息包括:

(1)河(湖)基本情况:按照省河长办河(湖)单元划分原则,展示县(市、区)域内河(湖)划分情况,河(湖)在整个流域中的地理位置,以及河(湖)(包括各支流)的水系特征、水文特征等。

(2)河(湖)长基本信息:展示和管理河(湖)的管控范围、所在行政区名称、河(湖)长姓名及职务等信息。

(3)问题清单:展示和管理水资源保护、水域岸线管理保护、水污染防治、水环境治理、水生态修复等方面的主要问题、成因简析、影响范围、是否已经纳入相关治理保护规划等信息。

(4)目标清单:展示和管理水资源保护、水域岸线管理保护、水污染防治、水环境治理、水生态修复的总体目标、阶段目标和责任部门等信息。

(5)目标分解清单:展示和管理水资源保护、水域岸线管理保护、水污染防治、水环境治理、水生态修复总体目标(主要指标、现状和预期指标值)、阶段目标(第一、二、三年度)和河(湖)长信息(姓名/职务)等信息。

(6)任务清单:展示和管理水资源保护、水域岸线管理保护、水污染防治、水环境治理、水生态修复、执法监管的总任务、阶段目标(指标项,第一、二、三年度指标值)、具体任务(第一、二、三年度)和责任部门等信息。

(7)措施与责任清单:展示和管理水资源保护、水域岸线管理保护、水污染防治、水环境治理、水生态修复的措施内容、责任分工(牵头部门、配合部门、监督部门)等信息。

3.整治项目管理

实现的整治项目管理信息的展示,提供整治项目的增加、删除、修改等功能,用户可将项目信息列表进行导入、导出、打印。系统通过GIS展示相关整治项目的具体位置。

实现的整治项目类型有河湖周边非法排污口封堵工程、养殖场拆除工程、生态修复工程等,具体信息包括项目名称、项目负责人、项目具体位置、项目整治进度、前后对比图等。

(1)项目信息:实现对整治项目信息的管理,系统能提供基本信息的登记与查询功能。可通过行政区、流域等多维度查询相关项目信息。

(2)进度上报:实现对项目施工过程中进度情况的管理,实现对项目进程的实时监控管理,确保项目按期完成。系统实现相关资料的填写上报,可通过行政区、流域等多维度查询项目的整治进展情况。

(3)项目监督:通过系统实现对施工现场的"远距离"监控管理。系统通过关联工地可视化视频站点,接入工程现场视频监视影像,并结合移动监管模块实现对施工现场信息的实时监控,实现对施工现场情况的及时控制,确保施工安全和质量。

2.1.2.5　一河(湖)一档

实现对"一河(湖)一档"信息的新增、修改、删除、下载等管理功能,包括基础信息和动态信息。基础信息包括河湖自然属性、河(湖)长信息等;动态信息包括取用水、排污、河湖水质、水生态、岸线开发利用、河道利用、涉水工程和设施等。具体信息上报要求参照水利部《一河(湖)一档建立指南》施行。

2.1.2.6　工作过程信息

对河(湖)长制工作过程中的信息进行记录并向用户展示,河(湖)长制工作过程信息包括工作记录、巡河(湖)信息和事件信息等。

1.工作记录

实现为河长办日常办公提供便利,用户在处理河湖问题或工作中有需要记录的内容时可以对工作内容进行记录。用户可以查看本级河长办和下级河长办填写的记录。

2.巡河(湖)信息

实现河(湖)长与河长办用户查看本级和下级所有河湖的河(湖)长巡查记录,包括巡查上报问题及图上巡查轨迹等信息以及河道专管员巡河信息。

3.事件信息

实现用户可查看需要处理的事件信息,包括事件的详细内容及处理情况,用户可以依据条件进行选择搜索。

2.1.2.7　河(湖)长考核

实现对各级河长的自动考核,并提供统计排名,考核支持月度考核、季度考核、年度考核。投标供应商需根据安徽省河长制考核办法,提供河(湖)长考核的流程、主要功能和实现效果。

2.1.2.8　抽查督导信息

实现对河(湖)长巡查发现问题处理情况的督导、河(湖)长制重点项目进展情况的督导、公众投诉问题处理的督导,督导员可通过PC端和移动端对被督导对象进行评估。

2.1.2.9　监督信息

实现对公众上传的举报监督信息按照排查、流转、结案的标准流程进行处置,并展现公众举报信息的处置状态,方便公众监督相关举报信息的流转过程和处置进展。

2.1.2.10　信息发布

实现向各河(湖)长或工作人员的终端页面或 App 端发送或推送河长办通知、河(湖)长联席会议公告等相关信息。

2.1.3　信息服务

2.1.3.1　信息上传服务

实现对各河长会议成员单位和各级河长办,提供需要共享和上传信息的一次性导入和上传服务。

2.1.3.2　信息查询服务

实现针对信息查询需要,为用户提供按照关键字、信息类别、发布时间等的精确和模糊查询服务。

2.1.3.3　信息下载服务

提供各级河长办、成员单位等用户对所辖职能范围和管理区域数据的回传与下载服务。

2.1.3.4　信息展示

以可视化方式提供相关信息展示,采用表格、图形、地图和多媒体等多种方式为各级河长办提供河(湖)长制基础信息和动态信息的查询与展示。展示内容主要有河湖(河段)信息、工作方案、组织体系、制度体系、管护目标、责任落实情况、工作进展、工作成效、监督检查和考核评估情况等。

2.1.4　河(湖)长履职

实现从河(湖)长巡查、问题协调处置和日志上报三个维度对各级河(湖)长履职情况进行数字化管理和展现。

2.1.4.1　问题处置

针对各类事件的举报、核实、处理、查询等流转过程,包括事件受理、待办事件、已办事件、办结事件、领导批示、处理意见、综合查询功能。

1.事件受理

基层河(湖)长或工作人员通过专用 App 或公众微信号,对发生的各类河湖事件进行举报,支持对水体、岸线、排污口、涉水活动、水工建筑物、公示牌等巡查内容的事件记录和举报。自动将数据转发到事件发生地的联络员处,由联络员分发到相关河(湖)长处理。

2.待办事件

实现在事件举报进行到相应流转流程后,流转到当前登录用户,展现当前用户需进行下一步处理时的所有事件。

3.已办事件

显示当前登录用户处理过的事件,用于快速跟踪此类事件的处理过程及结果。

4.办结事件

在事件举报进行到相应流转流程后,流转到当前登录用户,展现当前用户已处理过且得到最终处理的所有事件。

5.领导批示

展现当前登录用户的上级河(湖)长指示过的事件列表,便于当前用户及时跟踪处理领导批示的问题。

6.处理意见

展现当前登录用户为下级批示过的事件列表。主要对下级上报的事件进行批示,批示过程中可添加事件处理意见,审批完成后批示结果自动下发到事件处理的职能部门。

7.综合查询

提供依据各种查询条件查询功能,可以按事件来源、事件等级、事发区域、时间、事件状态等过滤所需查看事件信息。

2.1.4.2 巡查管理

在功能上巡查管理包括河(湖)长巡查统计、河道专管员巡查、巡查记录达标统计和预警。支持按区域、年、季、月等维度进行查询;支持各级河(湖)长和巡河(湖)员对巡查河湖过程进行管理。

1.河(湖)长巡查统计

统计下级河(湖)长的整体巡查情况,支持按指定时间段查询,反映巡查任务、范围、周期等巡查计划的情况。支持图形化方式对区域河(湖)长巡查频率排行、巡查次数统计、随时拍排名、河湖及河(湖)长统计等指标的自动化展现。

2.河道专管员巡查

记录河道专管员的巡查历史情况,河道专管员采用移动终端,发现问题即时清理上报,同时记录巡查轨迹,便于相关部门对巡查工作与次数的监管。

3.巡查记录

支持自动对河(湖)长巡河过程中的巡查时间、轨迹、日志、照片、视频、发现问题等进行巡查记录。

4.达标统计和预警

对各个区域河(湖)长巡查达标情况进行统计分析展现,对统计到未达标的河(湖)长进行预警。

2.1.4.3 河(湖)记录

实现对河长记录、下级河长记录数据的管理、查看、批示及分析等功能。

1.河长记录

河长记录支持填写日志、查看历史巡河日志,并支持历史巡河日志装订成册功能。

2.下级河长记录

下级河长记录支持河(湖)长查看下级河(湖)长记录统计信息,对下级河(湖)长正常记录、补写记录、应巡次数、已巡次数等信息进行整体了解,支持查看记录详细信息和批示等功能。

2.1.5 事件处理

针对各类河(湖)长上报、公众举报投诉及领导交办事件的处理,对事件形成问题受理、事件派发、情况跟踪和结果反馈的闭环业务处理流程,创建事件、处理派发待办事件、跟踪催办在办事件、查看汇总结案事项等。

事件处置模块的功能包括综合查询、待办事件、事件跟踪、领导批示、办理意见。

2.1.5.1 综合查询

依据各种查询条件进行综合查询功能,按事件来源、事件等级、事发区域、时间、事件状态等过滤所需查看事件信息。

2.1.5.2 待办事件

当事件举报进行到相应流转流程后,流转到当前登录用户,展现下一步处理的所有事件。

2.1.5.3 事件跟踪

显示当前用户参与处理的事件,用于快速跟踪此类事件的处理过程及结果。

2.1.5.4 领导批示

显示当前登录用户的上级河(湖)长批示过的事件列表。便于当前用户及时跟踪处理领导批示的问题。

2.1.5.5 办理意见

显示当前登录用户为下级批示过的事件列表,主要对下级上报的事件进行批示,批示过程中可添加事件处理意见,审批完成后批示结果自动下发到事件处理的职能部门。

2.1.6 抽查督导

实现对河(湖)长巡查发现问题处理情况的督导、河(湖)长对重点项目进展情况的督导、公众投诉问题处理的督导。实现PC端和移动端督导数据的采集、推送。抽查督导的主要内容包括河(湖)长制实施、河(湖)长履职、责任落实、工作进展、任务完成等情况,抽查督导主要有以下功能。

2.1.6.1 样本抽取

在所辖行政区范围内,按照“双随机、一公开”原则进行抽查督导样本的抽取。

2.1.6.2 现场巡查导航

为督察员提供前往督查现场的路径信息,为督察员的现场督查提供导航服务。

2.1.6.3 督导信息管理

对督导方案、督导过程和督导结果等信息进行录入和管理。

2.1.6.4 督导信息汇总统计

对历次督导的成果信息进行汇总统计。

2.1.7 项目管理

项目管理实现对河(湖)长制相关项目管理,包括项目查看、项目信息管理及综合管理,以及项目整体分布、进度、资金使用情况的分析展现。

2.1.7.1 项目查看

在一张图上对管辖区域内容所有重点项目的分布情况进行展现,支持点击查看项目的详细情况,支持按照区域、年度、类型对项目进行查询。

2.1.7.2　项目信息管理

实现对项目进行增加、修改、删除、导出、督办、进度查看等功能。

2.1.7.3　综合管理

对项目整体情况进行综合管理。

2.1.8　考核评估

考核评估分行政区域考核、上级河(湖)长对下级河(湖)长考核和河长会议成员单位考核三个考核模块,提供考核对象的随机抽查、考核统计排名和考核通报等功能。

2.1.8.1　自评表填写

系统开通河(湖)长制考核自评表网上填写功能,由市、县级河(湖)长或河长办工作人员填写自评表,自评表内容涵盖《安徽省河(湖)长制省级考核办法》所示表格的所有评分内容。

2.1.8.2　自评报告上传

市、县级河长办或河(湖)长可上传编撰的年度河(湖)长制工作自评报告,以 Word 文档和扫描 PDF(盖章)两种形式上传报告的功能需求。

2.1.8.3　现场考核

根据省考核办法进行现场考核。履行有关手续后,实现将考核结果上传至系统。

2.1.8.4　考核统计

根据各市、县填写的自评表,统计全省所有考核对象的得分情况,统计达标率;考核统计过程中,针对所考核对象的河(湖)长任务,对其考核任务的完成情况进行统计,考核指标以《安徽省河(湖)长制省级考核办法》为准。

2.1.8.5　考核排名

自动展现所有被考核对象的考核结果,对考核结果按照总分、分项分进行排名并展现。

2.1.8.6　考核通报

实现考核结果在履行相应的程序后,发布通报信息。

2.1.9　投诉举报

对公众的投诉举报或者意见建议等进行管理。系统以照片、录音、视频、文字描述等多种形式对投诉建议信息进行综合展示。

2.1.9.1　投诉管理

按照电话投诉、App 投诉、微信投诉和网站投诉等来源类型,审核后的投诉内容进行存档管理,投诉信息包括事件名称、投诉时间、投诉区域、所在河段、管辖的河(湖)长、投诉内容、投诉事件类型、投诉处置业务部门、投诉语音记录、文字记录、照片视频记录、投诉处置流程和处置结果等具体信息。可对投诉内容进行删除、修改、增加等操作。

2.1.9.2　投诉查询

支持通过河湖名录、河(湖)长名录、投诉来源类型、投诉类别以及投诉关键字查询所有投诉的内容,并对其进行展现。

2.1.9.3 投诉审核

投诉流转之前,需要进行审核,河长办工作人员查看投诉的具体内容,并进行投诉真实性的校核,审核通过进入流转环节,审核不通过则退回。

2.1.9.4 投诉提醒

投诉后,通过高亮显示、文字通知等方式,提醒河长办工作人员有新的投诉,并在地图上展现投诉的具体位置。

2.1.9.5 投诉事件流转

河长办根据投诉内容,分类派发至相关的下级河长办或相关部门。

2.1.10 河(湖)长知识库

构建河(湖)长知识库,基于自然语言处理、数据挖掘、机器学习等技术,为各级河(湖)长在工作中遇到问题时,提供了智能查询、自动问答、辅助决策的功能。河(湖)长知识库应该包括本体库构建、河(湖)长系统知识图谱、领域专家库、智能查询问答、舆情监测等相关功能模块。

2.1.11 统计分析

对河湖管理保护中涉及的所有信息进行统计分析,支持图表、柱状图、树状图等不同方式展现统计分析结果。

2.1.12 公文流转

为河长制办公提供全电子化公文处理环境,支持收文、发文的全过程自动化,包括但不限于公文编辑、发布、提醒、撤回、审核、批量发送、公文打印等功能。

2.1.13 工作简报

实现各级河长办工作简报的编制、审核发布、查询等功能。

2.1.14 系统管理

实现包括角色权限权利、用户管理、功能模块管理、记录管理等具体功能内容。

2.2 河长制地理信息系统平台

在“水利一张图”的基础上,制作河长制一张图,实现全景监视。完成的具体功能描述如下。

2.2.1 河长制一张图

河长制一张图是河长制地理信息系统平台的核心功能,通过一张图,全面展现全省河湖的总体概况,实现对水资源、水环境和河湖岸线变化预警等数据信息展现。

2.2.1.1　河湖基础信息展现

通过地理信息系统的基本数据显示功能，叠加展现不同的地理信息图层。图层包括但不限于下述内容：

（1）河道基础信息。河道信息包括河道基本信息、河长公示牌等信息。全省各级河道按照行政区划分不同级别展现，采用地图和统计图表结合等形式展现。提供按关键字、简写等多种搜索规则的条件查询及通过地图点选、框选等方式的空间查询功能，查询到的河道部件及其数据信息结果，高亮显示在地图中心。

（2）湖泊基础信息。湖泊信息包括湖泊基本信息和湖长等相关信息。系统采用地图和统计图表结合等形式展现湖泊信息。提供按关键字、简写等多种搜索规则的条件查询以及通过地图点选、框选等方式的空间查询功能，查询到的河道部件及其数据信息结果，高亮显示在地图中心。

（3）河（湖）长管控范围图。

（4）行政区划图。范围到乡（镇）。

（5）流域图。

（6）河湖水质信息。在地图上直观地展现河湖水质监测断面的历史和当前水质情况。

（7）污染源信息。将区域内的各类污染源叠加在地图上进行显示，并按污染严重程度进行分级显示，可以查看污染源的详细信息。

（8）水生态信息。在 GIS 地图上全面展示水生态修复工作相关内容。具体的展示内容包括河湖生态保护红线、生态工程、水系连通（城区）、水土保持、水源涵养林、河湖沿岸绿化、湿地等信息。

（9）水功能区划信息。通过面状地图结合属性表的形式，展示河流水功能区规划情况，用户可查询水功能区相关信息，包括水功能区名称、分类、水质目标与水质现状等信息。

（10）水资源信息。通过面状地图结合属性表的形式，展现所有河道和河段取水口、重点用水大户的用水量等信息。

（11）监测断面。将河道所有监测断面在地图上进行标示，用户可以查看监测断面实时监测信息。

（12）河湖信息树。按照省、市、县、乡四级河道，以瓦片叠加的模式展现不同级别的河道（段）、湖泊，提供所有河道（段）、湖泊的信息树展现方式，包括河湖信息、上下级河道关系图、所属网格、网格内的部件、事件、项目、河（湖）长信息、上下级河（湖）长关系图、河湖档案、治河（湖）策略等信息。

（13）河湖事件信息。支持查看所有河湖事件数据。

（14）水利工程信息。支持用户可分类查看水库、堤防、水闸、泵站等水利工程的位置及其详细信息。

（15）重点项目信息。通过地图展示相关整治项目的具体位置、项目名称、项目负责人、项目具体位置、项目整治进度、前后对比图等信息。

（16）执法监管信息。在 GIS 地图上全面展示河湖执法监管相关内容，通过位置信息展现违法区域,主要的执法信息包括侵占水域岸线、违法排污等违法事件。

2.2.1.2　水资源预警展现

展现水资源用水总量、排污总量三条红线,并对超标区域进行预警。

2.2.1.3　水环境预警展现

展现水质情况、水质变化情况,并对超标区域进行预警。

2.2.1.4　河湖岸线变化预警展现

展现河湖岸线情况,并对岸线破坏区域进行预警。

2.2.2　全景监视

通过一张图集成河湖的传感监测、遥感监测、移动监视(无人机巡河)、视频监视、公众参与等信息,提供所有监控信息的监控位置定位、详细信息浏览查询、历史信息统计等多种功能。

2.2.2.1　传感监测

关联河道部件并完整地展现对应的水质、水量、水位和雨量等传感器监测的信息。

2.2.2.2　遥感监测

基于遥感影像的采集、分析服务,实现对安徽省河(湖)长制的遥感监控。

2.2.2.3　移动监视(无人机巡河)

汇集无人机巡河过程中的移动监控数据,对数据进行对比分析,与历史视频图像同屏对比。用户可通过对比分析,了解当前移动监控区域的河湖健康态势。

2.2.2.4　视频监视

在地图上显示视频监视摄像头的位置,可调取被选取摄像头的实时图像,通过视频监视管理模块可对摄像头进行远程控制。完成河(湖)长制相关视频集成任务。

2.2.2.5　公众参与

利用 GIS 平台,实现投诉信息在地图上的分布展示,并可通过投诉列表的方式展示公众投诉举报情况。

2.2.3　自动识别

基于应用服务支撑模块,对河湖监控视频有关指标进行智能化分析,提供如下功能。

2.2.3.1　河湖污染责任主体自动识别

在河道水质达标分析的基础上,确定首要污染物,自动分析各排污口对水污染的贡献率,进行排污口对河道污染的贡献排名,确定排名前三的为河道污染的责任主体,并在平台上进行显示。

2.2.3.2　河湖管控范围自动识别

基于遥感影像和视频的智能识别服务,通过对比不同时期的遥感影像,自动识别水域岸线的变化,进行河湖岸线破坏预警预报。

2.2.3.3　水面污染自动识别

基于遥感影像和视频的智能识别服务,自动识别水体中的垃圾、有色污染物等,进行预警预报。

2.2.3.4 水体富营养化自动识别

基于遥感影像的智能识别服务，自动识别水体富营养化。

2.2.3.5 面源污染自动识别

基于遥感影像的智能识别服务，自动识别面源污染。

2.3 河长制省级调度（监控）平台

满足省级河长和河长办开展日常工作，实现对全省河长制开展工作的全范围全过程掌控，并能快速地进行河湖事件的组织调度与处置决策。

2.3.1 业务工作台

对整个河湖系统，涉及省级河长和河长办关注的重点内容汇总展示，每天实时更新相关数据，全方位了解全省河长制推进情况、河湖健康情况和履职情况，包括以下内容。

2.3.1.1 调度树

形成清晰的管理队伍和人员树，供省级河长调度。省级河长在调度（监控）中心，可召集相关部门的工作人员参与调度会议。

2.3.1.2 河湖可视化展示

通过地图、统计图等多种可视化途经，直观展示河湖状况。

2.3.1.3 省河长制推进情况展现

展现全省河长制工作推进情况。

2.3.1.4 河长考核情况

展现行政区、上级河长对下级河长、河长会议成员单位的河长考核情况。

2.3.1.5 空地一体化监测

通过点击地图、关键字查询等方式，实时调用全省各流域河湖有关卫星影像、无人机、视频和水质传感监视数据。

2.3.2 视频监视

2.3.2.1 视频管理功能

视频管理功能实现包括基本的视频控制、分级管理、报警、集中指挥、视频回放、电子地图及设备状况监视等多种功能。

2.3.2.2 视频播放功能

视频播放功能指对视频进行播放。

2.3.2.3 视频存储功能

调度（监控）中心视频监视与调度系统通过视频接收模块接收前端设备上传的视频流，并依据控制命令中设置的模式在存储设备中进行存储，各类用户通过点播模块对录像进行下载、点播。

2.3.3 联席会议

联席会议实现在席语音会议和视频会议等功能。

2.3.3.1　在席语音会议

在席语音会议通过调音台与音频接入网关对接,实现现场会议。语音会议系统中,通过值班电话接入服务将省级河长、河长办、河长会议成员单位的值班电话和值班手机电话接入系统中,给通讯录中的人员拨打电话,随时参加语音会议。

2.3.3.2　视频联席会议

通过调度(监控)中心的视频设备,服务于省级河长开展视频联席会议。在会议过程中,支持参会的省级河长临时召集与所需处置事件相关的河长,对河长进行呼叫、视频互通,通过各种方式传达指令、进行会议录音并进行相关通知,具体功能见表2-1。

表2-1　视频联席会议功能

功能	描　述
河长呼叫	自动组建与事件相关的河长扁平化管理名录,对河长进行召集
视频互通	提供基础的交换功能,可实现点对点终端语音互通,以及可视电话间的视频互通
调度	提供点呼、组呼、通知等调度功能,实现调度指令下达
会议召集	提供组呼功能,实现多方参与的会议召集方式,并可对与会人员进行发言/禁言、录音/放音、进入/离开会场等管理功能
录音/录像	提供录音/录像功能,录音/录像范围为系统所有分机以及调度通话录音/录像
通知	包括短信通知、传真通知、语音通知等各种通知功能,召集河长参加联席会议

2.3.4　作业调度

作业调度包括语音调度、视频调度、无人机调度、指挥作战专题图等功能。

2.3.4.1　语音调度

通过语音通信网实现各种语音通信终端(包括模拟电话、单兵终端、手机等终端设备)在各级调度(监控)中心本级以及跨级之间的互通,建立"连得通、叫得应"的语音指挥系统,通过SIP方式实现与综合指挥系统的互联,保证调度(监控)中心综合指挥平台对各类指挥业务和活动进行语音指挥,实现相关指令下达、统一行动、信息传递、情况收集等功能。语音指挥系统主要由调度模块、会议资源模块、传真模块、短信模块、录音设备、各中继模块、接入模块、作业控制台等组成。

2.3.4.2　视频调度

接入云直播服务,采用水利政务外网作为直播中转站,用户在调度(监控)中心可以对身处其他地方的人员进行实时调度,调度包括PC端调度和手机端调度,PC端一般用于室内人员,手机端一般用于户外作业人员,如河长、应急人员等。处于调度(监控)中心的调度员可以在线监控调度现场实时环境、人员作业情况,并通过语音、文字实时向处于现场的人员发送指令,指导现场作业。

2.3.4.3　无人机调度

在一些重要场景中,例如河湖岸线巡防过程或人力短时间内无法达到的区域,需使用无人机技术,由无人机进行现场拍摄,并将图像和数据信息通过无线传输链路传到地面站。地面站既可以现场观看实时视频,也可通过 RJ45 网络接口或高清 HDMI 视频接口输入 4G 无线图传终端,把图像和飞行数据信息传送到调度(监控)中心平台,为指挥人员提供实时现场信息。

无人机技术具有无人机调度指挥的功能,通过平台软件可以控制无人机,可以支持河长或相关决策者实时查看无人机拍摄的现场画面,并能通过系统对无人机的拍摄位置、拍摄范围进行控制。

2.3.4.4 指挥作战专题图

为河长直观地展现作战指挥图、作战分工图、项目作战图、项目进度表。河长在作战图上,可以随时点击各个图件,直接接通相关管理人员的电话,进行作战安排和部署。

作战指挥图:包括作战总指挥、副总指挥、调度管理办公室以及各成员单位的水污染治理、环境专项整治行动组的负责人、办事员等扁平化管理信息。

作战分工图:地图上展现各级河长、调度参与单位的责任分工表,能通过点击地图,直接联系该负责人和单位。

项目作战图:在地图上展现全省各市、县重点项目的分布、类型和总数。

项目进度图:针对全省的重点项目,在地图上展现各个项目的位置、负责人、目前进度等情况。

2.3.5 调度决策支持

调度决策支持包括水量监控预警、水质监控预警、突发污染应急处置决策、涉水案件处置决策和项目管理调度与监控等功能模块。

2.3.5.1 水量监控预警

基于现有水资源系统,开展预警评估,对超标和接近超标的河流进行警示,确保三条红线(双控)的执行。

2.3.5.2 水质监控预警

基于现有水环境系统,进行水污染预警评估,确定不同排污口、不同污染源对水质的污染贡献率,为水污染溯源提供依据。

2.3.5.3 突发污染应急处置决策

对突发水污染事件,系统自动调用水污染预测预警和处置决策服务,分析突发污染事故中污染物的影响范围、影响时长和影响程度,并根据污染物的物质属性,提供应急处置的方案,支撑河长处置决策。

2.3.5.4 涉水案件处置决策

针对涉及多个部门的水事违法安全,系统自动匹配与该案件相关的部门,并通过智慧河长知识库,展现处置事件的方法和相关法律法规,供联合执法使用。

2.3.5.5 项目管理调度与监控

针对全省重大涉水项目,查询、查看、浏览各项目的进度,系统自动评估各项目的进展是否按规定计划执行,对不合格的项目进行预警预告。省级河长可直连项目管理单位和负责人,进行项目进展咨询和安排。

2.4　河长制业务移动平台

业务移动平台包括河长桌面终端和河长通 App，支持主流手机操作系统，并实现以下功能。

2.4.1　河长桌面终端

针对省级河长及时了解全省河长制推进情况、河湖水资源、水环境信息的需要，设计河长桌面终端，河长桌面终端是一台可移动的内置手机卡的智能大屏电话。

2.4.1.1　综合展示

桌面终端首页设置重点展现省级河长关注的河湖状态、政策信息、河长动态信息、工程进展信息以及河长考核评估的排名信息，并对河长待办任务进行提醒。

2.4.1.2　来电智能查询

当有来电时，若来电人为各级河(湖)长，则可实现在终端上显示该河(湖)长的详细信息和其所管辖的河道情况、考核排名情况等，一目了然地了解来电人的情况，对其河(湖)长制任务的推进进行督办。

2.4.1.3　去电智能匹配

提供语音拨打电话、查询拨打电话等一系列功能，河(湖)长在给其余河(湖)长、河长办去电时，只需要语音表达相关的行政区、河道或者河(湖)长姓名，系统自动搜索该信息下相关人员的详细信息，选择即可拨出。

2.4.2　河长通 App

河长通 App 的主要功能是提供河湖的综合展示、信息查询、信息管理和任务管理等功能，并服务于河(湖)长的巡河和事件流转处置，组织推进重点项目的实施；同时针对公众进行信息的发布。

河长通 App 需根据河(湖)长的用户类别，自动识别不同级别河(湖)长身份和公众身份，根据需要，展现相关的工作模块。实现针对不同的河(湖)长查看不同的功能模块，开展不同的业务。

2.4.2.1　综合展示

通过一张图集成河湖基础信息、监测信息、业务信息、专题信息等，用户可在一张图上直观查看到相应信息，然后通过点击详情查看详细信息。可按任务分专题展示。基础信息包括河道信息、公示牌信息、水功能区信息、水源地信息、污染源信息、排污口信息、涉河工程信息、湿地信息等；监测信息包括水质监测、水量监测、水土保持监测、视频监视等；业务信息包括巡查信息、督查信息、投诉信息等。

2.4.2.2　信息查询

信息查询功能为各级河(湖)长提供在移动终端上进行河长制相关信息的查询，主要包括河道信息、项目信息、资料文档信息、下级河(湖)长信息、河(湖)长考核排名信息、管护目标、工作进展、工作成效、监督检查等。信息查询过程中，可自动关联当前用户的责任河道，并提供相应的河道基础信息展现，如河道起讫点、支流情况、水质、污染源、排污口、取水口、上下级河长、联系单位等。

2.4.2.3 事件管理

事件管理提供移动端进行河（湖）长巡河过程中或者公众举报投诉事件的管理，包括事件上报、待处理事件的展现、已发布事件的跟踪、对所负责事件的批示、查看领导批示以及事件的离线上传等功能。

2.4.2.4 巡查监督

巡查监督提供对下级河（湖）长、河长办报送或填写河长公示牌所在位置、范围，河湖事件处置的实际情况、水环境水生态现状等进行现场巡查监督功能。

2.4.2.5 考核评估

对河（湖）长考核评估结果进行汇总展示，以报表的形式在App中展示考核评估的结果，用户可点击每个市、县，查看其总评分和具体指标的得分情况，服务于上级河（湖）长的管理工作。

2.4.2.6 任务管理

面向用户提供日常任务管理功能，具体包括任务接收、任务查看、任务流转三个模块功能。

2.4.2.7 移动直播

移动直播与调度（监控）中心的直播平台相关联，它是云直播在手机端的实现。为在外作业的用户提供与调度（监控）中心对接的功能，将现场的视频、语音实时反馈给调度端，接收调度（监控）中心的指令，完成现场作业任务。

2.4.2.8 信息采集

在一张图上，用户对河道相关部件的位置、污染源、公示牌、取水口和排污口等进行位置修改、更新，并上传相关部件的照片、视频和文字介绍说明。

2.4.2.9 社会监督

实现用户对河（湖）长相关工作进行举报监督，河（湖）长及相关工作人员则可接收到公众举报监督的信息。

2.4.2.10 信息推送

河长办工作人员通过信息推送功能，将相关的信息发送到各河长办和河（湖）长的业务终端。

2.4.2.11 巡河管理

服务于河（湖）长进行巡河、巡河事件的管理和巡河记录的写作，主要功能需包括巡河、标注管理、记录管理等。为各级河长、湖长和河道专管员巡查河湖提供工具，对巡查河湖过程进行记录，主要包括巡查时间轨迹、日志、照片、视频、发现问题等内容。

2.4.2.12 信息发布

针对公众等非河长制相关人员提供信息发布功能模块，公众等注册后，只能查看信息发布功能模块。系统根据公众的身份，在功能栏自动进行用户功能调整。信息发布包括信息公开和查询、河（湖）长工作、涉河项目、曝光台、随手拍、举报投诉、设置管理、注册功能等功能。

基于移动 App 相关业务功能要求,供对应的后端服务接口使用。主要有:

(1)点播服务:提供流媒体点播服务平台,支持手机点对点播功能。

(2)数据交换:实现移动服务端平台多媒体、文件等数据与信息服务平台数据交换共享功能。

2.5　河长制信息发布平台

河长制信息发布平台包括 App、微信公众号和网页端。公众可以通过登录 App、关注微信公众号和访问网站,查看安徽省河长制发布的相关信息,了解河长工作,进行举报投诉,为公众提供河(湖)信息公开、水质信息公开、工作动态、举报投诉、曝光台等功能,方便公众参与河(湖)管理。

2.5.1　河(湖)信息发布

向公众发布河(湖)基本信息,包括河湖名称、河湖等级、所属区划、河道起终点、河道长度、湖泊位置、湖泊面积、责任河(湖)长、一河(湖)一档等相关信息。系统在用户应用移动端时,自动定位,并将用户当前位置附近的河湖信息展现在用户的界面上。

2.5.2　工作动态

(1)新闻动态:新闻动态栏目可查看系统发布的最新新闻。

(2)最新公告:河长办发布的最新重要通知、公告等向公众发布。

2.5.3　举报投诉

公众可以通过拍摄照片或视频的方式,对河(湖)污染、河(湖)涉水违法事件、河(湖)垃圾等情况进行举报,并上传至河长办;事件举报后,可跟踪了解事件处理的进度情况。

2.5.4　曝光台

公众可通过曝光台对周边的涉水违法事件(如违法采砂、违规排放等)进行投诉举报,对相关的河道整治提出建议。同时,基于 GPS 定位,查看当前所在区域的河湖举报事件,具体包括事件的举报时间,举报地点,举报内容,举报照片及各个环节处理时间、处理人物、处理结果等信息。

2.6　示范河湖监测平台

2.6.1　视频巡河示范

在长江、淮河、新安江和巢湖各选择一段重点河道岸线(单边长度 6~8 km),试点开展河长制省级示范河湖智能监控系统建设。每个示范河道配置 1 台高位(30 m 以上)全景高清摄像机与 5 台低位(10 m 以下)普通高清摄像机,相互配合,完成巡河工作。高位摄像头可视距离在 3 km 以上,实现全局快速浏览巡河功能;5 台低位摄像机布设在河道关键位置或高位的视觉死角,用于观察细部和关键点。高、低位互相补充,基本可以达到甚至优于人工常规现场巡河的效果。开发一套远程巡河应用软件,河长通过电脑就可完成巡河工作,实现远程巡河,发现违章建筑、倾倒垃圾、非法采沙等情况。在电脑上会自动生成巡河轨迹并可填报巡河情况记录,自动嵌入安徽省河长制决策支持系统。系统可接入该河段及其附近的水位站、雨量站、流量站、取水口监测站、断面水质监测站、入河排污口监测站等实时监测信息,并在图像上进行直观展示,能够实现对重点河段的相关信息进行实时监控、便于河长及时准确掌握河段的总体情况;能够及时发现和处理相关问题,辅助河长开展巡河和应急事件处理调度。

视频巡河建设主要包括以下内容。

2.6.1.1 摄像机铁塔、立杆实施

高位摄像机:租用铁塔公司的铁塔或河道附近的高层建筑物布设在河道重点位置,布设高度不应低于 15 m。低位摄像机:采用 6 m 标准监控立杆或建筑物,可在示范河道多个关键位置进行布设。应做好预埋件基础制作、杆件基础开挖、地笼安放以及混凝土浇灌。每个河道在合适位置布设 1~2 台高位摄像机,4~5 台低位摄像机。

2.6.1.2 系统供电和传输

摄像机供电系统实施应充分考虑人畜防触电保护,供电线路敷设尽量采用地下预埋方式,线缆应放置于 PPR 管或镀锌管内,预埋深度在 80 cm 以上,同时在接电端应配置漏电保护器。系统视频传输应采用光纤方式进行有线传输,电子公示牌可采用无线方式传输。

2.6.1.3 视频采集与落地存储方案

视频信息采集传输并存储至招标人指定的运营商机房(服务器托管方),视频信息可实现省、市、县各级系统分权限共享调用。

2.6.1.4 示范远程巡河软件功能

1.河道监控

软件的最基本功能是实现河道信息的视频全景展示和实时监控。通过高点摄像机掌握河道整体情况,通过低点摄像机从不同角度查看细节,实现河道全局监控。河长可通过监控指挥大屏显示的监控画面,掌握各重点区域的实际情况,并可控制云台转动和镜头变焦,便于指挥调度。此外,还包括录像查看、事件管理、警戒管理、全景拼接等视频安防监控功能。开展示范河段的三维全景建模,通过无人机进行河道实景影像采集,进行河道三维实景建模,真实还原河道全貌,并可在地图上完成各类监控点位标注,辅助完成巡河工作。

2.远程巡河

河长在监控中心通过软件系统逐一调取各河道区域的视频监控画面,及时定位河道污染及危险事件,实现远程巡河,可较好地辅助人工在夜间或特殊气候状况下完成巡河任务,大幅度减轻人员工作量,实现河长巡河的电子化。平台支持可设定自动巡航线路和巡航计划,此外可随时联动调取巡航点位所在区域附近的摄像机画面。

3.巡河统计、事件上报

平台实时记录巡河系统有关的各类信息,在客户端上可统计查看巡河线路、巡河开始时间、线路长度、巡航方式、到点误差、开始和结束时间等详细信息。此外,河长在巡河过程中还可随时中断画面,记录事件,上报到平台,后期可查看相关事件情况。

4.河道污染监测识别与智慧巡河

系统建成后,可通过视频监控软件辅助人工监测河道水面污染物,河道乱占、乱采、乱堆、乱建等问题,后续可进一步与省级河长制决策支持系统对接,获取接口,实现智能识别,建设智能化河道综合决策调度系统,实现污染自动监测识别与智能分析,提升河道管理应急处理能力,实现河道智慧化巡河与决策调度管理。

2.6.2　电子公示牌

在长江、淮河、新安江和巢湖每个示范河道,各布设电子公示牌 1 块,通过河(湖)长制电子公示牌可有效进行河长制信息宣传,采用滚动方式展示河道信息、污染情况、河长职责、治理目标、监督电话等内容,群众通过公示内容了解河道基本情况;此外,还可通过电子公示牌向公众发布通知公告和预警信息。

电子公示牌示范建设能够实现河长制公示牌内容电子化,丰富公示牌的展示内容和方式,便于远程实时更新公示牌内容。

2.6.2.1　公示内容及发布其他信息主要内容

电子公示牌是在河道附近配置的室外 LED 智能显示设备,可有效进行河长制信息宣传,采用滚动方式展示河道信息、河长信息、河长职责、治理目标、监督电话等内容,群众通过公示内容了解河道基本情况;此外,还可通过电子公示牌向公众发布通知公告信息。沿河居民便可通过公示牌获取该河道相关信息以及河长制相关信息,可进行监督举报。

2.6.2.2　信息远程传输及后端控制方案

在监控中心设置信息采集软件,可采集各类信息并通过网络推送到电子公示牌前端接收设备,信息经过处理在显示屏进行显示。主要信息包括如下 3 类:

(1)河长制宣传信息:可通过网上编辑发送至电子公示牌。

(2)通知公告:可通过网上编辑发送通知公告信息。

(3)所在区域水雨情、图像信息。

此外,公示牌应具备自检功能,可自动检测显示设备是否正常运行,并可借助视频监控,远程监测公示牌显示的内容是否准确。

2.6.3　示范河段水利对象信息展示

系统接入示范河段附近的水位站、雨量站、流量站、取水口监测站、断面水质监测站、入河排污口监测站等实时监测信息,并在河道全景模型上进行直观展示。充分实现河道水利相关对象信息的高度汇聚和集成一体化展示,完成水利信息多维数据的快速感知与综合应用。

系统可接入该河段及其附近的重点水文、水质监测站点、重点闸坝(上下游水位)、重要水源地、取水口、排污口等水利对象监测信息,并在软件上进行直观展示,便于河长及时准确掌握河段的总体情况,辅助河长开展巡河和应急事件处理调度工作。

系统应预留无人机巡航视频画面接入接口(应遵循《公共安全视频监控联网系统信息传输、交换、控制技术要求》(GB 28181—2016)规范),各地市河长办后期可在各河段配置无人机进行远程巡河以辅助河长完成巡河工作,无人机实时拍摄的视频画面可直接接入系统供管理人员浏览。

2.6.4 监控系统选址范围

2.6.4.1 长江重点河段智能监控建设

(1)河段位置选取。选取芜湖市粮储码头至港一路和四矶闸至横埂头之间长江干流河段南岸作为省级示范河段,示范河段长约 8 km。

(2)视频监控范围。监控范围为自粮储码头至港一路和四矶闸至横埂头。视频监控设备架设于芜湖市市区长江江堤附近。应建设 5 台低位高清摄像机,1 台高清全景远距摄像机。

(3)电子公示牌位置。拟在芜湖市镜湖区吉和广场(省级长江干流河长公示牌斜对面)附近建设 1 块河长电子公示牌。

2.6.4.2 淮河重点河段智能监控建设

(1)河段位置选取。选取蚌埠市蚌埠闸下黑牛咀湿地公园至蚌埠解放路淮河公路桥之间淮河干流河段北岸作为省级示范河段,示范河段长约 8 km。

(2)视频监控范围。监控范围为蚌埠闸下黑牛咀湿地公园至蚌埠解放路淮河公路桥。

(3)电子公示牌设置。拟在蚌埠市淮上区政府对面堤段处建设河长电子公示牌 1 块。

2.6.4.3 新安江重点河段智能监控建设

(1)河段位置选取。选取黄山市三江口至湖边水利枢纽之间新安江干流河段北岸作为省级示范河段,示范河段长约 7.62 km。

(2)视频监控范围。监控范围为三江口至湖边水利枢纽。视频监控设备架设于黄山市市区新安江江堤附近,应建设 5 台低位高清摄像机,1 台高清全景远距摄像机。

(3)电子公示牌位置。拟建设 1 块河长电子公示牌,位于黄山市江心洲广场附近。

2.6.4.4 巢湖重点河段智能监控建设

(1)岸线位置选取。选择安徽省合肥市包河区十五里河入巢湖口闸站工程至南淝河入巢湖口灯塔之间岸线、渡江战役纪念馆附近岸线及部分水域作为省级示范湖片,示范湖泊岸线长约 6 km。

(2)视频监控范围。监控范围为包河区十五里河入巢湖口闸站工程至南淝河入巢湖口灯塔之间岸线、渡江战役纪念馆附近岸线及部分水域。

(3)电子公示牌位置。拟建设湖长电子公示牌 1 块,位于合肥市渡江战役纪念塔附近建设。

第3章　应用平台后端建设内容

应用平台后端建设包括如下内容。

3.1　统一地图服务

搭建全省河湖统一地图服务,对外提供地图展示、地图查询等服务。

3.2　线路导航服务

建设线路导航服务,为系统有导航需求的用户提供导航,能自动进行路径分析,为河长、河长办工作人员、督察人员深入乡(镇)甚至是村级所有的河长公示牌、河道部件等相关位置等区域提供详细、准确的步行、驾车等路径。

3.3　遥感监控分析服务

遥感数据监控的自动分析服务模块,为河长制的水域岸线管理、水环境保护与涉水违法事件监管,提供服务。遥感监测分析,能自动分析相关的遥感数据,获得水域岸线的变化情况、自动识别采砂等涉水违法事件。

3.4　公文流转管理服务

在河长工作过程中,涉及诸多公文的签发、签收和上传下达,尤其是涉河事件、河长办相关制度等事件和文件的处理过程中,会在各级河长办、各级河长甚至是各个部门之间进行流转。针对河长制公文流转的特点,实现相应的公文流转服务,公文流转服务实现一对一、一对多的公文批量发送,多种方式的公文到件提醒、一键转发,并提供公文的电子批示、查看领导批示等功能模块。

3.5　值班电话接入服务

系统将省河长办及其成员单位的值班电话和值班手机电话接入系统中,值班电话接入服务包括能将河长、河长办的个人手机、办公电话等接入系统。

3.6　水污染防治评估与预警

提供实时的污染负荷评估水环境质量评价、水质预测预报等功能，包括以下内容。

3.6.1　污染负荷核算

进行陆地控制单元、不同行政区的点源、非点源入河污染物负荷。

3.6.2　水质达标分析

基于水环境功能区水质达标要求，依据水质监测数据，评估河道水质水体达标情况，明确水体不达标的区域、水污染严重程度。

3.6.3　水污染贡献率分析

分析引起水污染的主要污染源，确定不同行政区对水污染的贡献率，识别水污染责任主体。

3.7　突发水污染事件预测预警和处置决策支撑

为快速、准确地评估河长制管辖区域内的突发水污染事件，进行事故的应急处理，为河长调度提供决策依据，针对突发水污染，提供以下功能：

(1)构建水环境模型，快速预测河道的水质、水生态演变规律，确定是否发生水质和水生态风险，开展水污染预警。

(2)构建水污染模型，在突发事故后，快速模拟污染物的迁移演进规律，评估水污染事故的危害程度、影响范围和时长，为突发事故应急决策预警提供支撑。

(3)构建水污染应急处置专家知识库，为不同的水污染事故的处置提供方案支撑。

(4)应急调度决策优化，开发应急调度决策优化算法和模型，对水污染应急过程中的调度决策进行智能分析，获取最优调度方案，辅助河长调度。

3.8　视频监视智能识别与分析

在视频监视的基础上，进行视频监视信息智能分析开发，所开发的系统能自动从视频中识别涉水违法事件，如企业偷排、违规倾倒垃圾等服务。详细地说明主要内容、实现的技术和操作流程。视频监视智能识别与分析，自动从视频中识别涉水违法事件。

3.9　遥感影像智能识别与分析

在遥感影像识别、对比分析的基础上，引入人工智能方法，实现相关遥感影像分析功能的智能化。遥感影像智能识别包括以下智能分析功能。

3.9.1　智能分析水域岸线是否变化

利用遥感影像，进行河湖岸线智能识别，自动对比分析不同时期的河湖岸线，辨别当前影像与先前影像中河湖岸线的变化情况，自动判断是否存在水域岸线的变化情况，并实时告警。

3.9.2　智能识别非法建筑

利用遥感影像，进行河湖管理范围内建筑的智能识别，并自动对比分析不同时期的建筑识别结果，辨别当前影像与先前影像中建筑物是否存在不同，以判断是否有非法建筑，并进行实时预警。

3.9.3　河湖水华智能预警

开发基于水华水色的卫星影像智能识别技术，实时对重要湖泊的水华情况进行识别监控和预警。

3.9.4　涉水违法事件智能预警

基于数字正射影像的可量测特性，通过人工智能技术，实时对违法占用水域、围垦湖泊、采砂、非法捕鱼、非法排放有色液体等进行范围分析、对比、计算分析，进行涉水违法事件的智能实时预警。

3.10　三网通短信发送平台

通过三网通短号码，基于移动 CMPP3.0（长连接）、电信 SMGP3.0（长连接）、联通 SGIP1.2（短连接），实现与三家运营商短信网关直连，完成短信平台的搭建，完成短信发送、网络闪断自动重连、长短信发送、短信发送真实状态获取、短信回复、发送日志、短信补发机制等功能内容，支持对敏感字过滤开放、关闭、配置等功能。

3.11　移动 App 后端服务平台

提供河长制移动 App 后端服务开放功能，实现所有 App 应用涉及的功能服务，重要数据访问接口数据采用加密方式进行响应，并实现对多媒体等文件资料的上传管理等功能。后端服务平台部署在政务外网，所有 App 后端服务平台请求和响应的数据与业务平台进行对接，实现属性数据、空间数据、多媒体数据的实时共享。

3.12　示范河湖后端服务平台

对视频站管理维护，支撑前端站点的实时监测，对电子公示牌进行增、删、改、查操作，发布公告以及设置电子公示牌时段，查询自动巡河和手动巡河记录，查看详细的巡河轨迹和巡河上报的问题详情。

第 4 章　河长制信息化业务管理及信息服务平台开发

河长制信息化业务管理及信息服务平台包含河长制业务工作台、信息查询、事件处理、抽查督导、考核评估、统计分析、河(湖)长履职、投诉举报、曝光台、信息服务、信息管理、信息服务、公文流转、工作简报、个人办公、河(湖)长知识库、发布平台、基础数据维护、基础资料管理、信息管理、系统管理在内的河长制业务服务平台。平台服务于不同部门、各级用户日常处理河(湖)长业务、进行信息查询、协同办公,不同用户的功能权限及数据权限都有不同。

4.1　工作台

工作台界面按三个主要功能布局,以 GIS 地图(内网)或天地图(外网)居中布置,实现地图导航。左侧分别布置“站内导航”“省级河湖”“河长体系”“行动成效”四个模块,右侧反映工作动态。

4.1.1　站内导航

4.1.1.1　三级贯通

点击“工作台”,界面显示“安徽省河长制决策支持系统”,内网地图为 GIS 地图,外网地图默认矢量图,可切换地形图、影像图,如图 4-1 和图 4-2 所示。

图 4-1　安徽省河长制决策支持系统(内网)

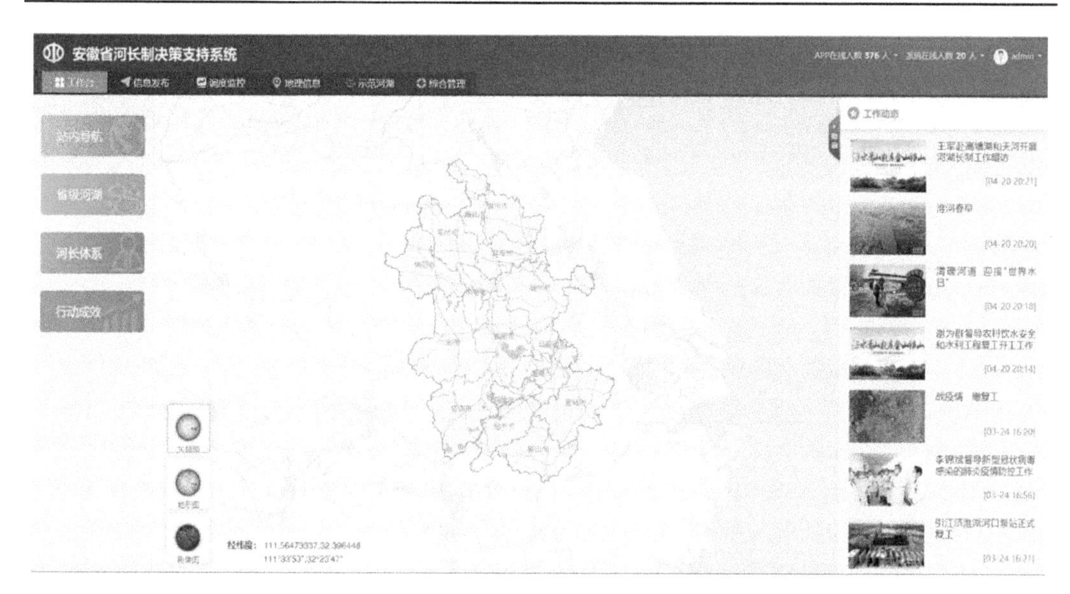

图 4-2　安徽省河长制决策支持系统(外网)

点击“站内导航”,显示“政区定位/流域定位/基础部件”框,默认显示政区定位(在地图上鼠标移入,地市区域高亮),工作动态隐藏。如点击“合肥市”,下方显示所辖 13 个县(区),工作台信息会相应切换到合肥市相关信息,如图 4-3 所示。

图 4-3　合肥市河长制决策支持系统

点击“肥东县”,工作台信息会相应切换到肥东县相关信息,如图 4-4 所示。

三级贯通实现 16 个地市 134 个县(区)河长制决策支持系统自由切换。在合肥市/肥东县河长制决策支持系统页面,点击“工作台”,可切换至安徽省河长制决策支持系统界面。

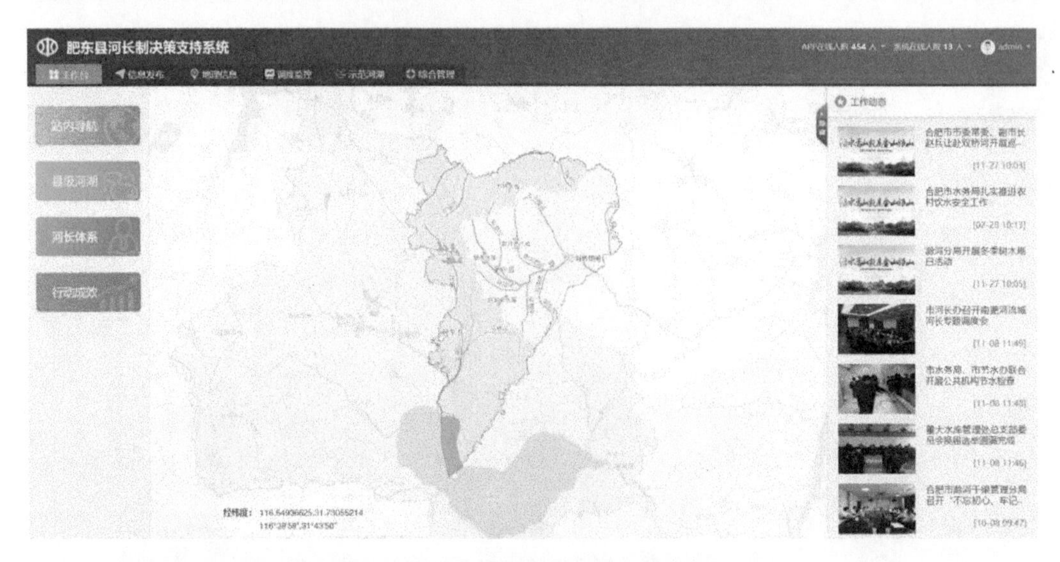

图 4-4 肥东县河长制决策支持系统

4.1.1.2 政区定位及基础部件

点击“政区定位”，可查看 16 地市名称，可查阅区域关联的公示牌、取水口、入河排污口、省/市界断面、水源地、视频监控、三条红线、水体面积、突发水污染等部件相关数据。下面以公示牌、视频监控作为典型代表部件进行展示。

1.公示牌

省级用户，点击“公示牌”，界面则展示全省五级公示牌总数量和 16 个地市五级公示牌数量，点击 16 个地市五级公示牌数量，地图上显示公示牌的位置，如图 4-5 所示。鼠标移入公示牌图标，显示公示牌所属河湖名称、位置、河长电话信息。点击公示牌图标，查看公示牌图片，包含正面、背面、侧面及电子表格公示牌信息，如图 4-6 所示。

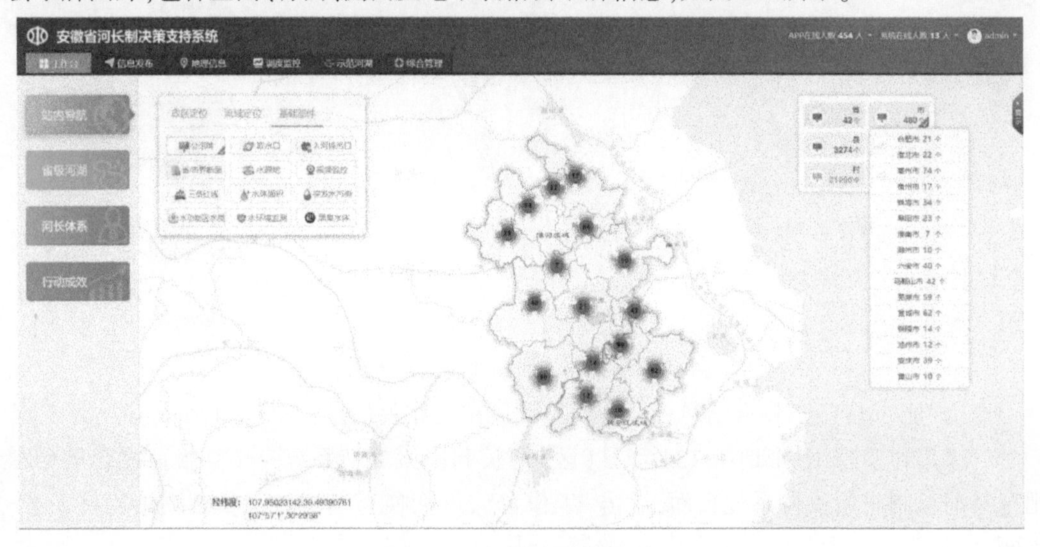

图 4-5 公示牌(安徽级)

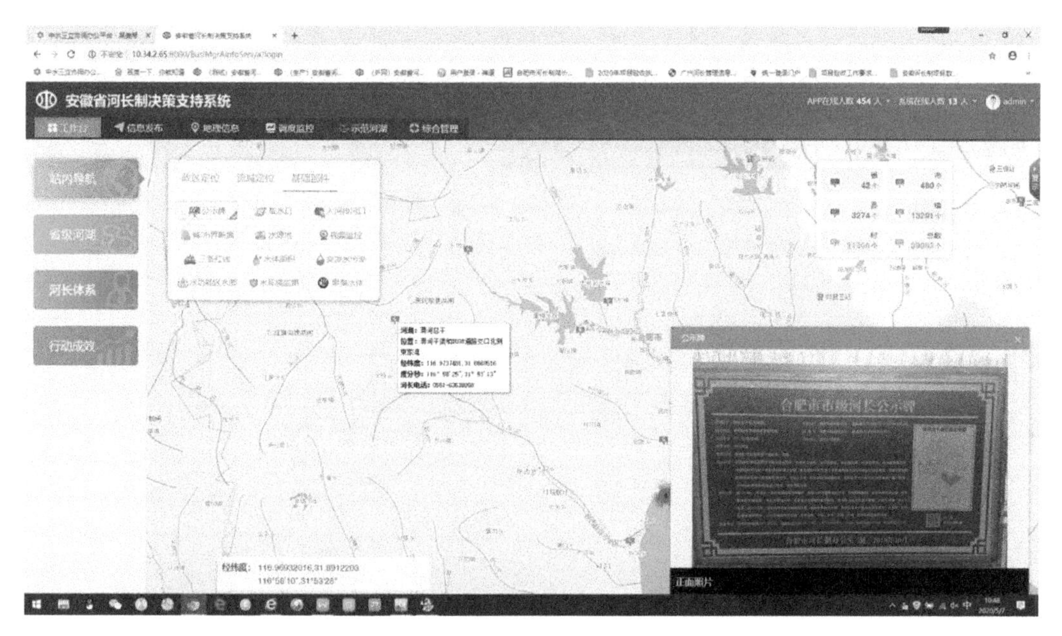

图4-6　公示牌照片详情(安徽级)

如区域切换到合肥市,点击“公示牌”,展示合肥市五级公示牌总数量和13个县(区)五级公示牌数量统计;切换到肥东县,点击“公示牌”,展示肥东县五级公示牌总数量和20个乡(镇)五级公示牌数量统计。

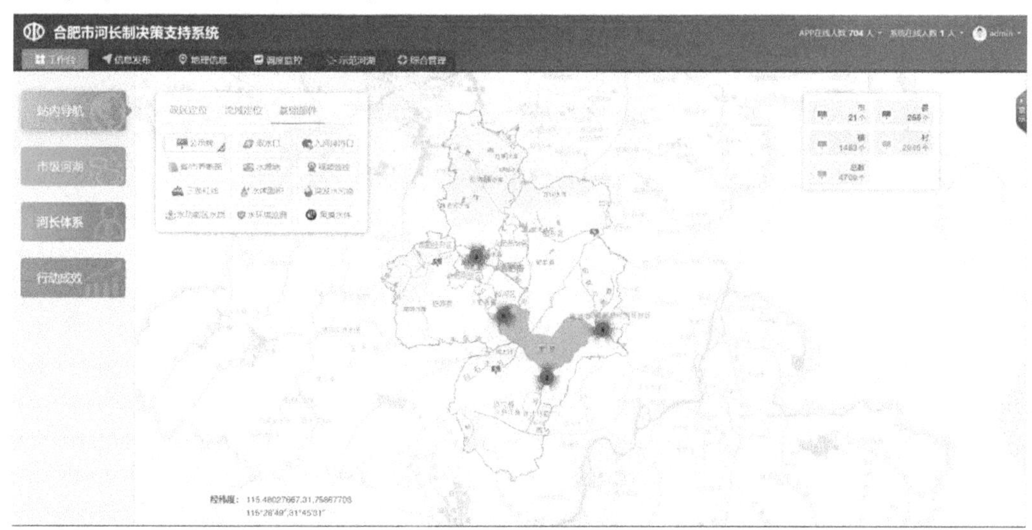

图4-7　公示牌(合肥市)

2.视频监控

省级用户,点击“视频监控”,展示全省排污口、水闸、泵站、水库、监测断面、堤防六类视频站点总数量和16个地市五类视频站点数量,如图4-8所示。如区域切换到合肥市,点击“视频监控”,界面则展示合肥市六类视频站点总数量和13个县(区)六类视频站点数量;切换到肥东县,点击“视频监控”,界面则展示肥东县六类视频站点总数量和20个乡(镇)六类视频站点数量。地图上显示站点的位置,点击站点图标,显示站点所属行政区划、站点名称、设备名称信息,点击站点图标,可播放站点视频,如图 4-9 所示。

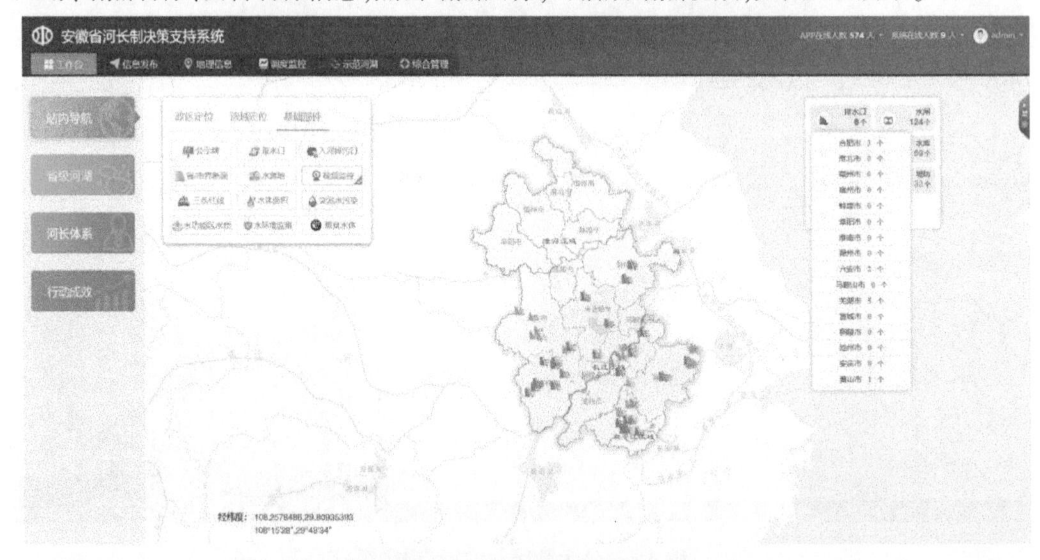

图 4-8　视频监控(水库)

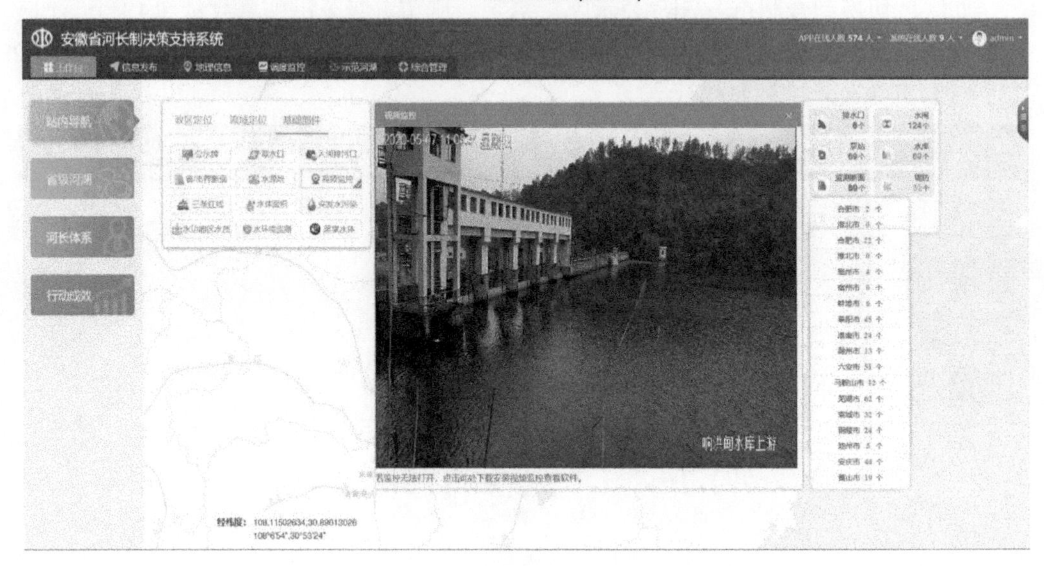

图 4-9　视频监控(水库)

4.1.1.3　流域定位及基础部件

选择“流域定位”,可查看长江、淮河、新安江、巢湖流域等三河九湖流域相关信息,可查阅长江、淮河、新安江三大流域关联的公示牌、取水口、入河排污口、省/市界断面、水源地、视频监控、三条红线、水体面积等基础部件相关数据。如点击“长江流域”,地图上长江流域放大、居中、边界闪烁高亮显示,右上侧弹出框“流域概况/长江干流/一级支流(左)/一级支流(右)”,如图 4-10 所示。

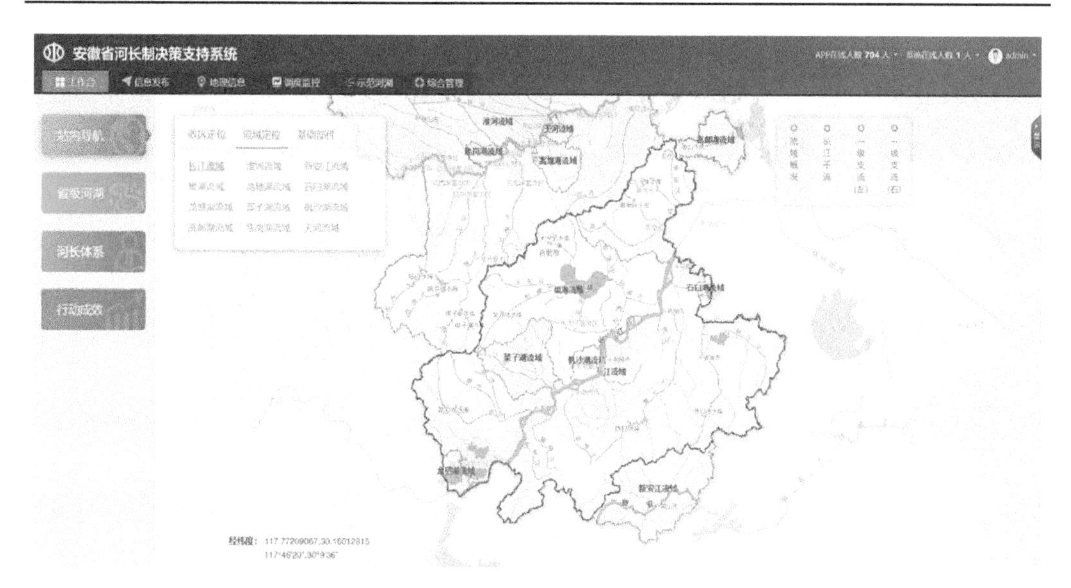

图 4-10　长江流域及干支流

点击“流域概况”，左上侧显示长江流域概况，如图 4-11 所示。若再点击“流域概况”，则会返回上一页面。

图 4-11　长江流域-流域概况

点击“长江干流”，弹出框显示安庆、池州、铜陵、芜湖、马鞍山五市分段名称，地图上长江干流安徽省段闪烁高亮，且左上侧弹出框显示长江干流安徽省段基础信息，如图 4-12 所示。

如点击“安庆市段”，地图上安庆市段闪烁高亮，左上侧弹出框显示安庆市段的基础信息，如图 4-13 所示。

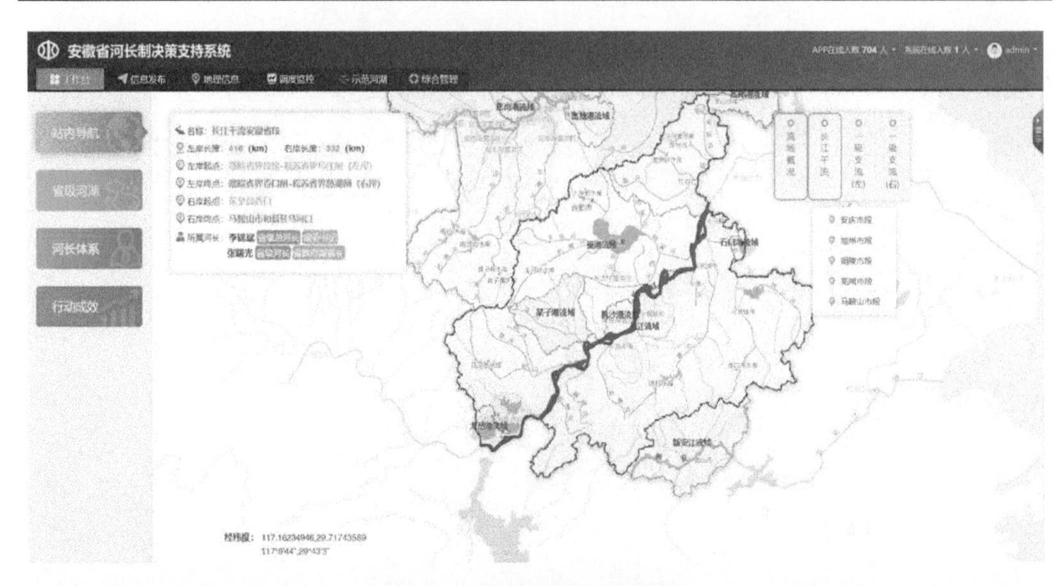

图 4-12　长江流域-长江干流

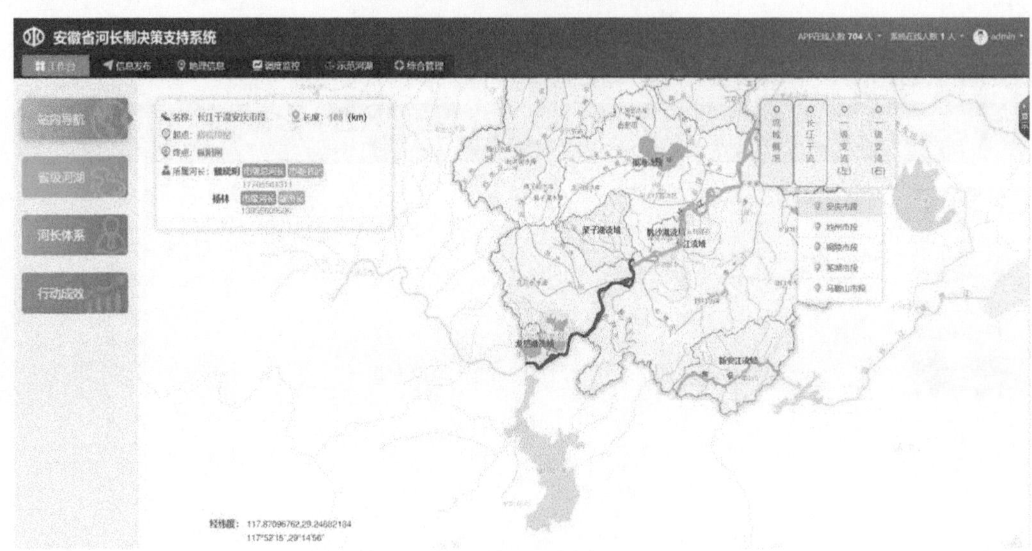

图 4-13　长江流域-长江干流安庆市段

点击“一级支流(左)”,弹出框显示长江一级支流左岸的名称,点击某一级支流左岸,弹出框显示二级支流左岸,地图上一级支流左岸闪烁高亮。点击一级支流名称,右上侧显示该一级支流基础信息和流域简介,如图 4-14 所示。

下面以取水口、入河排污口、视频监控作为典型代表部件进行展示。

1.取水口

省级用户,先点击“流域定位”,再点击“取水口”,界面则展示长江、淮河、新安江等三河九湖流域取水口牌数量和各流域取水口的位置,如图 4-15 所示;鼠标移入取水口图标,展示取水口所属河湖名称、位置、取水户名称信息,点击取水口图标,查看取水口详情。

图 4-14　长江流域–长江一、二级支流(左)及详情

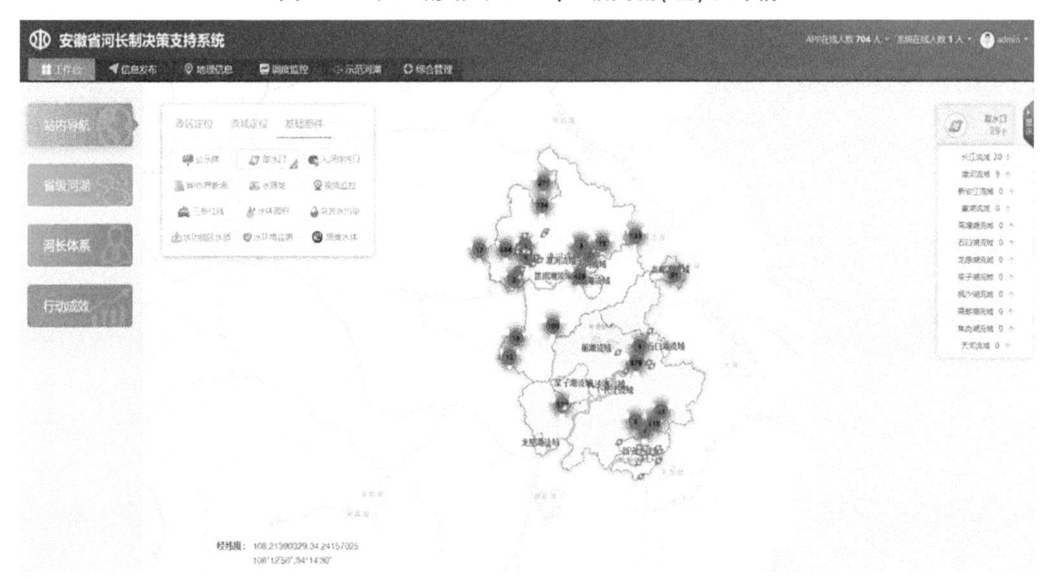

图 4-15　流域–取水口

若先点击“长江流域”，再点击“取水口”，界面则显示长江流域取水口数量，如图 4-16 所示。

2.入河排污口

省级用户，先点击“流域定位”，再点击“入河排污口”，界面则展示长江、淮河、新安江三河九湖等流域入河排污口数量以及各流域入河排污口的位置，如图 4-17 所示。鼠标移入入河排污口图标，界面显示入河排污口所属河湖名称、位置、名称信息，点击排污口图标，查看排污口详情。

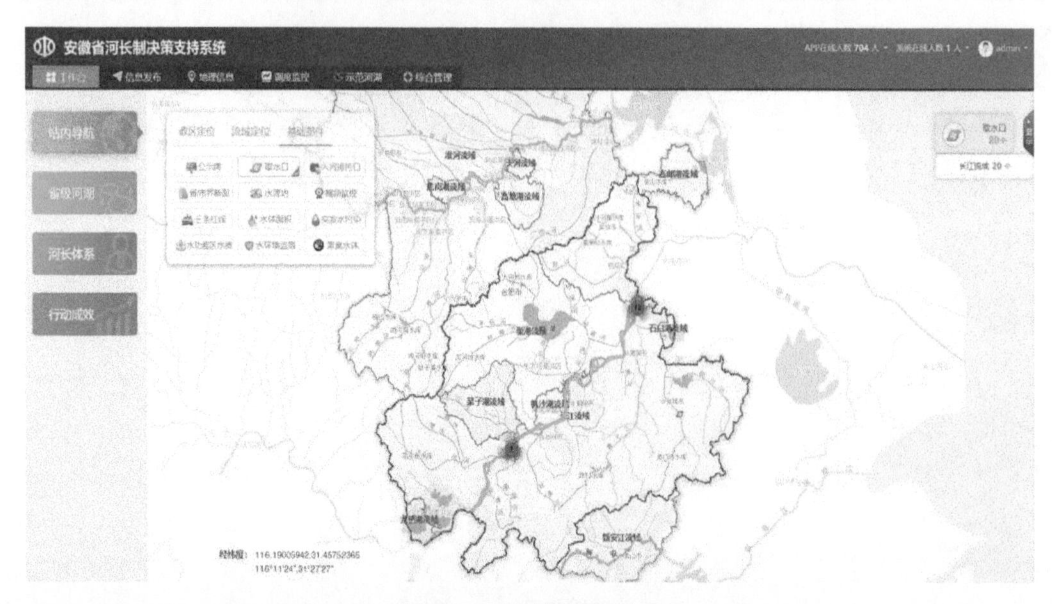

图 4-16　长江流域-取水口

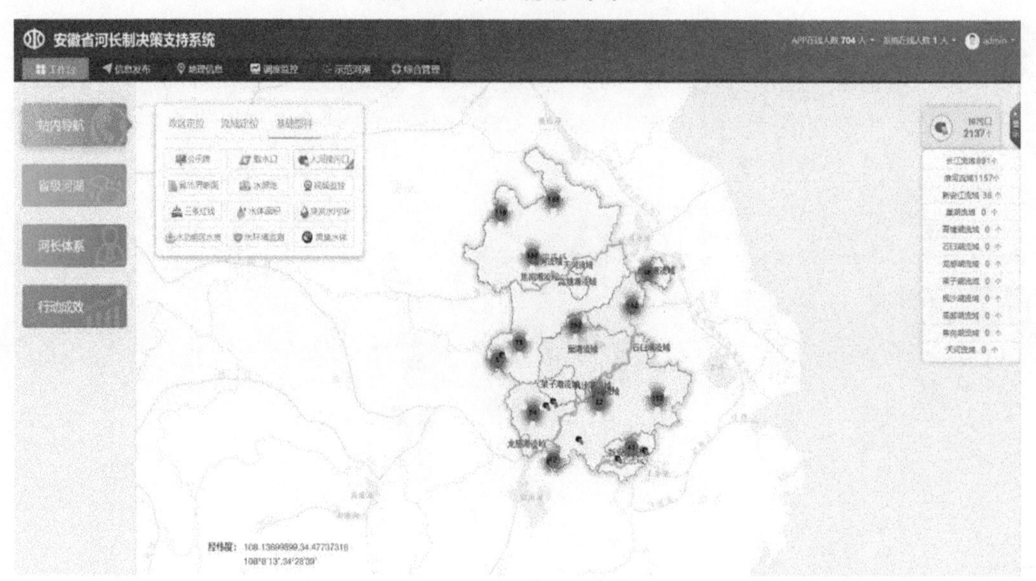

图 4-17　流域-入河排污口

若先点击“长江流域”，再点击“入河排污口”，可展示长江流域入河排污口数量，如图 4-18所示。

3.视频监控

省级用户，若先点击“流域定位”，再点击“视频监控”，界面则展示长江、淮河、新安江等三河九湖流域六类视频站点数量和各流域视频站点的位置，如图 4-19 所示。鼠标移入站点图标，显示站点所属行政区划、站点名称、设备名称信息，点击站点图标，可播放站点视频。

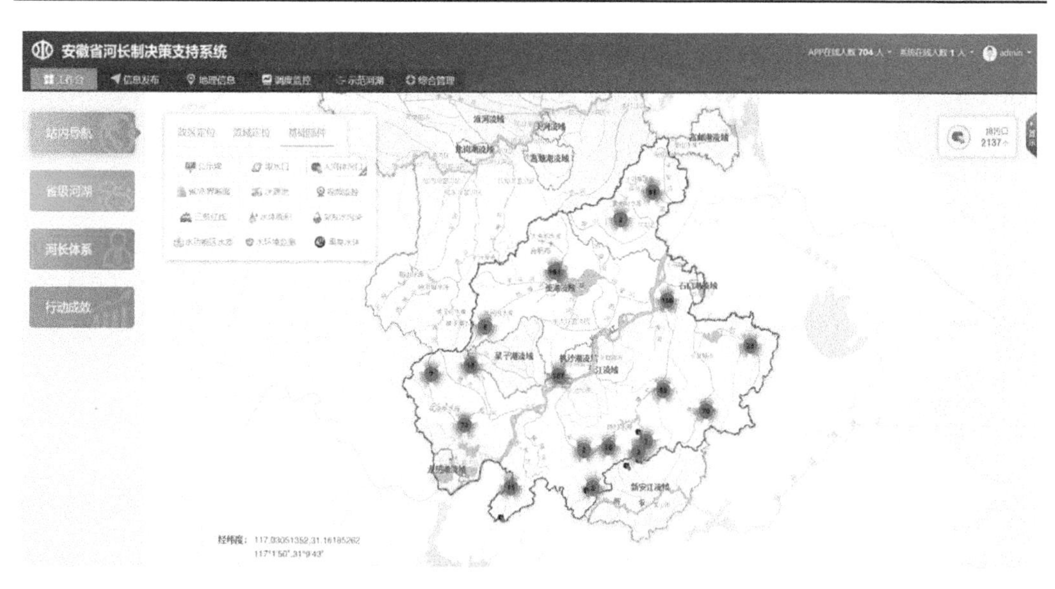

图 4-18　长江流域-入河排污口

图 4-19　流域定位-视频监控

若先点击“长江流域”，再点击“视频监控”，可展示长江流域排污口、水闸、泵站、水库等六类视频站点数量和位置，如图 4-20 所示。

若点击水闸图标，可在线播放水闸视频，如图 4-21 所示。

4.1.1.4　工作动态

点击“工作台”，工作动态显示，左上角的按钮默认为“隐藏”，点击“隐藏”，工作动态右移隐藏，此时按钮变为“隐藏”，如图 4-22 所示。

再点击“隐藏”按钮（或者点击“站内导航”），工作动态右移隐藏，此时按钮变为“显示”，如图 4-23 所示。

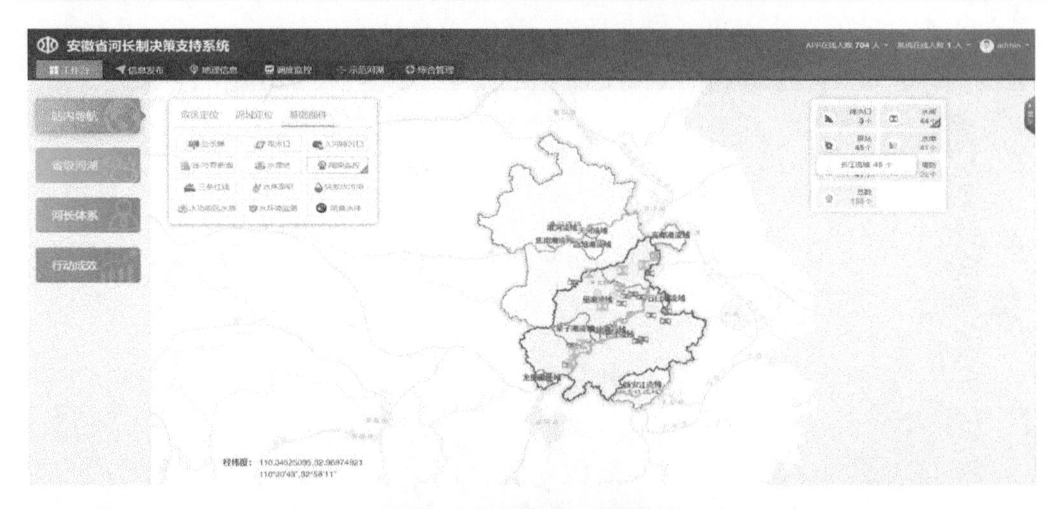

图 4-20　长江流域-视频监控

图 4-21　长江流域-水闸视频

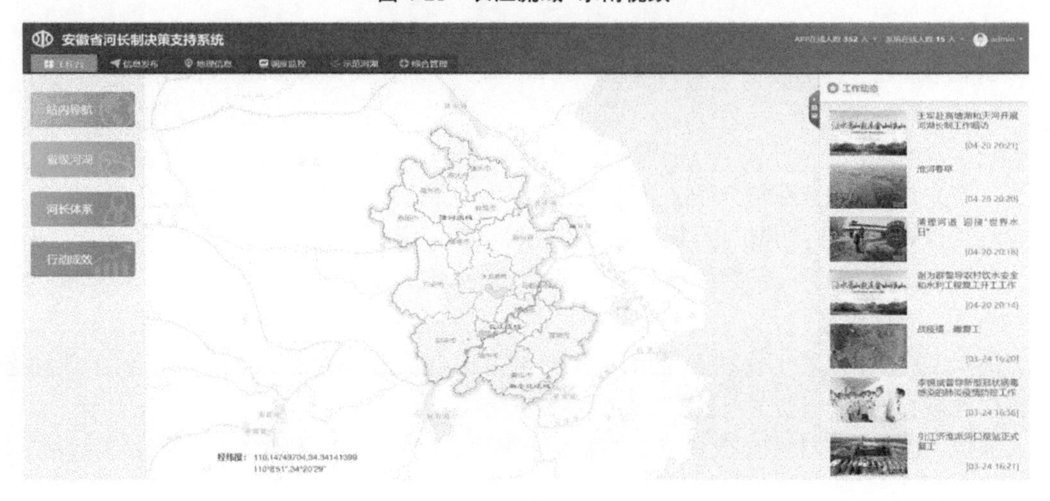

图 4-22　工作动态显示

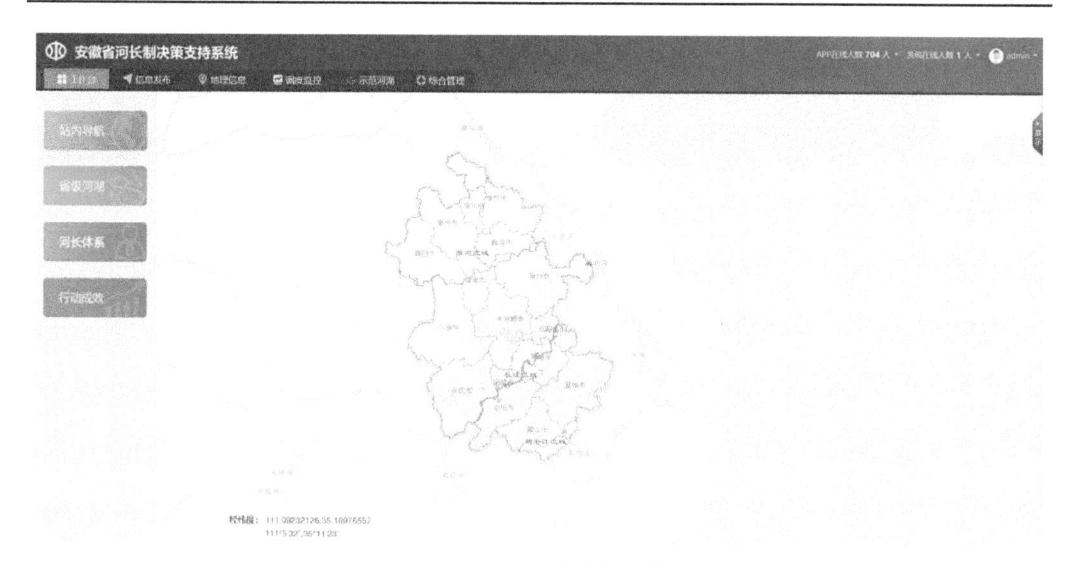

图 4-23 工作动态框隐藏

工作动态展示对应省、市、县(区)决策支持系统河湖治理成果及相关河湖治理文稿，点击标题，查看工作动态详情，如图 4-24 所示。工作动态信息在“综合管理-发布平台-工作动态”页面进行增、删、改、查、维护。

图 4-24 工作动态详情

4.1.2 省级河湖(市级/县级河湖)

省级用户，界面显示省级河流(长江、淮河和新安江)和省级湖泊(巢湖、高塘湖、石臼湖、龙感湖、菜子湖、枫沙湖、高邮湖、焦岗湖和天河)树状结构，点击“长江”，界面则显示长江安徽省段在地图上的位置，左上侧显示“河段、湖片/排污口/水质断面/公示牌/巡河”，如图 4-25 所示。

勾选左上侧“河段、湖片”，界面则显示长江安徽省段的基本信息，如图 4-26 所示。

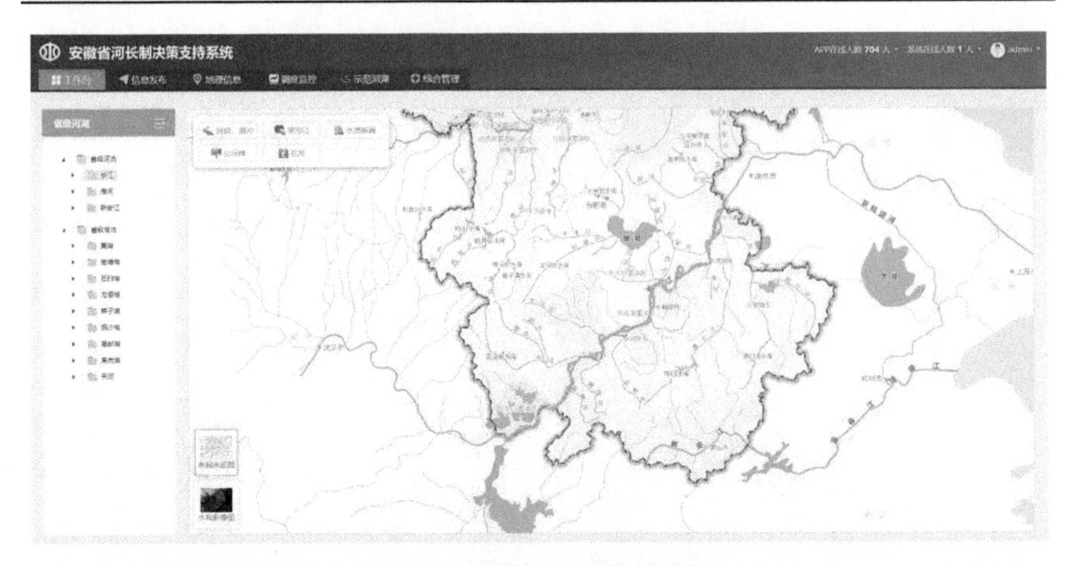

图 4-25　省级河湖-长江安徽省段

图 4-26　省级河湖-长江安徽省段详情

勾选左上侧“排污口”,界面则显示长江安徽省段的所有排污口位置和详情,如图 4-27所示。

展开长江树结构,界面则显示长江流经的安庆市、池州市、铜陵市、芜湖市、马鞍山市及这些市辖属县(区)、乡(镇)、村(居)四级区划。点击对应的区划,地图显示长江流经地不同的区划信息,如河段/湖片详情、排污口、水质断面等部件信息,如图 4-28 所示。

市级用户,界面显示市级河流和市级湖泊树状结构,点击对应的河流或湖泊,地图上展示该河流或湖泊的位置及关联的部件信息。

县(区)级用户,界面显示县(区)级河流和县(区)级湖泊树状结构,点击对应的河流或湖泊,地图上展示该河流或湖泊的位置及关联的部件信息。

图 4-27　省级河湖-长江安徽省段排污口及详情

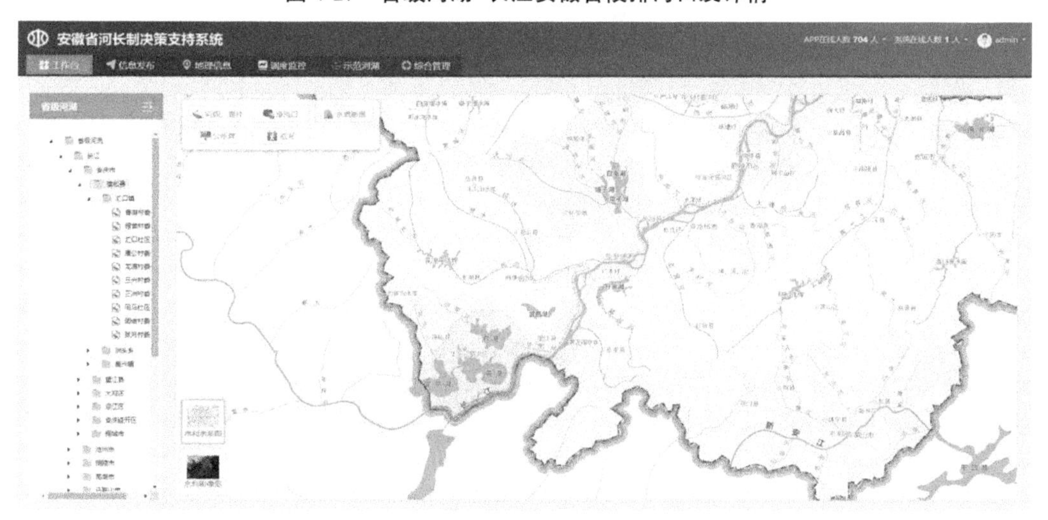

图 4-28　省级河湖-长江宿松县段

4.1.3　河长体系

通过行政区划查询河(湖)长,显示各级行政区划相应的总河长、副总河长和河(湖)长信息,如图 4-29 所示。

4.1.4　行动成效

此界面展示 16 个地市“行动成效”详情,有 11 个基本考核项,包括:“清四乱”“河湖采砂”“水功能区水质”“入河排污口整治”“考核断面”“市级水源地达标”“县级水源地达标”“备用水源建设”“污水处理设施”“公示牌设置情况”和“督查暗访”,如图 4-30 所示;切换至市级系统,界面则展示该市所辖县(区)“行动成效”详情;切换至县级系统,界面则展示该县(区)所辖镇(街)“行动成效”详情。

图 4-29　河长体系

图 4-30　行动成效-“清四乱”

4.2　综合管理

“综合管理”模块，按两大版面进行布局。左侧为模块名称，右侧为模块展现内容，共分为 20 大模块。

4.2.1　信息查询

目前有 8 大查询内容，分别为：信息查询、一河（湖）一策查询、一河（湖）一档查询、工作方案查询、文件管理查询、工作要点管理查询、制度管理查询、考核办法查询。

4.2.1.1　信息查询

信息查询包括河流河段查询、河湖长查询和湖泊湖片查询，下面以河流河段查询作为典型代表进行详细说明。

用户自由选择查询条件，包括流域、河流、行政区划查询条件，查询河流河段信息以及对应的河湖长姓名、电话等相关信息，在初始化查询条件下，表头名称默认勾选市级、县（区）级、镇（街）级，列表默认显示暂无数据，如图 4-31 所示。

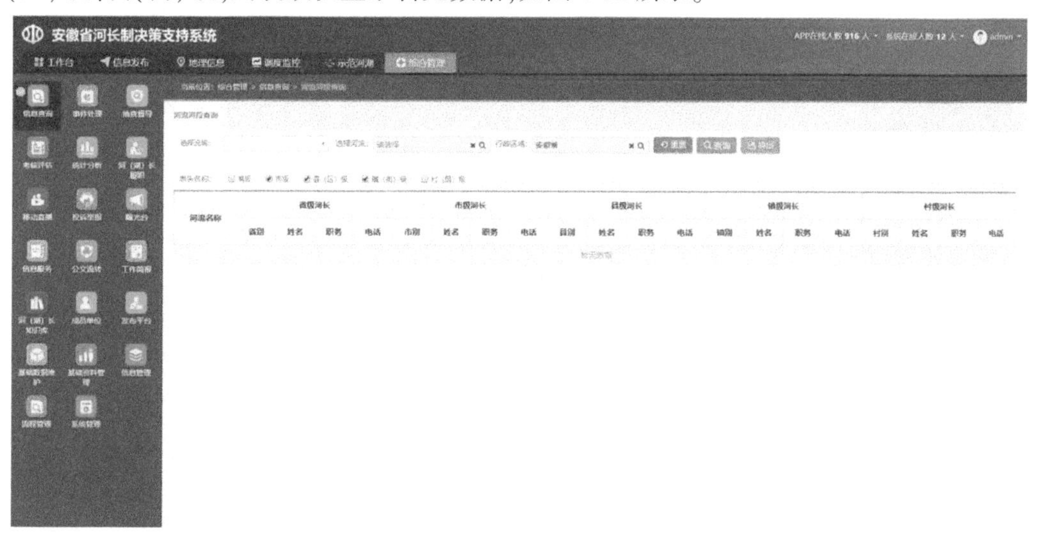

图 4-31　河流河段查询（初始化条件）

若选择流域为“长江流域”，点击“查询”按钮，列表则显示长江流域市级、县（区）级、镇（街）级对应的河段及河（湖）长基本信息，如图 4-32 所示。

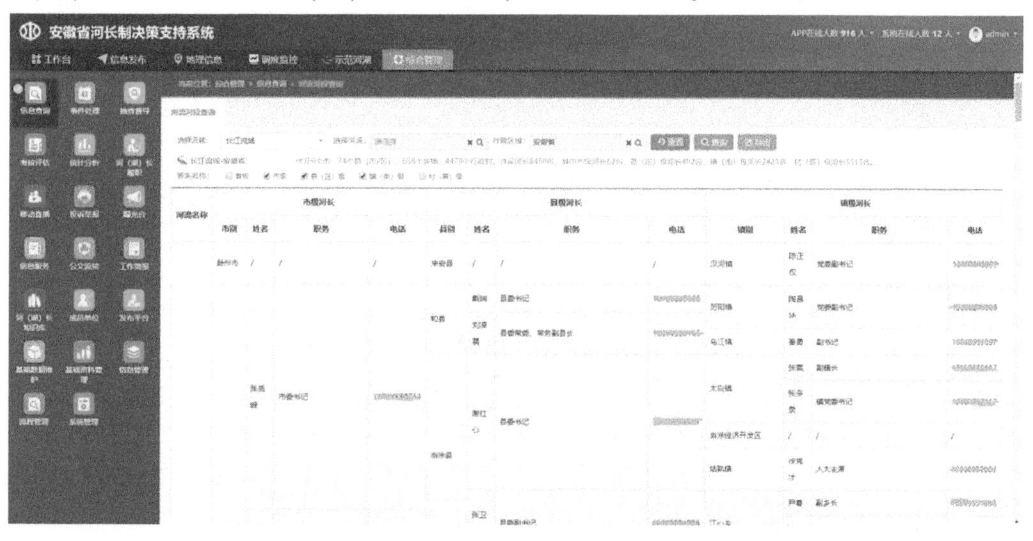

图 4-32　河流河段查询-长江流域三级河（湖）长信息

若勾选表头名称“省级”“村（居）级”，列表中市级河长左侧增加省级河长基本信息列，镇级河长右侧增加村（居）级河长基本信息列，如图 4-33 所示。

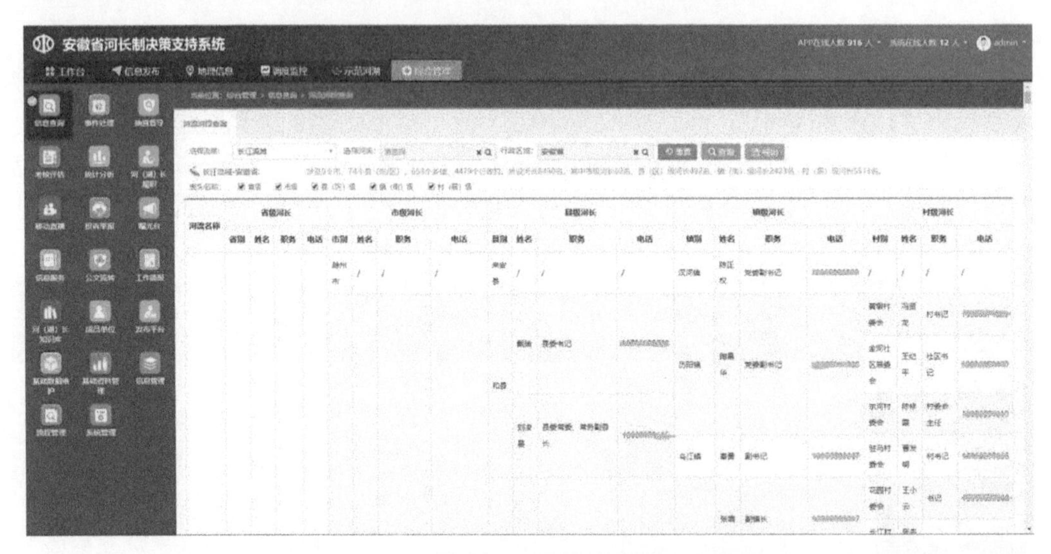

图 4-33　河流河段查询-长江流域五级河(湖)长信息

若选择流域为“长江流域”,选择河流将受其制约,选择河流限选长江及其一、二级支流,若选择“香隅河”,点击“查询”按钮,列表默认显示市级、县(区)级、镇(街)级河湖长信息,如图 4-34 所示。

图 4-34　河流河段查询-香隅河三级河(湖)长信息

若选择流域为“长江流域”,选择河流为“香隅河”,行政区划将受前两者制约,行政区划限选东至县下辖部分镇、村,若选择东至县,列表默认显示县(区)级、镇(街)级、村(居)级河(湖)长信息,如图 4-35 所示。此时表头名称省级、市级同时禁选,列表则显示长江流域的香隅河流经东至县的县级、镇级、村级三级河(湖)长信息。

选择任意查询条件后,均可重置查询条件,点击“导出”按钮,导出查询 Excel 列表,供查询者阅览,如图 4-36 所示。

图 4-35 河流河段查询–香隅河东至县段三级河(湖)长信息

河流名称	县级河长				镇级河长				村级河长			
	县别	姓名	职务	电话	镇别	姓名	职务	电话	村别	姓名	职务	电话
香隅河	东至县	郭宏盛	副县长	[illegible]	香隅镇	桂玮	镇长	[illegible]	临江村委会	方寿红	主任	[illegible] /
									合阜村委会	章发春	主任	[illegible] /
									花山村委会	檀国伟	主任	[illegible] /
									灞东村委会	陈华锋	主任	[illegible] /
									白岭村委会	朱明东	主任	[illegible] /
					东流镇	朱攀飞	东流镇宣传委员	[illegible]	塔青湖村委会	吴义明	村主任	[illegible] /
					尧渡镇	陈阳生	镇长	[illegible]	双西湖村委会	朱品初	支书	[illegible] /

图 4-36 河流河段导出

4.2.1.2 一河(湖)一策查询

预览和下载一河(湖)一策文档,文档在“信息管理”模块维护,如图 4-37 所示。

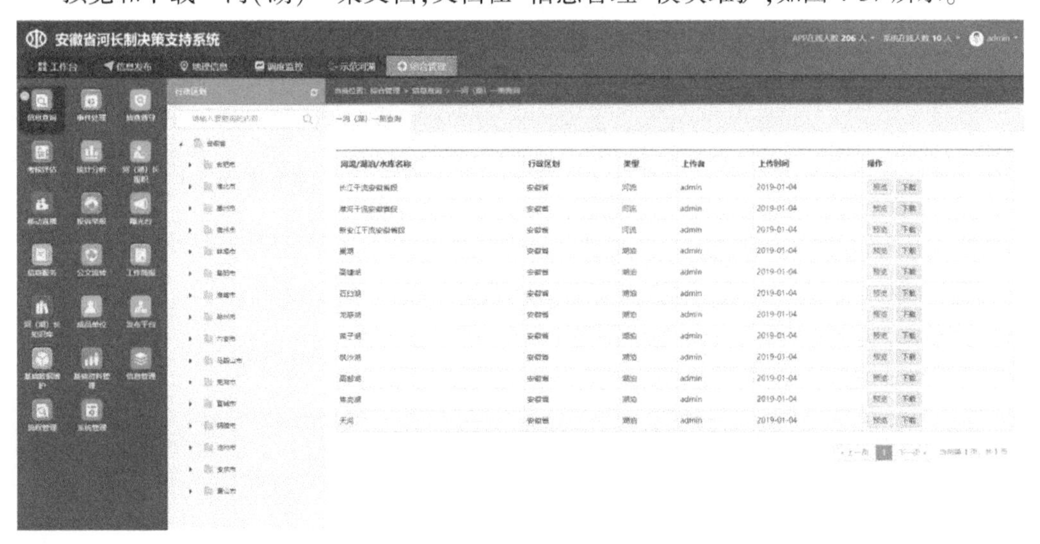

图 4-37 一河(湖)一策查询

点击“下载”，弹出打开或保存＊＊＊PDF 文档，选择“保存”，保存指定地址，下载成功后，在新窗口直接查看 PDF 文档；点击“长江”操作框中的“预览”，在新窗口在线查看长江一策 PDF 文档，如图 4-38 和图 4-39 所示。

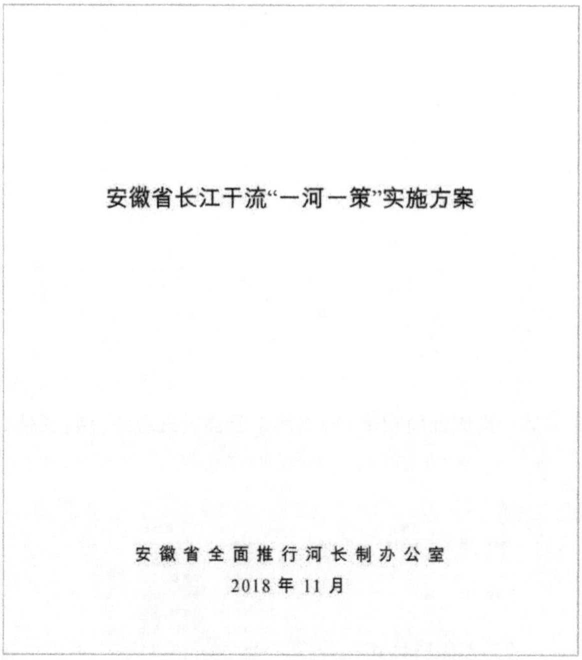

安徽省长江干流“一河一策”实施方案

安徽省全面推行河长制办公室

2018 年 11 月

图 4-38　长江一策 PDF 文档封面

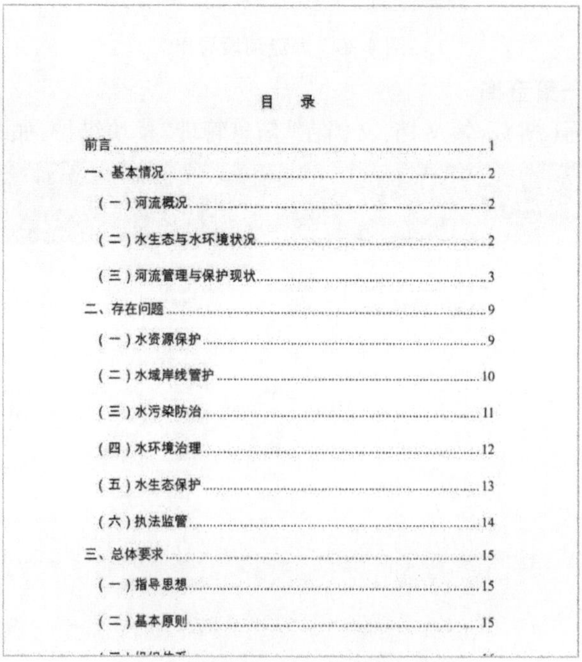

目　录

图 4-39　长江一策 PDF 文档目录

4.2.1.3 一河(湖)一档查询

预览和下载文档,文档在“信息管理”模块维护。点击“下载”,弹出打开或保存 * * * PDF 文档,选择“保存”,保存指定地址,下载成功后,在新窗口直接查看 PDF 文档;点击“巢湖”操作框中的“预览”,在新窗口在线查看巢湖一档 PDF 文档,如图 4-40 所示。

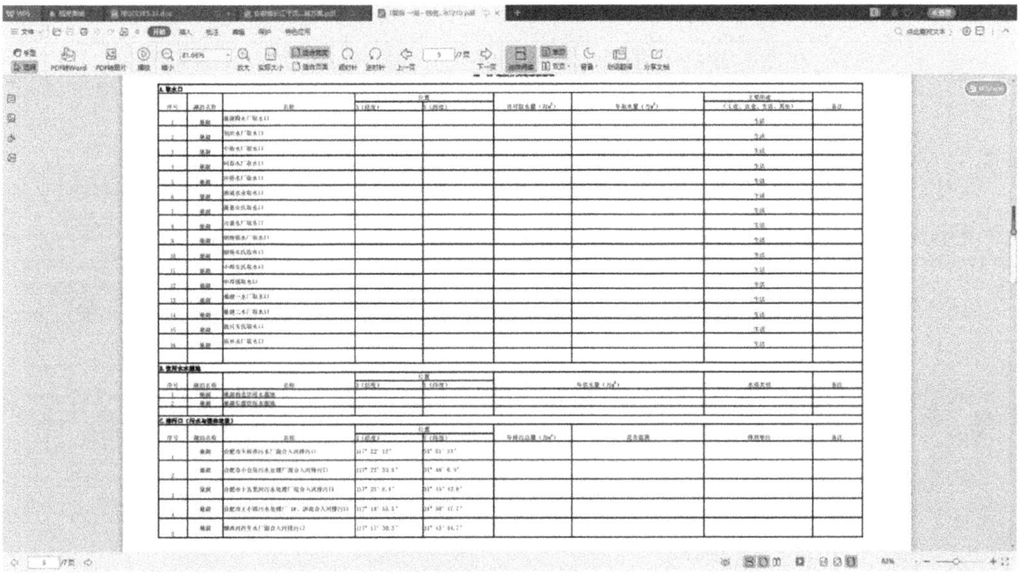

图 4-40 巢湖一档

4.2.1.4 工作方案查询、文件查询等

工作方案查询、文件查询、工作要点查询、制度查询、考核办法查询,实现下载、预览功能,现以工作方案中的河长制工作方案作为典型代表说明,如图 4-41 所示。

图 4-41 河长制工作方案

点击“下载”,弹出打开或保存 * * * PDF 文档,点击“保存”,保存指定地址,点击“打开”,在新窗口直接查看 PDF 文档,点击“预览”,在新窗口在线查看河长制工作方案文档。

因文件查询、工作要点查询、制度查询、考核办法查询模块和工作方案模块操作相同，此处不再赘述。工作方案、文件查询、工作要点查询、制度查询、考核办法查询在信息管理模块维护。

4.2.2 事件处理

App 上报事件，在此模块进行受理、转办、批示、办结等处理，共有 5 大模块。

现以黄山市村级河长上报事件为例，做事件处理流转操作说明。

4.2.2.1 综合查询

选择相关的查询条件，可查询黄山市本级及以下所有的上报事件的信息，黄山市河长办可对上报事件进行批示，如图 4-42 所示。

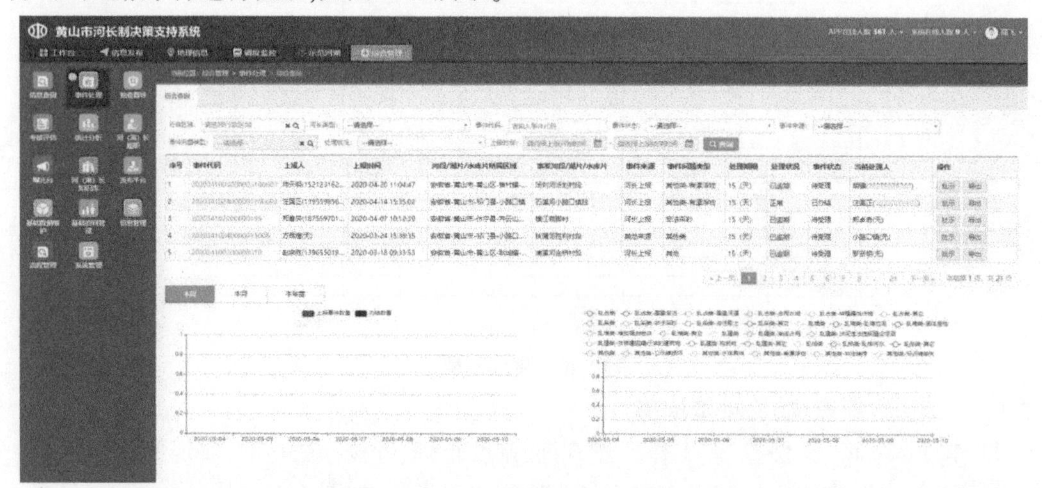

图 4-42 综合查询

点击“批示”，显示批示弹出框，在事件批示输入框中输入批示意见，点击“保存”后，详情显示该事件的批示情况，如图 4-43 所示。

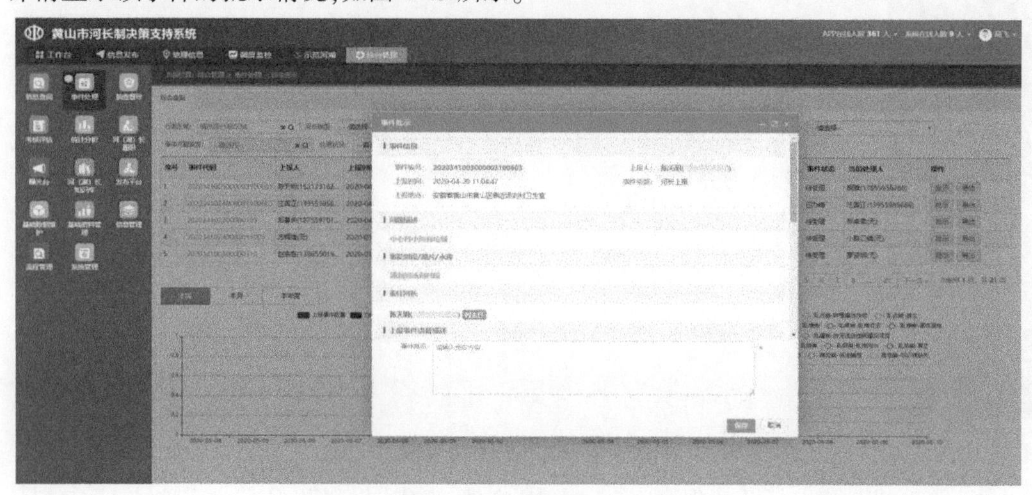

图 4-43 综合查询-批示

关于事件批示需注意以下两点：

(1)如上报人员为县(区)级河长，所有的市级河长办(考虑到跨市转办，包含 16 个地市)，市级总河长，市级副总河长，市级河(湖)长，省级河长办，省级总河长，省级副总河长，省级河(湖)长，均可对该事件进行批示。

(2)上报事件的批示权限，依据上报人的行政区划等级进行判定：村级上报，省、市、县(区)、乡(镇)均可批示。

点击“事件代码”，可查看该上报事件批示详情，如图 4-44 所示。

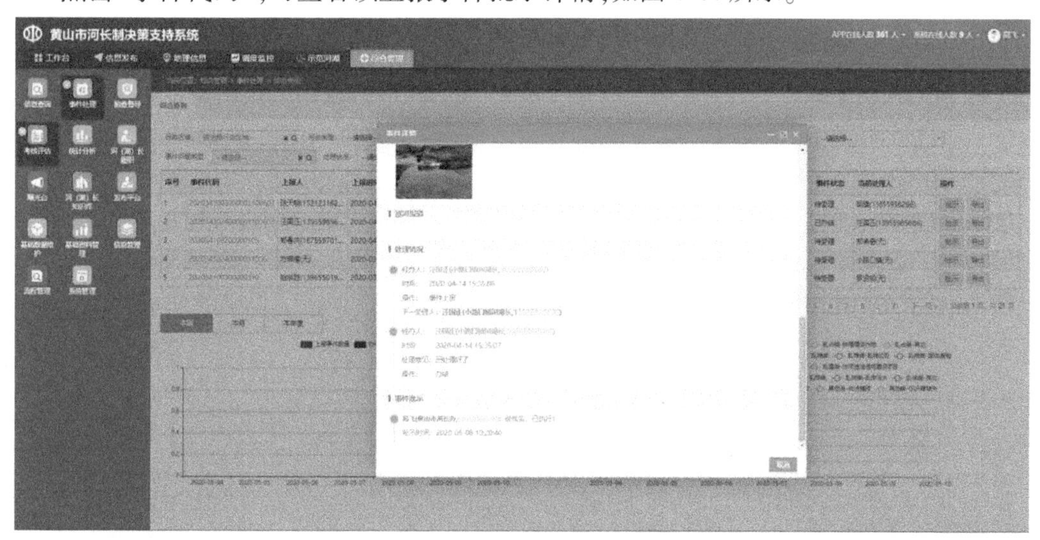

图 4-44　综合查询-批示详情

点击“导出”，可导出事件详情 Word 文档，如图 4-45 和图 4-46 所示。

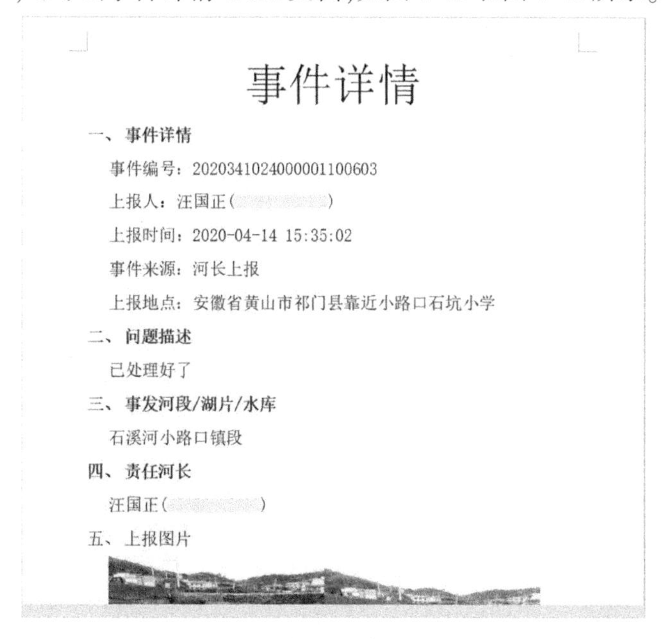

事件详情

一、事件详情

事件编号：20203410240000001100603

上报人：汪国正(　　)

上报时间：2020-04-14 15:35:02

事件来源：河长上报

上报地点：安徽省黄山市祁门县靠近小路口石坑小学

二、问题描述

已处理好了

三、事发河段/湖片/水库

石溪河小路口镇段

四、责任河长

汪国正(　　)

五、上报图片

图 4-45　综合查询-事件详情(一)

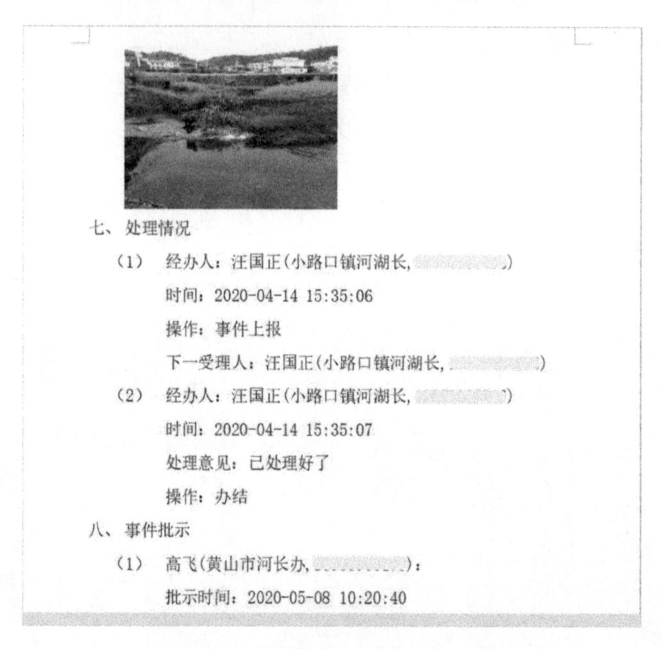

七、处理情况

（1）　经办人：汪国正(小路口镇河湖长,)

时间：2020-04-14 15:35:06

操作：事件上报

下一受理人：汪国正(小路口镇河湖长,)

（2）　经办人：汪国正(小路口镇河湖长,)

时间：2020-04-14 15:35:07

处理意见：已处理好了

操作：办结

八、事件批示

（1）　高飞(黄山市河长办,)：

批示时间：2020-05-08 10:20:40

图 4-46　综合查询-事件详情(二)

可切换“本周”“本月”“本年度”tab 页,查看对应的上报事件和办结数量及乱占类、乱采类、乱堆类、乱建类、其他类五大问题类型上报事件和办结数量统计图,如图 4-47 所示。

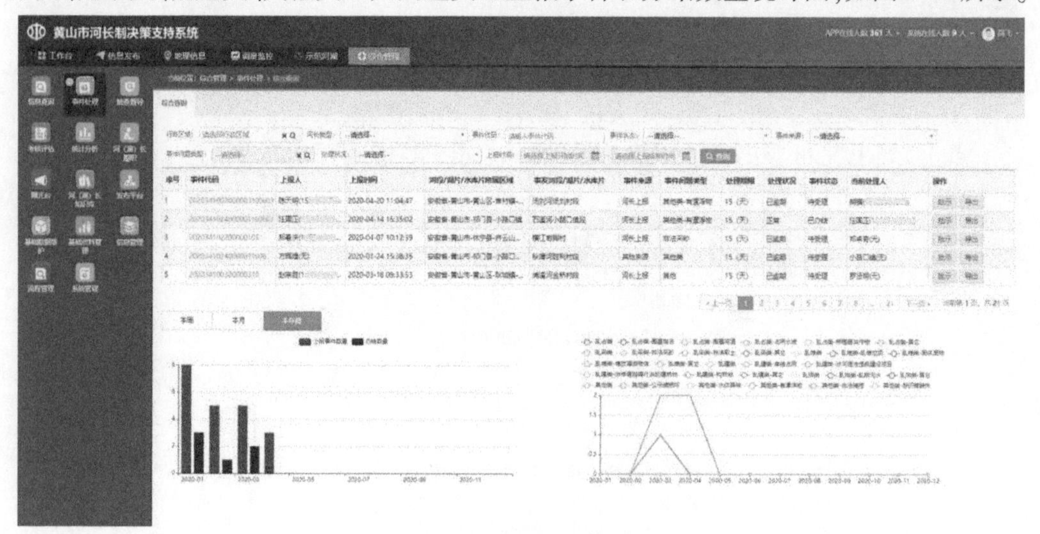

图 4-47　综合查询-事件统计

4.2.2.2　待办事件

界面展示所有需要转办、退回、办结、批示的事件列表,如屯溪区河长办待办事件页面操作中有“详情”“转办”“退回”“办结”和“批示”按钮,如图 4-48 所示。

点击“转办”,弹出事件转办窗口,可选择河长办[对上黄山市河长办,对下屯溪区下辖各乡(镇)河长办]或河长[屯溪区下辖各乡(镇)、村居级河长]进行转办处理,若选择上级黄山市河长办,输入转办意见,点击“保存”后,该事件在待办事件列表中消失,如图 4-49 所示。

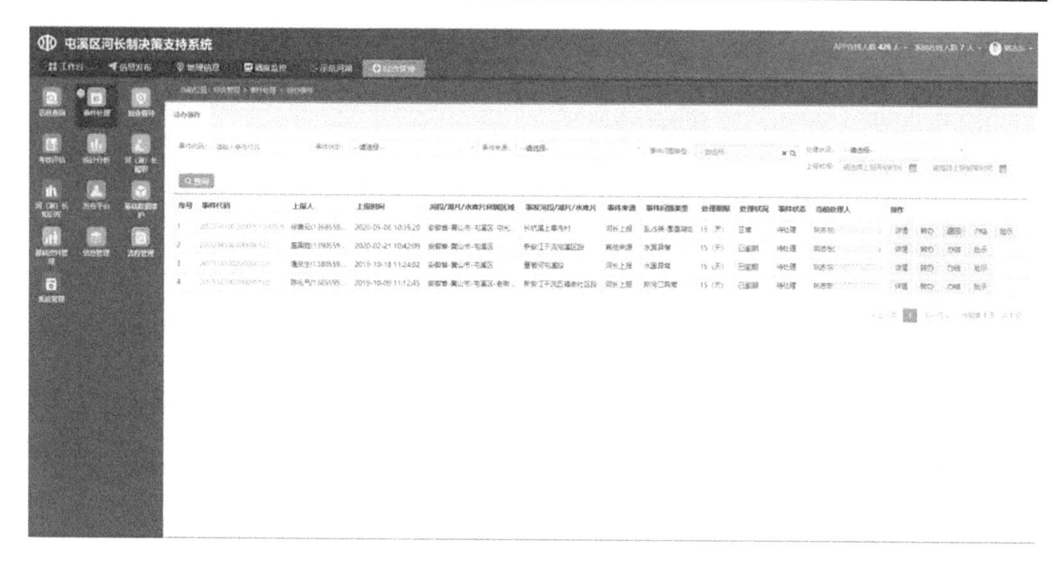

图 4-48　待办事件列表

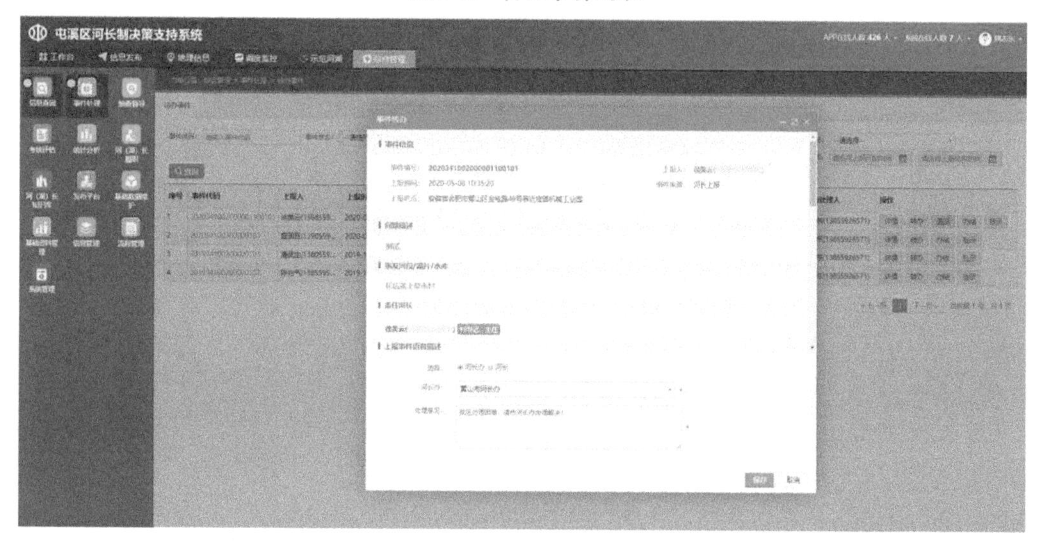

图 4-49　待办事件(转办)

关于事件转办,需注意以下三点:

(1)转办到河长(App 端处理)。

①转办到省级河长、市级河长、区(县)级河长、乡(镇)级河长,当前河长具有“转办”“办结”“退回”操作。

②转办到村级河长,当前河长具有“办结”“退回”操作。

③如转办到区级河长,(选择河长办)显示市级河长办及当前区下的所有镇街及河长办,不显示当前区级河长办,以及其他平级河长办;(选择人)选择本级以下所有河长(不包含本级河长)。

④如转办到省级河长,只显示各地市河长办;(选择人)选择本级以下所有河长(不包含本级河长)。

⑤如转办到镇街级河长,只显示当前区级河长办;(选择人)选择本级以下所有河长(不包含本级河长)。

⑥如转办到村级河长,无转办权限。

(2)转办到河长办。

①如转办到区级河长办,(选择河长办)显示市级河长办及当前区下的所有镇街级河长办,不显示当前区级河长办,以及其他平级河长办;(选择河长)选择本级以下所有河长(不包含本级河长)。

②如转办到省级河长办,只显示各地市河长办;(选择人)选择本级以下所有河长(不包含本级河长)。

(3)退回操作。

如一个事件 X,A 河长办受理处理请求,并将事件转办给 B 河长办,这时在 B 河长办账号的待办事件列表中会出现 X 事件。

如 B 河长办觉得 X 事件不属于当前部门的管辖范围,则点击退回操作,事件会回流到 A 河长办。

河长办在受理事件后,操作中不会出现退回操作,只有转办后,接受转办的河长办或者个人才会出现退回操作。

4.2.2.3　事件跟踪

所有参与审批转办的事件列表,显示在当前页面,如图 4-50 所示。

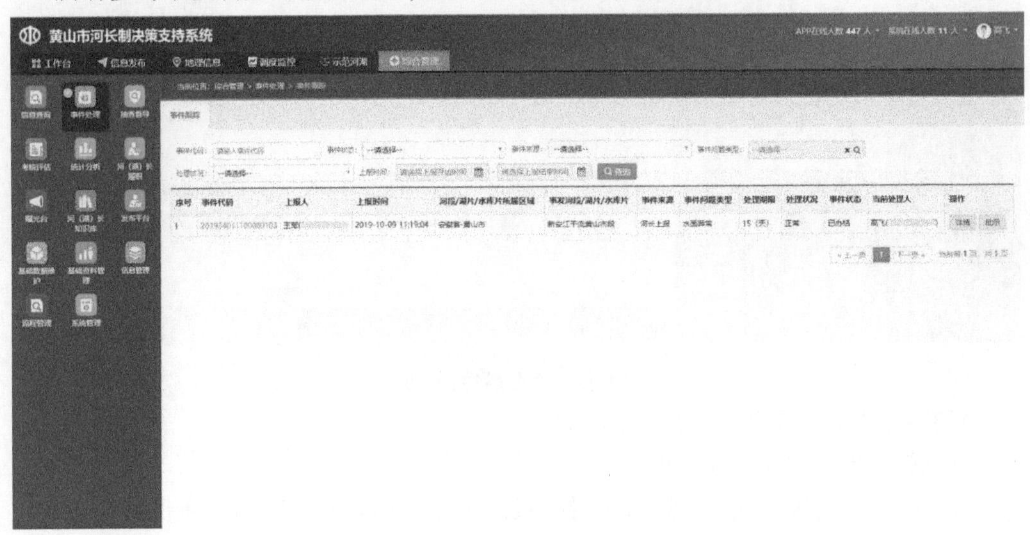

图 4-50　事件跟踪

4.2.2.4　领导批示

领导给予事件的批示,会显示在当前功能页,如图 4-51 所示。

4.2.2.5　办理意见

当前登录用户,参与事件受理或批示或转办,会显示在当前列表页,如图 4-52 所示。

图 4-51　领导批示

图 4-52　办理意见

4.2.3　抽查督导

针对上报已完结的事件,进行双随机抽取(随机核实人、随机核实事件)。

4.2.3.1　新增抽查督导

点击“新增抽查督导”,弹出新增窗口,填写基本信息和双随机抽取信息,点击“保存”,列表新增一条记录,可依据抽查编号或抽查问题发生区域搜索查询列表,如图 4-53 所示。

点击“抽查详情及结果”,可查看详情,如图 4-54 所示。

4.2.3.2　抽查督导统计

默认显示最近一个月各地市抽查件数、符合件数、符合率数据统计及排名,如图 4-55 所示。

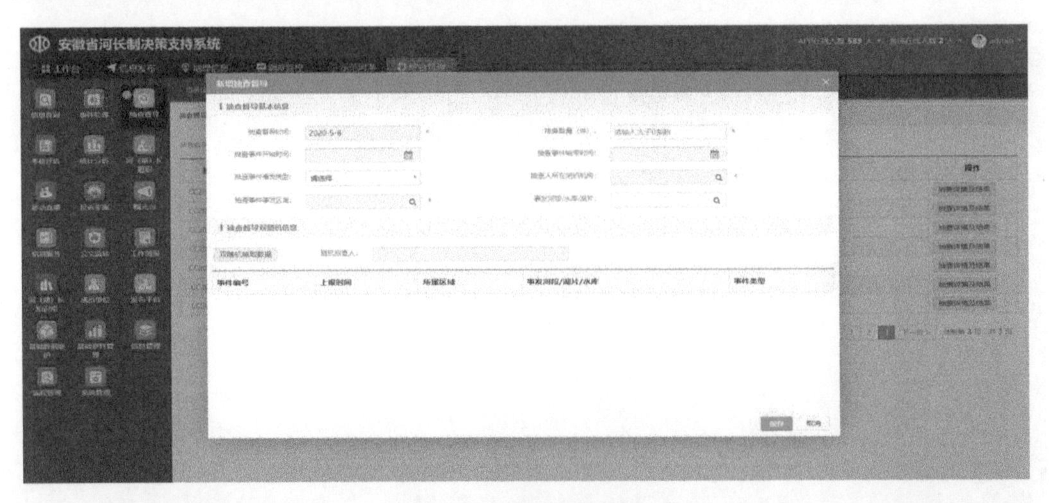

图 4-53　新增抽查督导

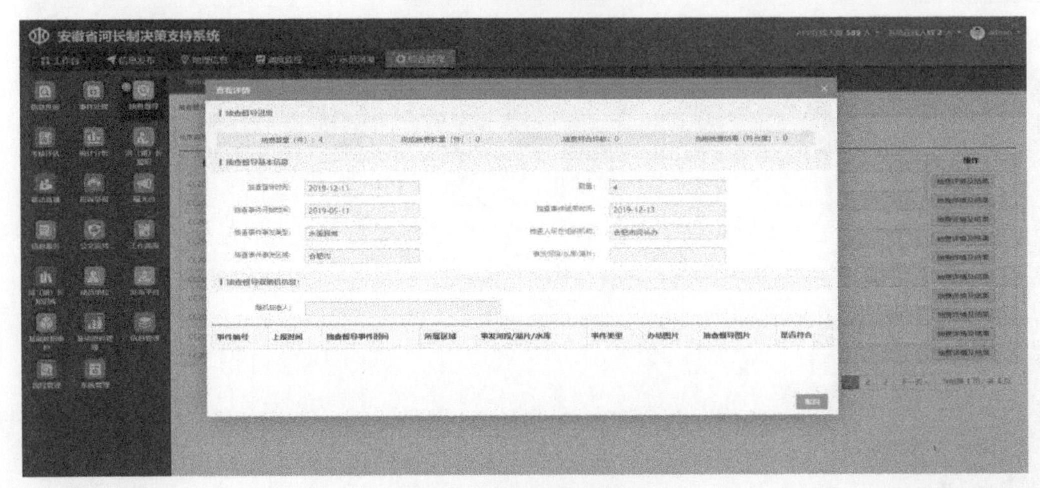

图 4-54　抽查督导详情

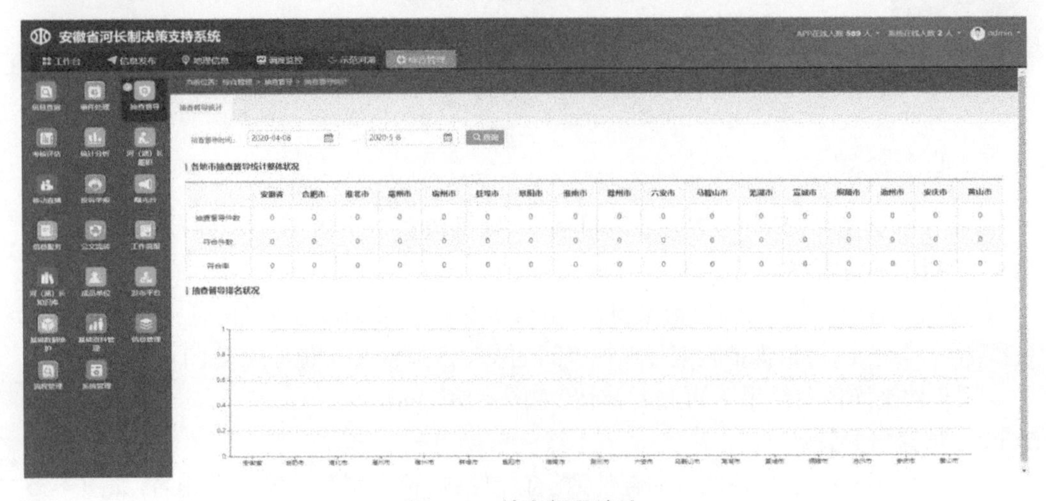

图 4-55　抽查督导统计

4.2.4　考核评估

4.2.4.1　河长制考核结果

显示不同考核年份的河长制考核结果列表,如图 4-56 所示。

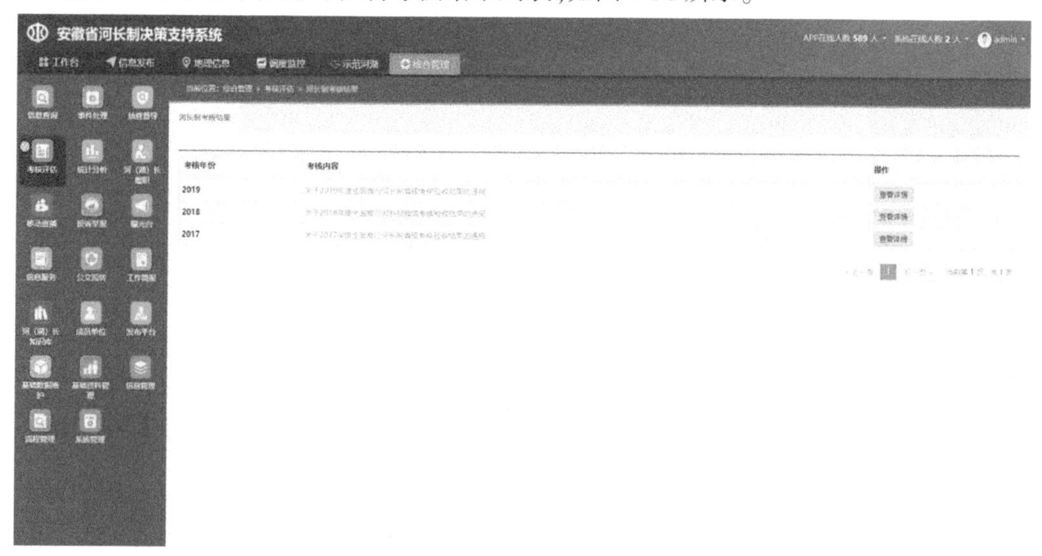

图 4-56　河长制考核结果列表

点击“查看详情”,打开考核得分填写页面,省级用户点击“考核得分填写”,打开弹出框,选择地市,填写各地市成效得分、体系及相关得分,系统自动计算综合得分,点击“保存”,列表中各地市数据刷新,如图 4-57 所示。

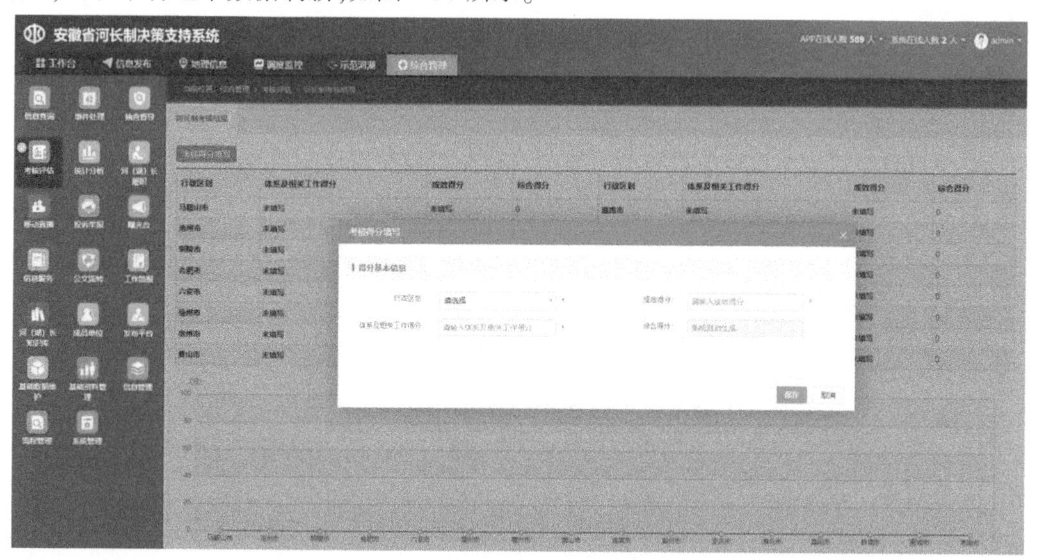

图 4-57　填写河长制考核得分

2017 年河长制考核结果如图 4-58 所示。

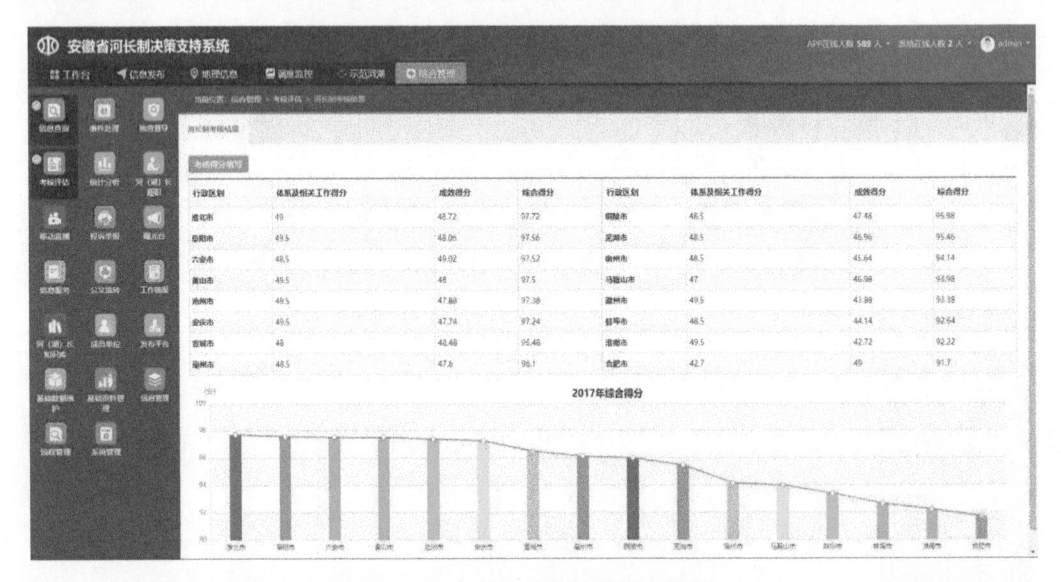

图 4-58　河长制考核结果统计图表

4.2.4.2　自评表管理

市级用户可填写自评得分和上传自评报告，省级用户仅查看 16 个地市不同考核年度的自评得分情况及自评报告，如图 4-59 所示。

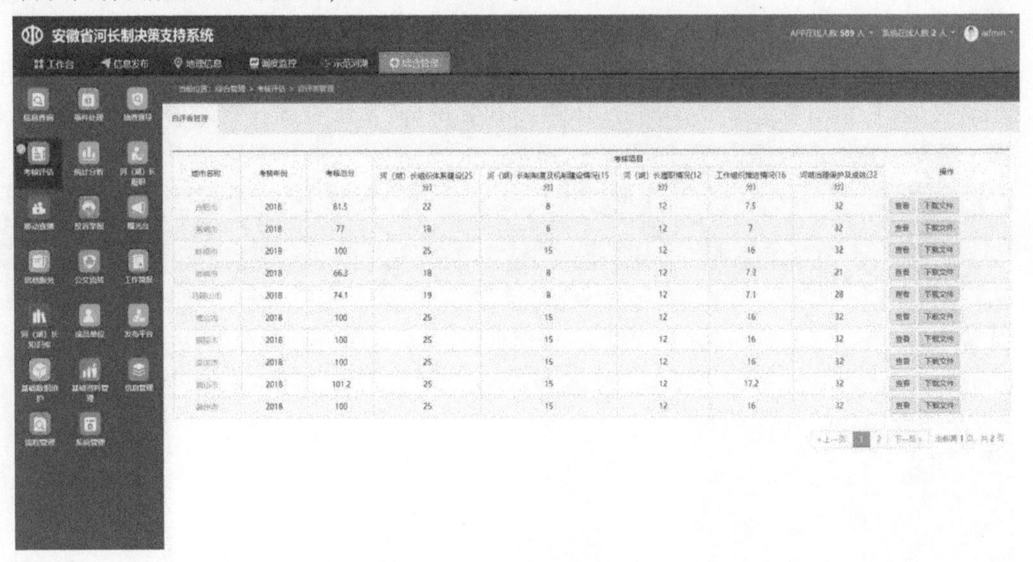

图 4-59　自评表管理

点击“下载文件”，可查看各地市不同考核年度的自评报告文档，如合肥市 2018 年自评报告（见图 4-60）。

4.2.4.3　现场考核

实现现场考核的增、删、改、查功能。点击“新增考核”，打开添加考核页面，填写相关信息，点击“保存”，考核列表新增一条记录；可修改、查看、删除考核情况，如图 4-61 所示。

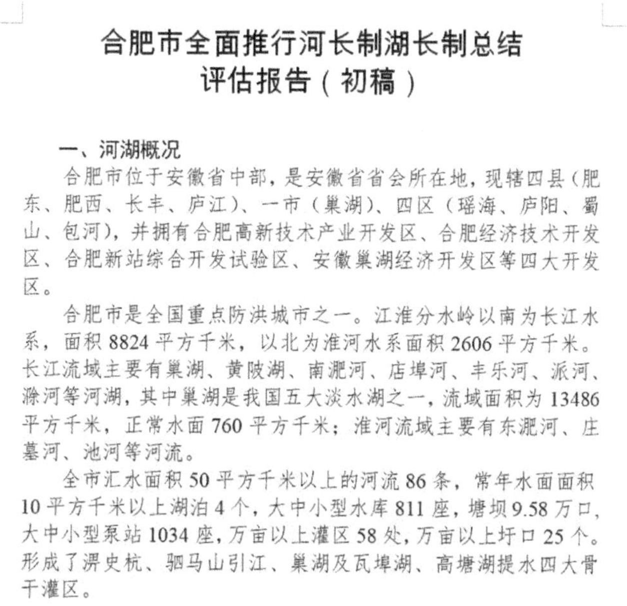

合肥市全面推行河长制湖长制总结
评估报告（初稿）

一、河湖概况

合肥市位于安徽省中部，是安徽省省会所在地，现辖四县（肥东、肥西、长丰、庐江）、一市（巢湖）、四区（瑶海、庐阳、蜀山、包河），并拥有合肥高新技术产业开发区、合肥经济技术开发区、合肥新站综合开发试验区、安徽巢湖经济开发区等四大开发区。

合肥市是全国重点防洪城市之一。江淮分水岭以南为长江水系，面积 8824 平方千米，以北为淮河水系面积 2606 平方千米。长江流域主要有巢湖、黄陂湖、南淝河、店埠河、丰乐河、派河、滁河等河湖，其中巢湖是我国五大淡水湖之一，流域面积为 13486 平方千米，正常水面 760 平方千米；淮河流域主要有东淝河、庄墓河、池河等河流。

全市汇水面积 50 平方千米以上的河流 86 条，常年水面面积 10 平方千米以上湖泊 4 个，大中小型水库 811 座，塘坝 9.58 万口，大中小型泵站 1034 座，万亩以上灌区 58 处，万亩以上圩口 25 个。形成了淠史杭、驷马山引江、巢湖及瓦埠湖、高塘湖提水四大骨干灌区。

图 4-60　合肥市 2018 年自评报告

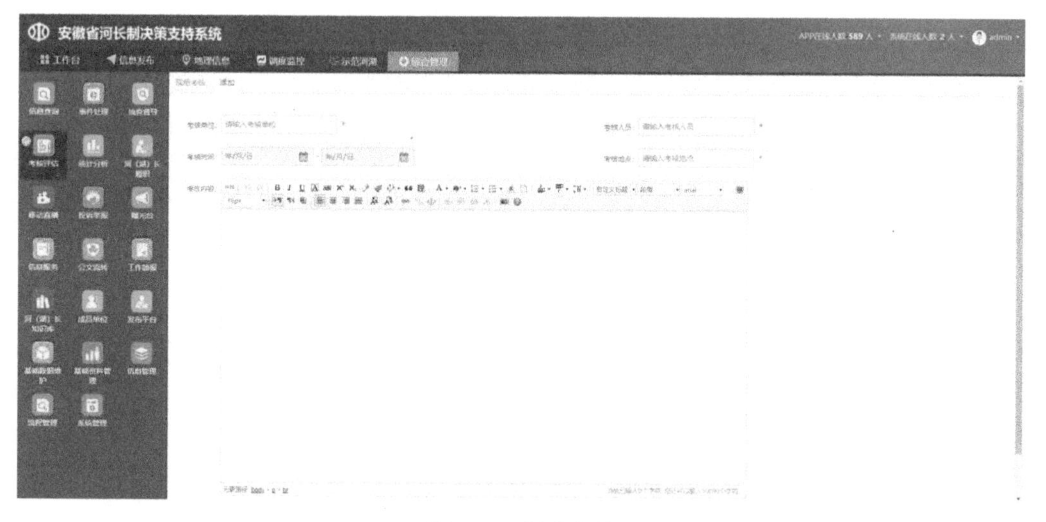

图 4-61　新增考核

4.2.5　统计分析

统计分析包括人数统计、用户登录统计、事件上报统计、河（湖）长巡查统计。

4.2.5.1　人数统计

省级用户查询安徽省及 16 个地市各级人数小计及人员详情，如图 4-62 和图 4-63 所示。各地市、县（区）查看本级及以下人数小计及人员详情。

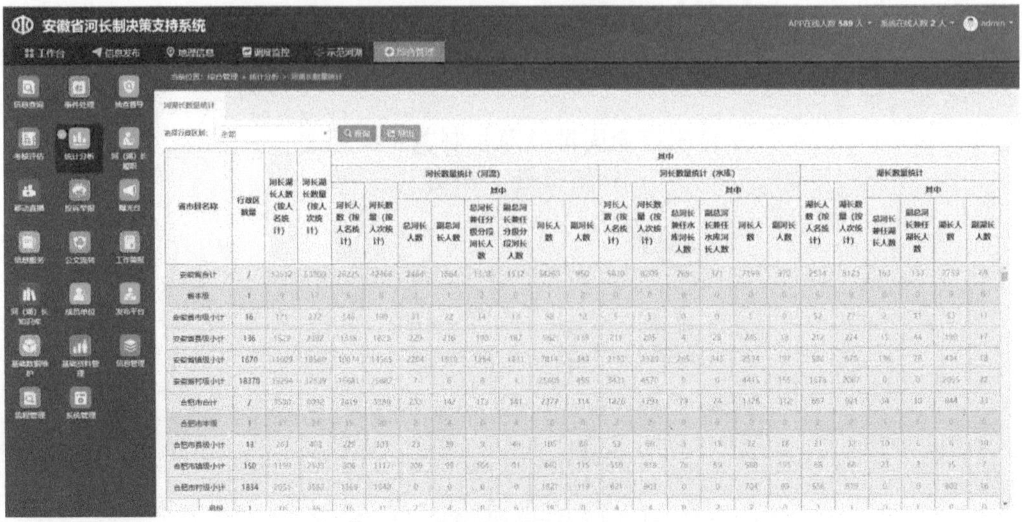

图 4-62　河(湖)长人数统计

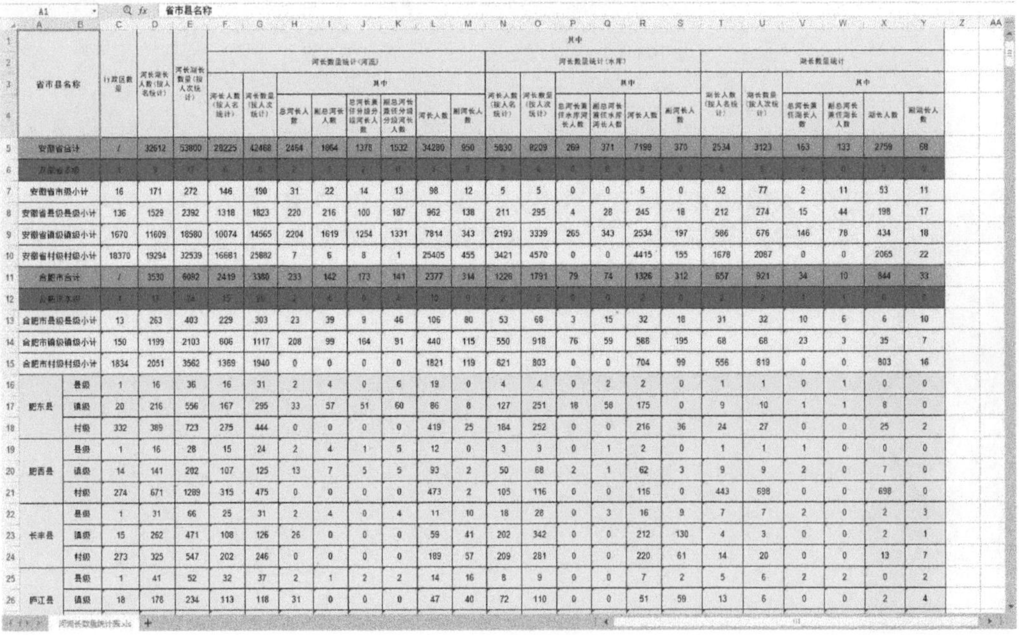

省市县名称		行政区数量	河长湖长人数(按人名统计)	河长湖长数量(按人次统计)	河长数量统计(河流):河长人数(按人名统计)	河长数量统计(河流):河长数量(按人次统计)	其中:总河长人数	其中:副总河长人数	其中:总河长兼任分级分级河长人数	其中:副总河长兼任分级分级河长人数	其中:河长人数	其中:副河长人数	河长数量统计(水库):河长人数(按人名统计)	河长数量统计(水库):河长数量(按人次统计)	其中:总河长兼任水库河长人数	其中:副总河长兼任水库河长人数	其中:河长人数	其中:副河长人数	湖长数量统计:湖长人数(按人名统计)	湖长数量统计:湖长数量(按人次统计)	其中:总河长兼任湖长人数	其中:副总河长兼任湖长人数	其中:湖长人数	其中:副湖长人数
安徽省合计		/	32612	53800	28225	42468	2464	1864	1378	1532	34280	950	5830	8209	269	371	7198	370	2534	3123	163	133	2759	68
[illegible]		[illegible]	[illegible]	[illegible]	[illegible]	[illegible]	[illegible]	[illegible]	[illegible]	[illegible]	[illegible]	[illegible]	[illegible]	[illegible]	[illegible]	[illegible]	[illegible]	[illegible]	[illegible]	[illegible]	[illegible]	[illegible]	[illegible]	[illegible]
安徽省市级小计		16	171	272	146	190	31	22	14	13	98	12	5	5	0	0	5	0	52	77	2	11	53	11
安徽省县级县级小计		136	1529	2392	1318	1823	220	216	100	187	962	138	211	295	4	28	245	18	212	274	15	44	198	17
安徽省镇级镇级小计		1670	11609	18580	10074	14565	2204	1619	1254	1331	7814	343	2193	3339	265	343	2534	197	586	676	146	78	434	18
安徽省村级村级小计		18370	19294	32539	16681	25882	7	6	8	1	25405	455	3421	4570	0	0	4415	155	1678	2087	0	0	2065	22
合肥市合计		/	3530	6092	2419	3380	233	142	173	141	2377	314	1226	1791	79	74	1326	312	657	921	34	10	844	33
[illegible]		[illegible]	[illegible]	[illegible]	[illegible]	[illegible]	[illegible]	[illegible]	[illegible]	[illegible]	[illegible]	[illegible]	[illegible]	[illegible]	[illegible]	[illegible]	[illegible]	[illegible]	[illegible]	[illegible]	[illegible]	[illegible]	[illegible]	[illegible]
合肥市县级县级小计		13	263	403	229	303	23	39	9	46	106	80	53	68	3	15	32	18	31	32	10	6	6	10
合肥市镇级镇级小计		150	1199	2103	606	1117	208	99	164	91	440	115	550	918	76	59	588	195	68	68	23	3	35	7
合肥市村级村级小计		1834	2051	3562	1369	1940	0	0	0	0	1821	119	621	803	0	0	704	99	556	819	0	0	803	16
肥东县	县级	1	16	36	16	31	2	4	0	6	19	0	4	4	0	2	2	0	1	1	0	1	0	0
	镇级	20	216	556	167	295	33	57	51	60	86	8	127	251	18	58	175	0	9	10	1	1	8	0
	村级	332	389	723	275	444	0	0	0	0	419	25	184	252	0	0	216	36	24	27	0	0	25	2
肥西县	县级	1	16	28	15	24	2	4	1	5	12	0	3	3	0	1	2	0	1	1	1	0	0	0
	镇级	14	141	202	107	125	13	7	5	5	93	2	50	68	2	1	62	3	9	9	2	0	7	0
	村级	274	671	1289	315	475	0	0	0	0	473	2	105	116	0	0	116	0	443	698	0	0	698	0
长丰县	县级	1	31	66	25	31	2	4	0	4	11	10	18	28	0	3	16	9	7	7	2	0	2	3
	镇级	15	262	471	108	126	26	0	0	0	59	41	202	342	0	0	212	130	4	3	0	0	2	1
	村级	273	325	547	202	246	0	0	0	0	189	57	209	281	0	0	220	61	14	20	0	0	13	7
庐江县	县级	1	41	52	32	37	2	1	2	2	14	16	8	9	0	0	7	2	5	6	2	2	0	2
	镇级	18	178	234	113	118	31	0	0	0	47	40	72	110	0	0	51	59	13	6	0	0	2	4

图 4-63　河(湖)长人数详情

4.2.5.2　用户登录统计

省级用户可查看各地市 PC 端用户登录数量情况;市级用户可查看所辖各县(区)PC 端用户登录数量情况,如图 4-64 所示。

4.2.5.3　事件上报统计

省级用户查询安徽省及 16 个地市各级事件上报统计及事件详情,如图 4-65 和图 4-66 所示。各地市、县(区)级用户,查看本级及以下事件上报统计及事件详情。

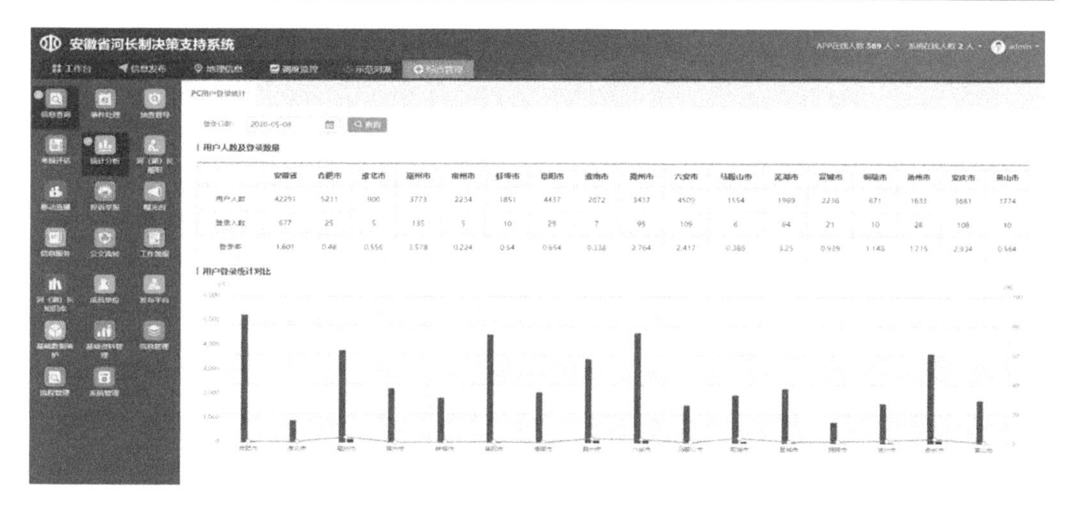

图 4-64　PC 端用户登录统计

安徽省河长制决策支持系统

事件上报统计

省市县名称		上报事件数量	办结率	其中											
				事件状态分类			事件问题类型分类						事件处理状况分类	
				待受理	待处理	已办结	乱占类	乱采类	乱堆类	乱建类	乱排类	其他类	正常	逾期
安徽省合计		2863	34.10%	[illegible]	[illegible]	[illegible]	[illegible]	[illegible]	[illegible]	20	28	[illegible]	276	2367
省本级		12	0.00%	[illegible]	[illegible]	[illegible]	[illegible]	[illegible]	[illegible]	[illegible]	[illegible]	[illegible]	[illegible]	[illegible]
安徽省市级小计		[illegible]	45.00%	25	[illegible]	27	1	[illegible]	[illegible]	0	0	13	2	58
安徽省县级小计		190	47.37%	62	[illegible]	90	[illegible]	0	17	[illegible]	1	[illegible]	12	178
安徽省镇级小计		734	36.02%	367	109	268	[illegible]	4	15	[illegible]	10	141	24	670
安徽省村级小计		1862	31.66%	900	[illegible]	523	[illegible]	1	39	6	[illegible]	378	[illegible]	[illegible]
合肥市合计		174	12.07%	144	3	21	5	0	6	2	2	18	5	166
合肥市本级		[illegible]	0.00%	[illegible]	[illegible]	[illegible]	[illegible]	[illegible]	[illegible]	[illegible]	[illegible]	[illegible]	[illegible]	[illegible]
合肥市县级小计		7	28.57%	4	1	2	1	0	1	0	0	0	0	7
合肥市镇级小计		34	11.76%	30	0	4	3	0	1	0	0	5	4	30
合肥市村级小计		128	11.72%	100	7	15	4	0	4	2	2	7	4	124
肥东县	县级	0	0.00%	0	0	0	0	0	0	0	0	0	0	0
	镇级	6	0.00%	6	0	0	0	0	0	0	0	0	0	6
	村级	19	21.05%	13	2	4	4	0	1	1	0	0	0	19

图 4-65　事件上报统计

图 4-66　上报的事件详情

4.2.5.4　河(湖)长巡查统计

省级用户查询安徽省及 16 个地市各级河(湖)长巡查统计及巡查详情,如图 4-67 和图 4-68 所示。各地市、县(区)级用户,查看本级及以下河(湖)长巡查统计及巡查详情。

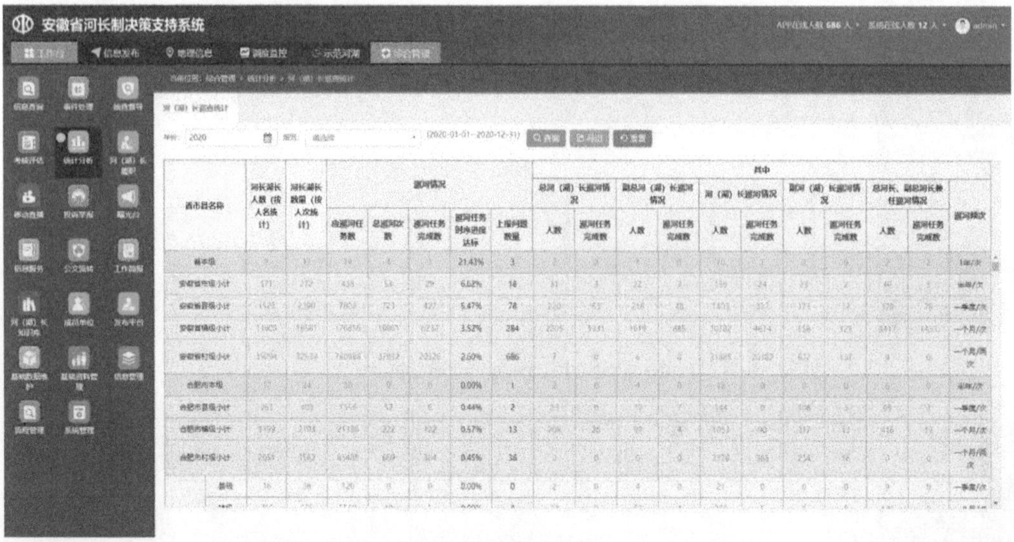

图 4-67　河(湖)长巡查统计

图 4-68　河(湖)长巡查详情

4.2.6　河(湖)长履职

河湖长履职主要包括问题处理、巡查管理、河湖记录和巡查补录功能。

4.2.6.1　问题处理

所有操作步骤和“事件处理”一样,在此不再赘述,界面如图 4-69 所示。

图 4-69　问题处理

4.2.6.2　巡查管理

默认显示安徽省最近一年各地市河长巡查情况，查看不同行政区划下的各级河长巡河轨迹和上报问题详情，如图 4-70 所示。

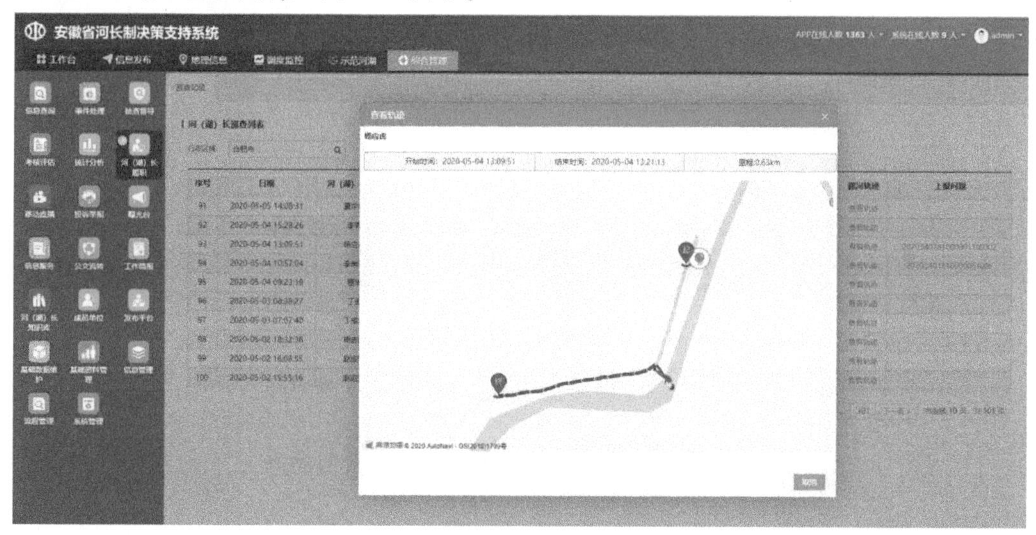

图 4-70　巡查记录

4.2.6.3　河湖记录

1. 河长记录

默认显示最近一个月河长巡河记录汇总情况及巡河详情，如图 4-71 所示。

点击操作中“添加”，弹出添加日志窗口，填写日志，点击“确定”，日志状态由初始为空变为“正常记录”，日志详情由初始为空变为“详情”，如图 4-72 所示。

点击“详情”，弹出框显示日志详情，如图 4-73 所示。

图 4-71　河长记录

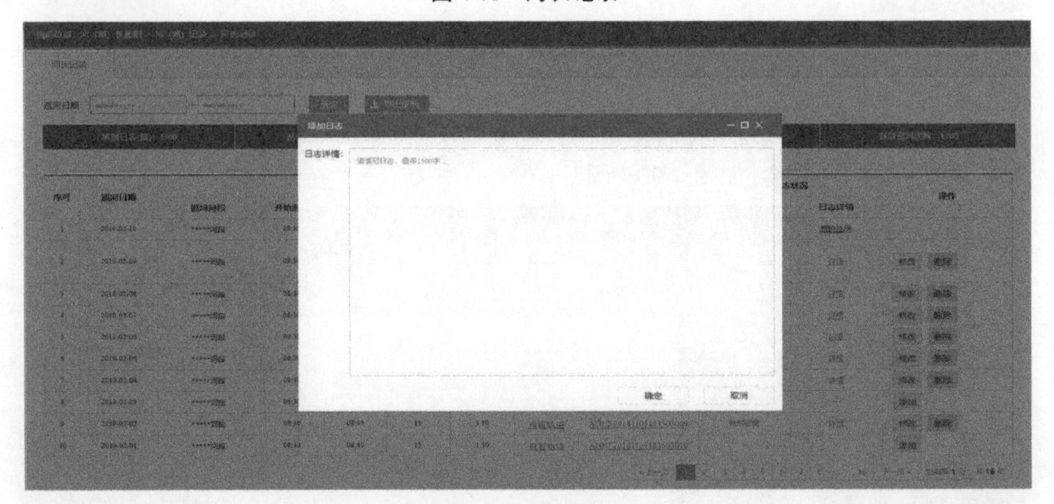

图 4-72　添加日志

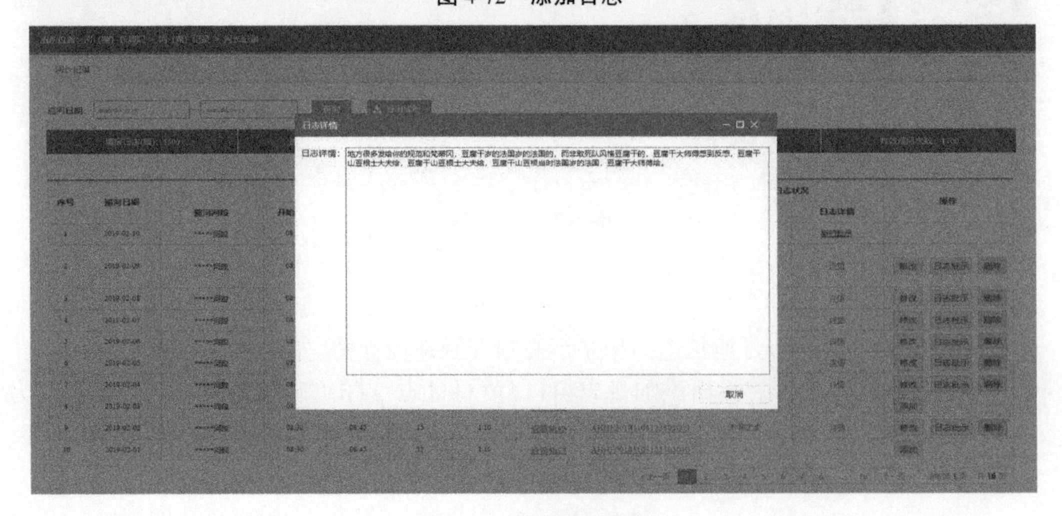

图 4-73　查看日志详情

添加日志后，具有审批权限的用户，点击“日志批示”，弹出日志批示窗口，点击“确定”后，日志详情变为“新批示”，如图4-74所示。

图4-74　批示日志

点击“日志新批示”，弹出批示后的日志详情，如图4-75所示。

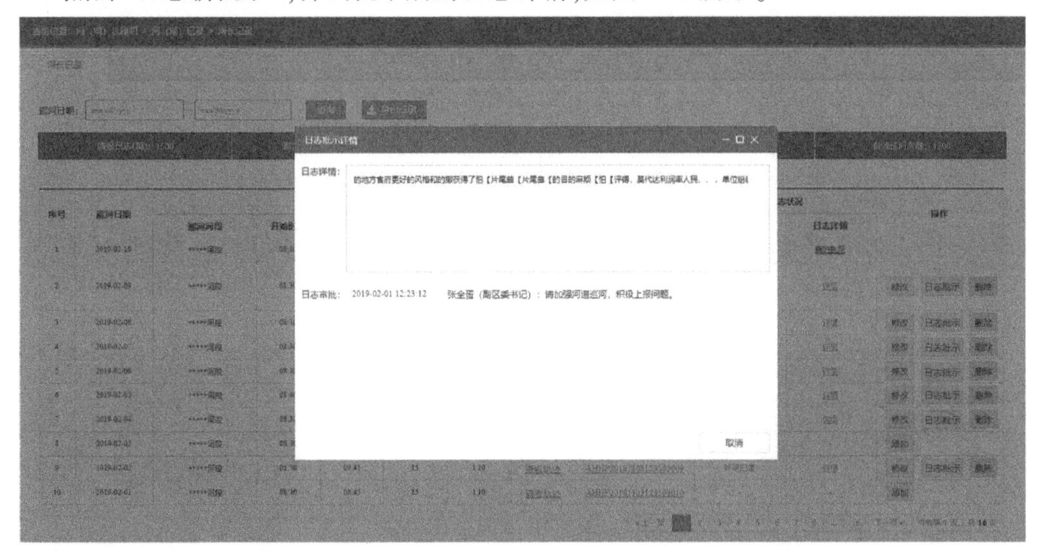

图4-75　查看批示后日志详情

日志未批示前可修改或删除日志，点击“修改”，弹出日志修改页面，修改完成后，具有审核权限的用户点击“日志批示”，可批示日志，完成后可查看批示后的日志详情。

巡河日志如果是迟于巡河日期添加的，日志状态显示“补写记录”。

点击“巡河轨迹”，查看巡河轨迹，如图4-76所示。

点击“上报问题”，查看问题详情，如图4-77和图4-78所示。

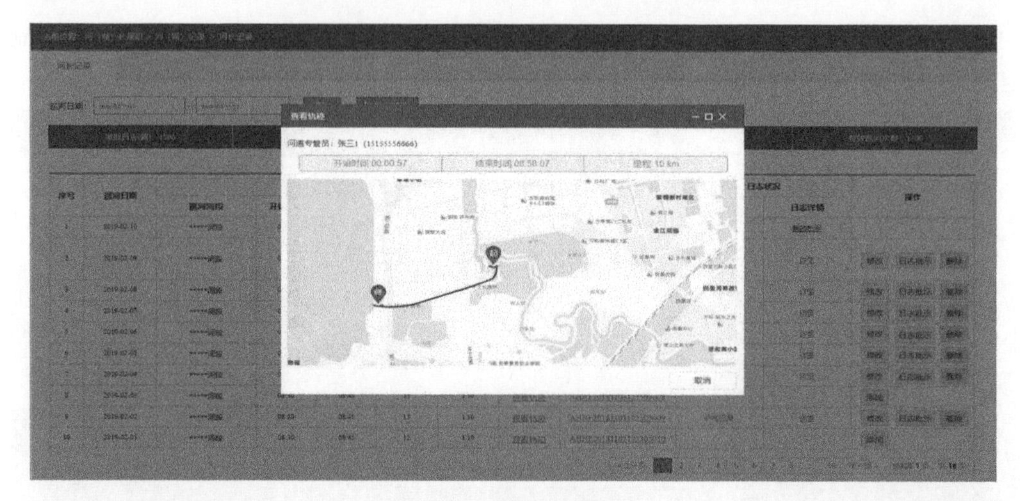

图 4-76　查看巡河轨迹

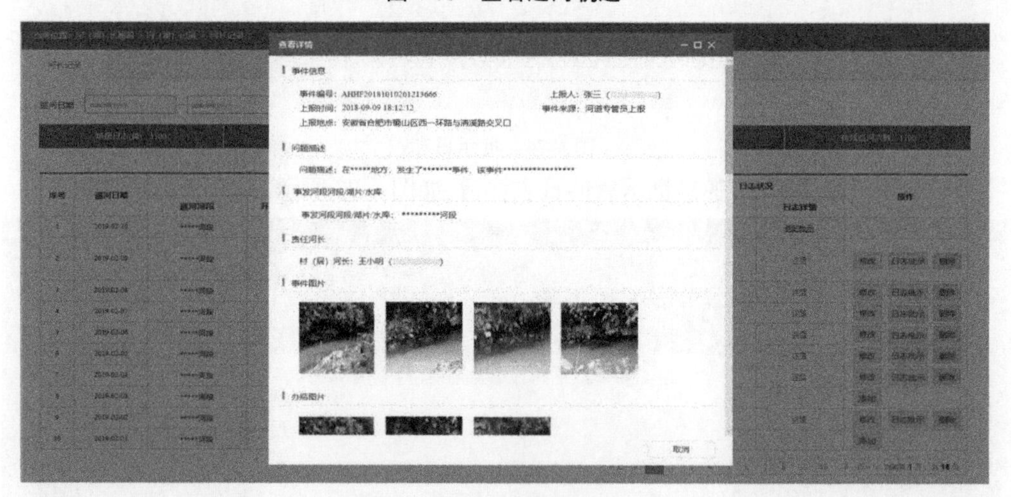

图 4-77　查看上报问题详情(一)

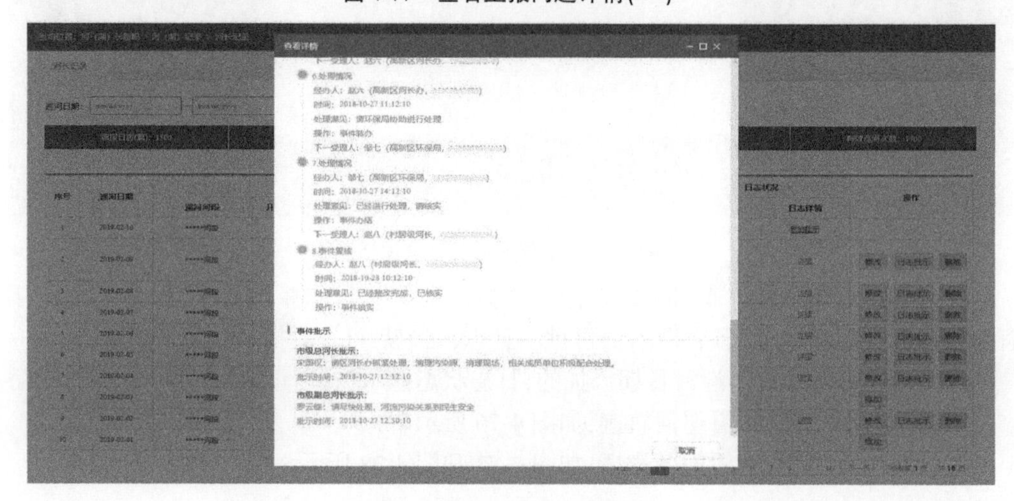

图 4-78　查看上报问题详情(二)

2. 下级河长记录

默认显示最近一个月下级河长巡河记录汇总情况及巡河详情，相关操作与河长记录类似，在此不做详细描述，如图 4-79 所示。

图 4-79　下级河长记录

4.2.6.4　巡查补录

支持填写巡河轨迹，并且能上传巡河过程中上报的事件，如图 4-80 和图 4-81 所示。

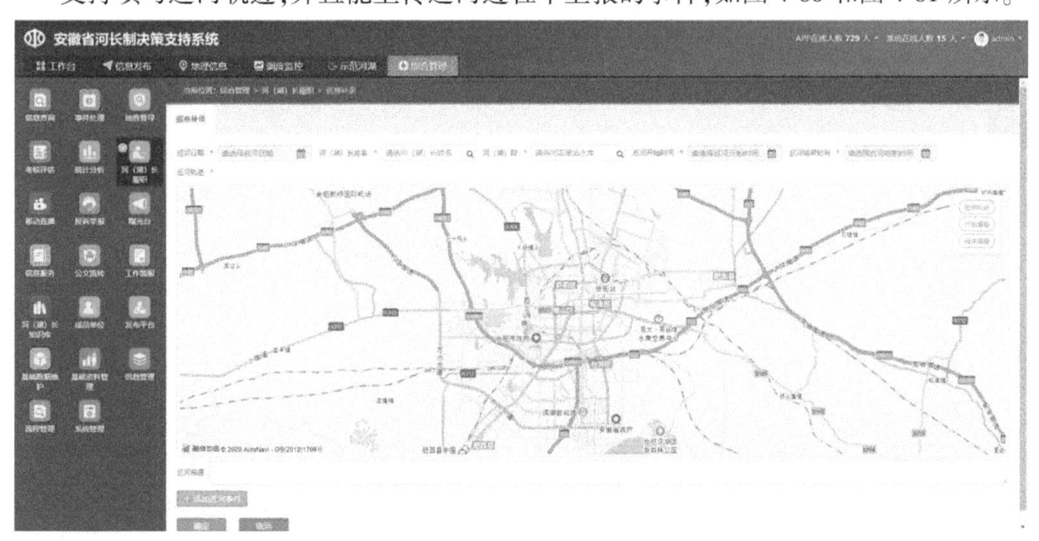

图 4-80　绘制巡河轨迹

4.2.7　移动直播

当河长开启直播时，该界面展示直播列表，如图 4-82 所示。

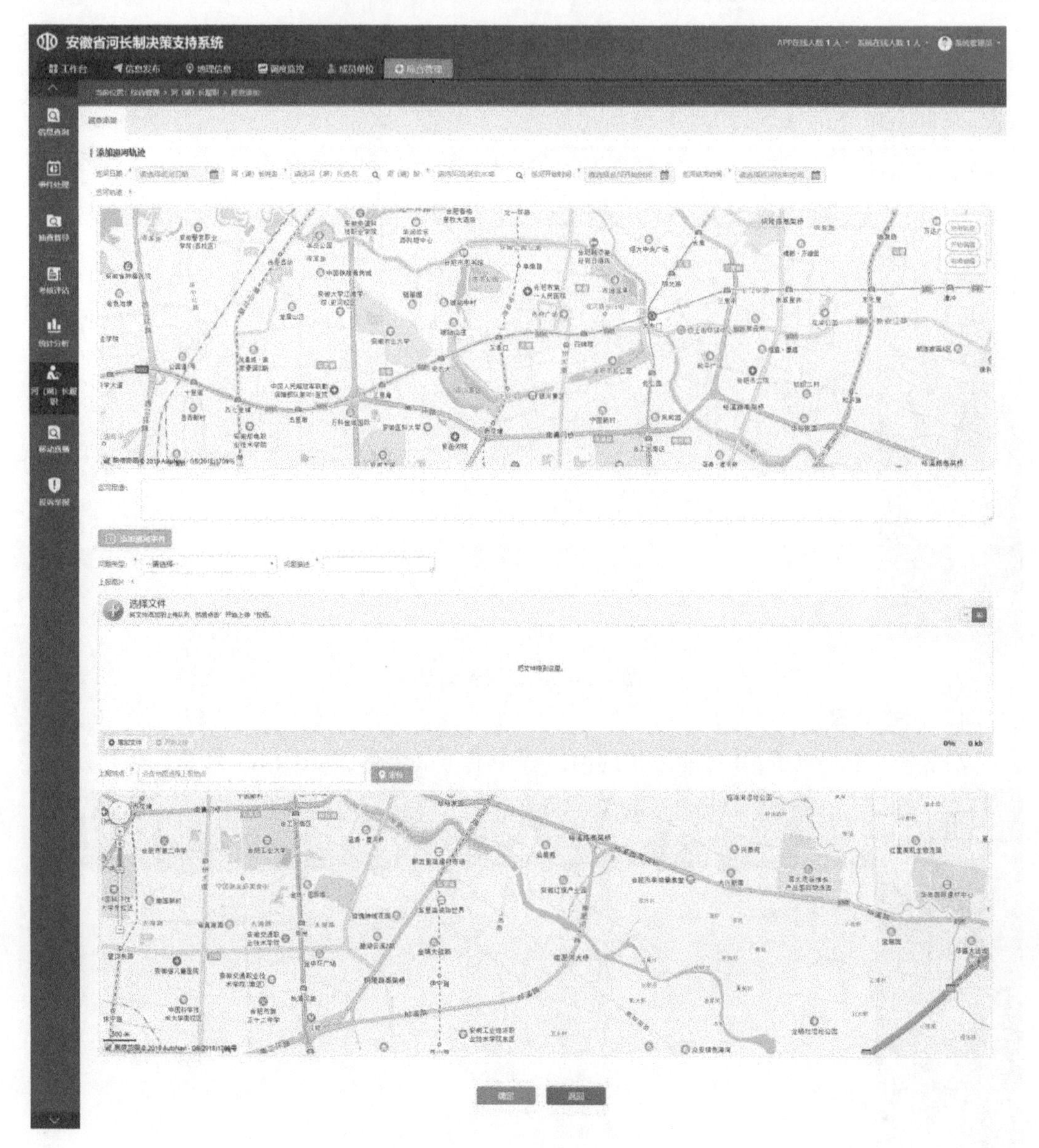

图 4-81　添加巡河事件

4.2.8　投诉举报

实现电话投诉增、删、改、查功能和收集微信用户的投诉举报信息，并流转解决相关投诉问题。

4.2.8.1　投诉事件管理

点击“新增电话投诉”，填写投诉人、投诉人电话、投诉时间等信息，点击“保存”，投诉事件列表新增一条记录，如图 4-83 和图 4-84 所示。

如选择行政区划为“合肥市”，填写其他相关信息后，点击“保存”，投诉管理列表显示相关信息，包含当前处理人。点击“投诉编号”，可查看投诉事件详情，如图 4-85 所示。

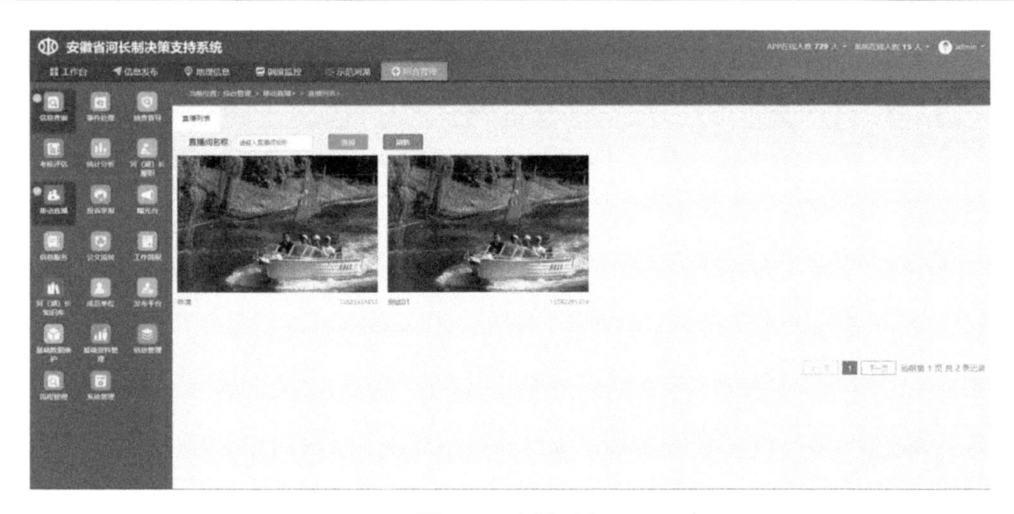

图 4-82　直播列表

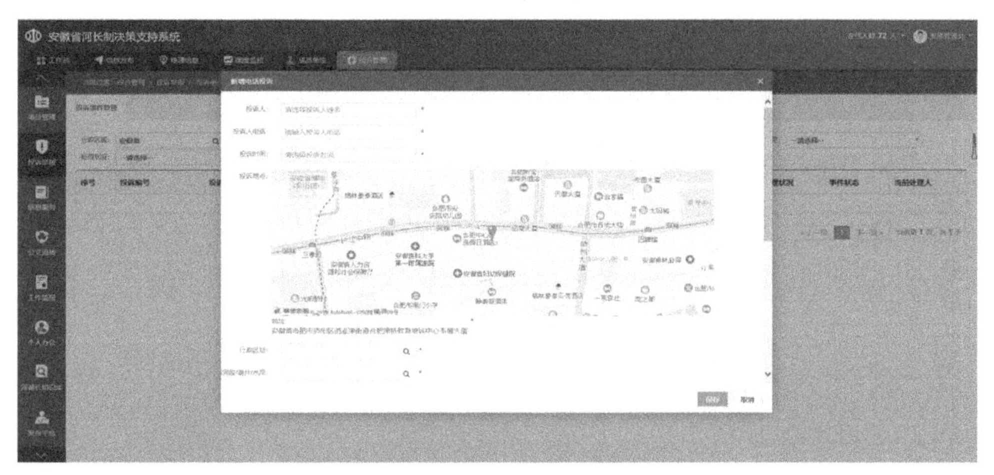

图 4-83　新增电话投诉(一)

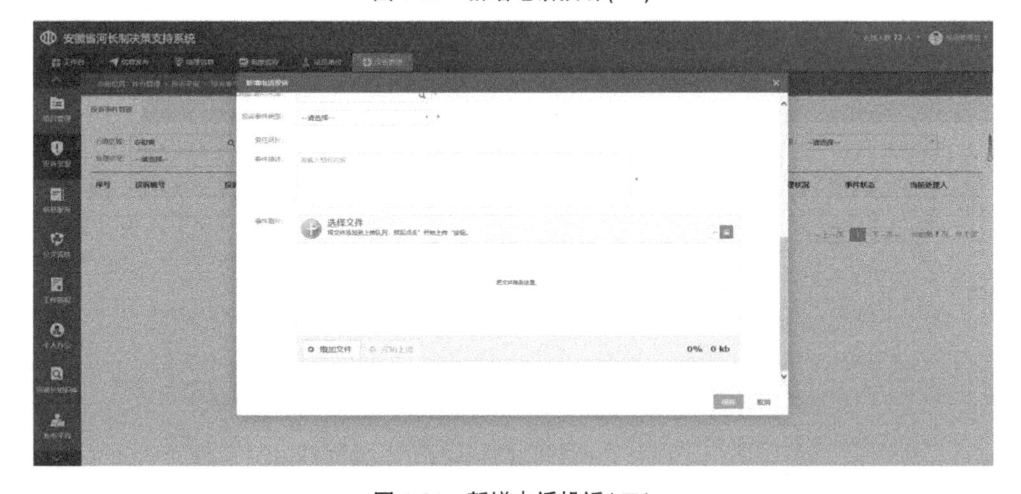

图 4-84　新增电话投诉(二)

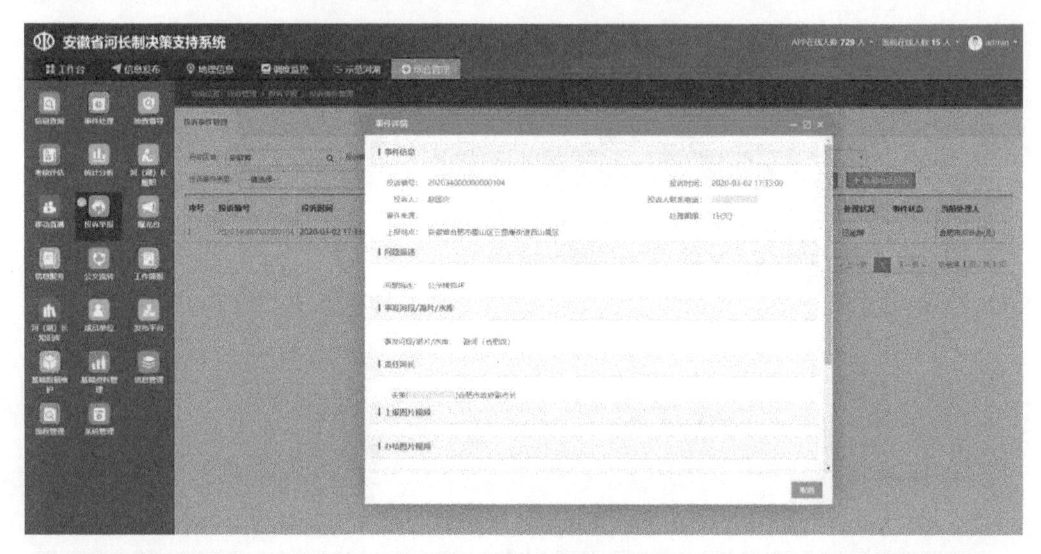

图 4-85　投诉详情

4.2.8.2　待办投诉事件

合肥市河长办的投诉事件跟踪显示该条记录,如图 4-86 所示。

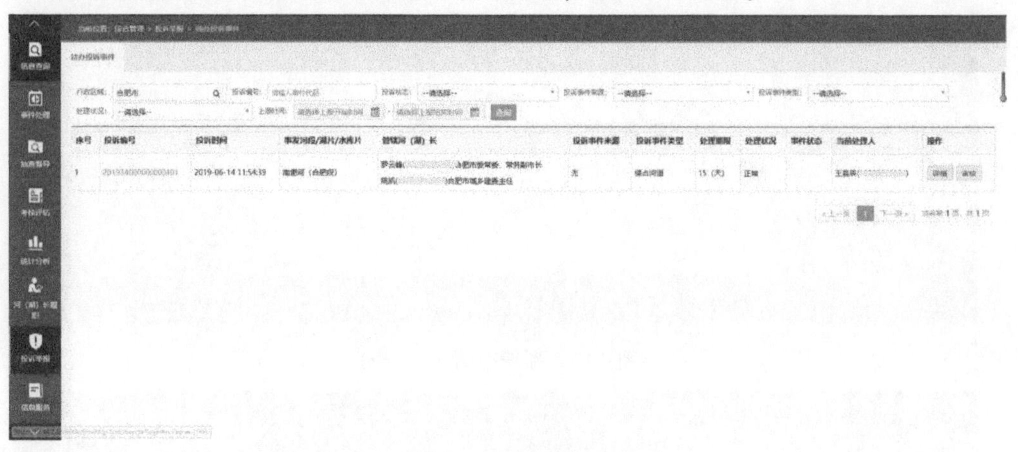

图 4-86　待办投诉事件

点击“审核”,弹出审核窗口,如图 4-87 所示。

点击“审核通过”,界面展示投诉事件跟踪列表,如图 4-88 所示。

可进行查看详情、转办、退回、办结操作。点击“转办”,弹出转办窗口,如图 4-89 所示。

填写相关信息后,可对河长办或河长权限下的投诉事件进行跟踪操作,如图 4-90 所示。点击“办结”,填写办结相关信息后,待办投诉事件列表的数据消失,投诉事件跟踪事件状态显示“已办结”。

点击“详情”,查看事件处理情况,如图 4-91 所示。

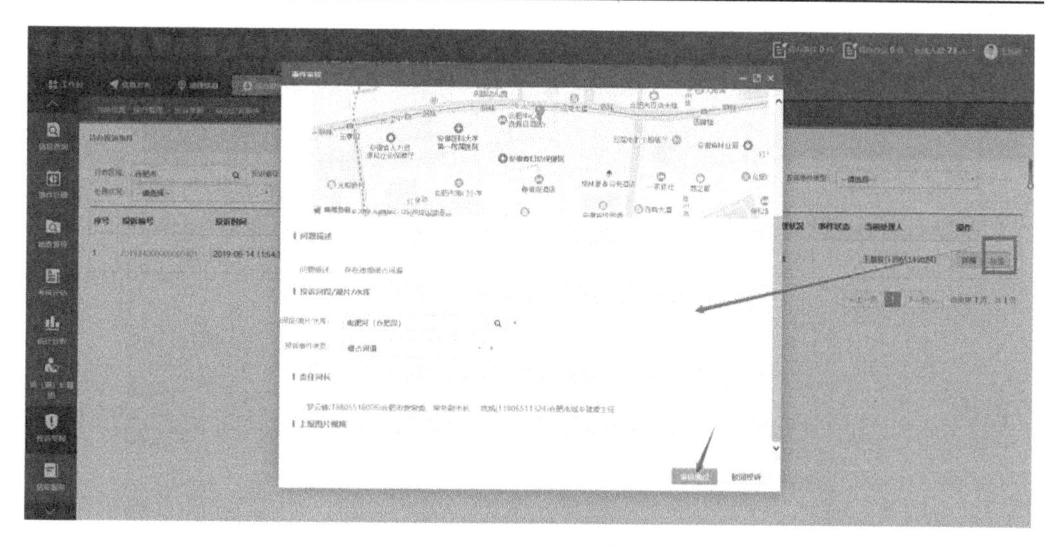

图 4-87　待办投诉事件审核

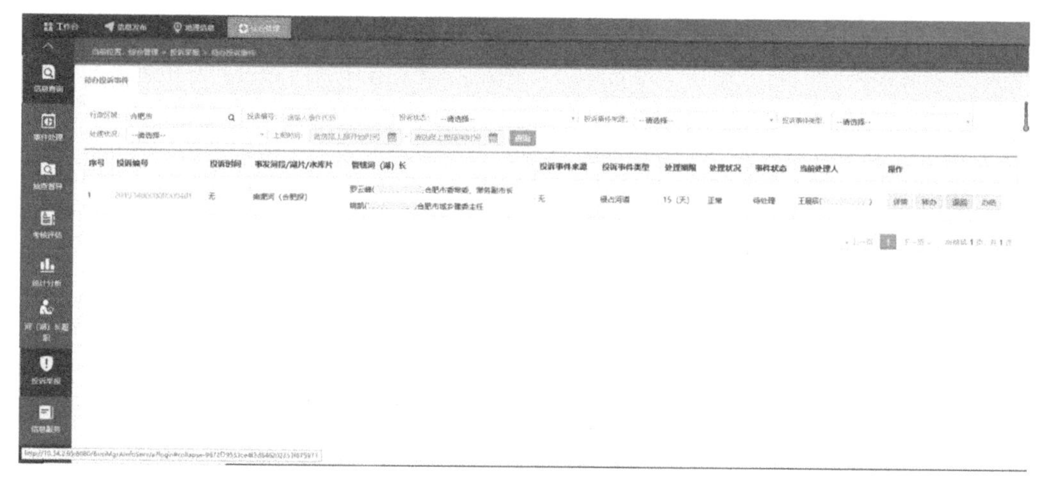

图 4-88　投诉事件跟踪列表

4.2.8.3　投诉事件跟踪

对非当前河长办受理的问题,但参与处理的事件(转办、退回、办结)进行记录,如图 4-92所示。

4.2.9　曝光台

4.2.9.1　督查暗访批次管理

界面展示添加督查暗访批次信息,并可对批次执行启用、禁用、修改和删除操作,如图 4-93所示。

4.2.9.2　综合查询

综合查询包括督查暗访全部问题、待受理、待处理、待复核、已销号的问题,且所有问题是由省督查暗访组上报的,如图 4-94 所示。

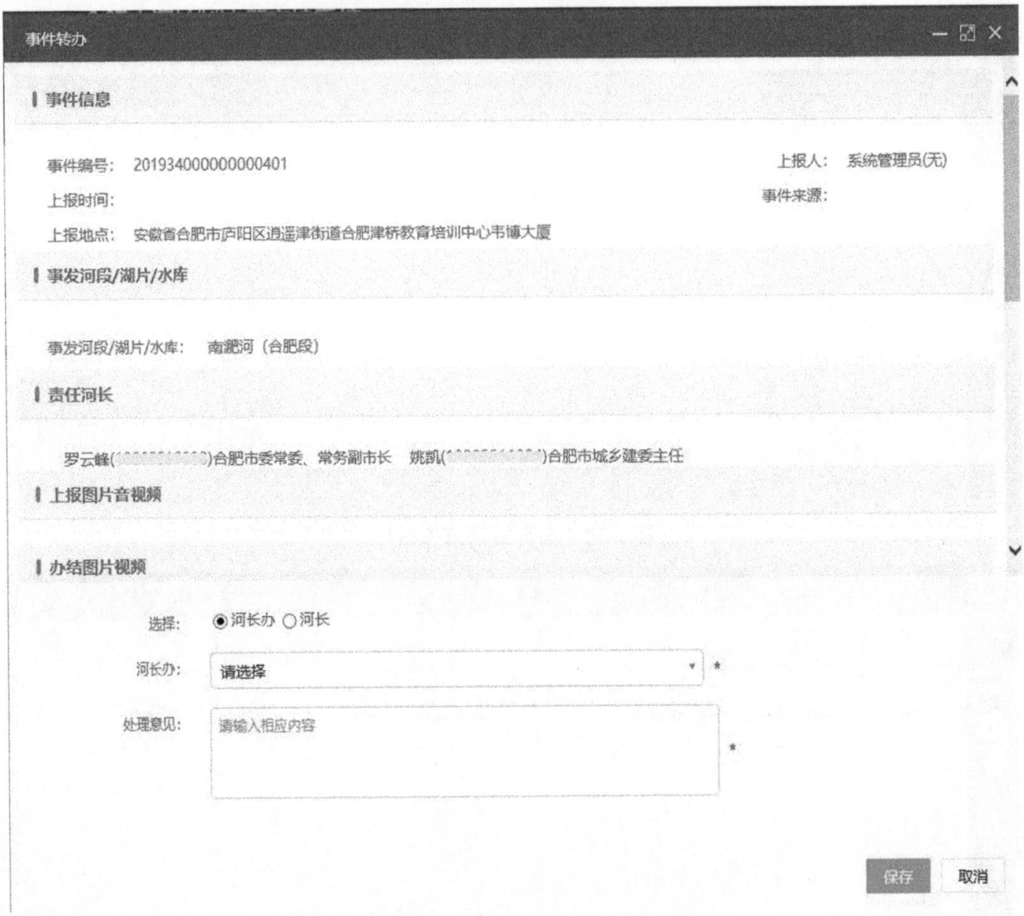

事件转办

事件信息

事件编号：　2019340000000000401　　　　上报人：　系统管理员(无)

上报时间：　　　　事件来源：

上报地点：　安徽省合肥市庐阳区逍遥津街道合肥津桥教育培训中心韦博大厦

事发河段/湖片/水库

事发河段/湖片/水库：　南淝河（合肥段）

责任河长

罗云峰(　　　)合肥市委常委、常务副市长　姚凯(　　　)合肥市城乡建委主任

上报图片音视频

办结图片视频

选择：　◉河长办　○河长

河长办：　请选择　*

处理意见：　请输入相应内容　*

保存　取消

图 4-89　投诉事件转办

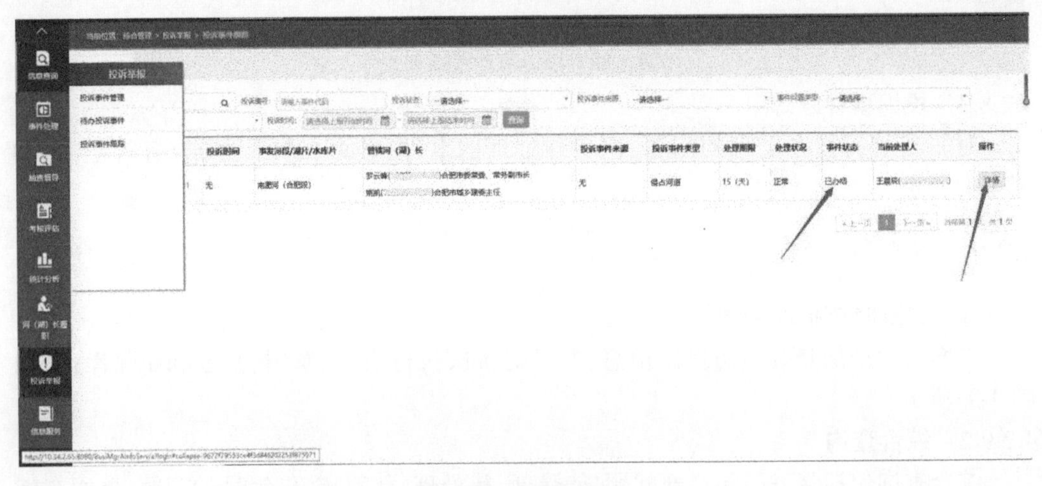

图 4-90　投诉事件

图 4-91　投诉事件详情

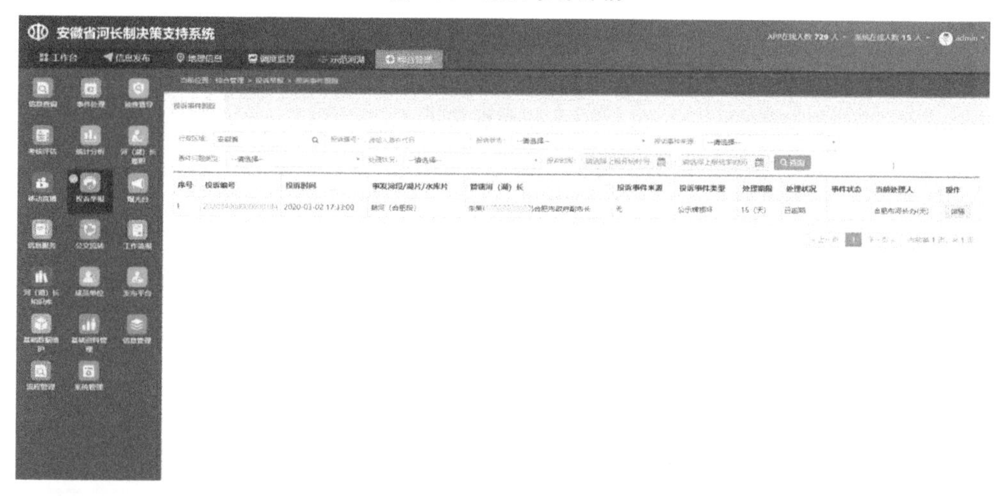

图 4-92　投诉事件跟踪

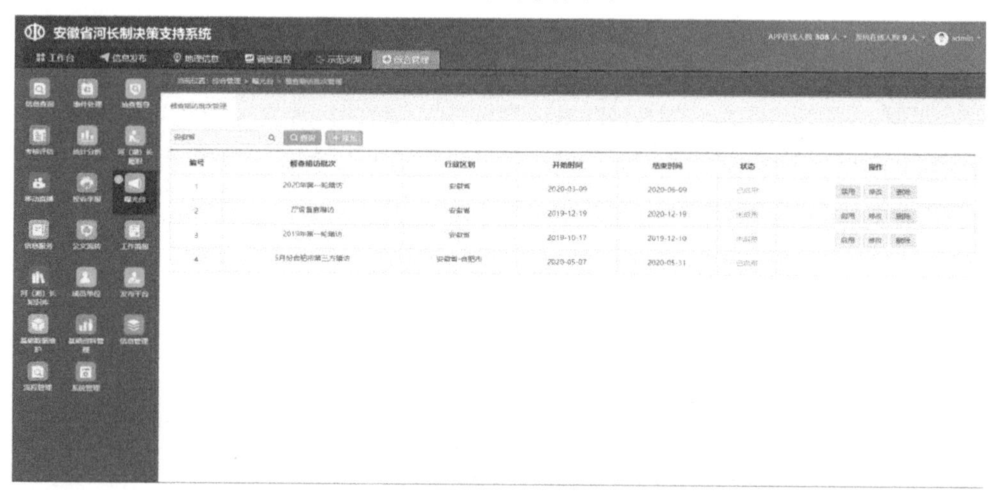

图 4-93　督查暗访批次管理

即将整改到期的问题有 0 条　已超期的问题有 54 条　待受理 258 条　待处理 58 条　待复核 7 条　已销号 165 条

编号	河段/湖片/库片名称	河湖类型	事件编码	所属行政区划	位置描述	事件类型	下发时间	要求整改时间	严重程度	事件状态	操作
1	沙颍河阜阳市段	河段	FY341200000008	安徽省-阜阳市	安徽省阜阳市颍州区文...	其他	\	\	一般	待受理	查看
2	派河上派镇段	河段	HF340100000048	安徽省-合肥市	安徽省合肥市肥西县仓...	其他	\	\	一般	待受理	查看
3	派河上派镇段	河段	HF340123000049	安徽省-合肥市-肥西...	安徽省合肥市肥西县桃...	乱堆	\	\	一般	待受理	查看
4	派河上派镇段	河段	HF340123000050	安徽省-合肥市-肥西...	安徽省合肥市肥西县桃...	乱占	\	\	严重	待受理	查看
5	派河肥西段	河段	HF340123000051	安徽省-合肥市-肥西...	安徽省合肥市肥西县上...	乱占	\	\	严重	待受理	查看
6	兆河庐江县段	河段	HF340124000056	安徽省-合肥市-庐江...	安徽省合肥市庐江县...	其他-其他	\	\	一般	待受理	查看
7	柘皋河亚父段	河段	HF340181000052	安徽省-合肥市-巢湖...	安徽省合肥市巢湖市柘...	乱占-种植阻碍行洪作物	\	\	一般	待受理	查看
8	柘皋河[illegible]段	河段	HF340181000053	安徽省-合肥市-巢湖...	安徽省合肥市巢湖市...	其他-非法捕捞	\	\	严重	待受理	查看
9	柘皋河林头镇段	河段	HF340181000054	安徽省-合肥市-巢湖...	安徽省合肥市巢湖市...	乱堆-堆放阻碍行洪物体	\	\	一般	待受理	查看
10	柘皋河旗山社区段	河段	HF340181000055	安徽省-合肥市-巢湖...	安徽省合肥市巢湖市...	乱堆-堆放阻碍行洪物体	\	\	一般	待受理	查看

共 581 条　10 条/页　共 59 页

图 4-94　综合查询

4.2.9.3　整改受理

拥有权限的用户可查看待审批的河段/湖片/库片事件,如图 4-95 所示。

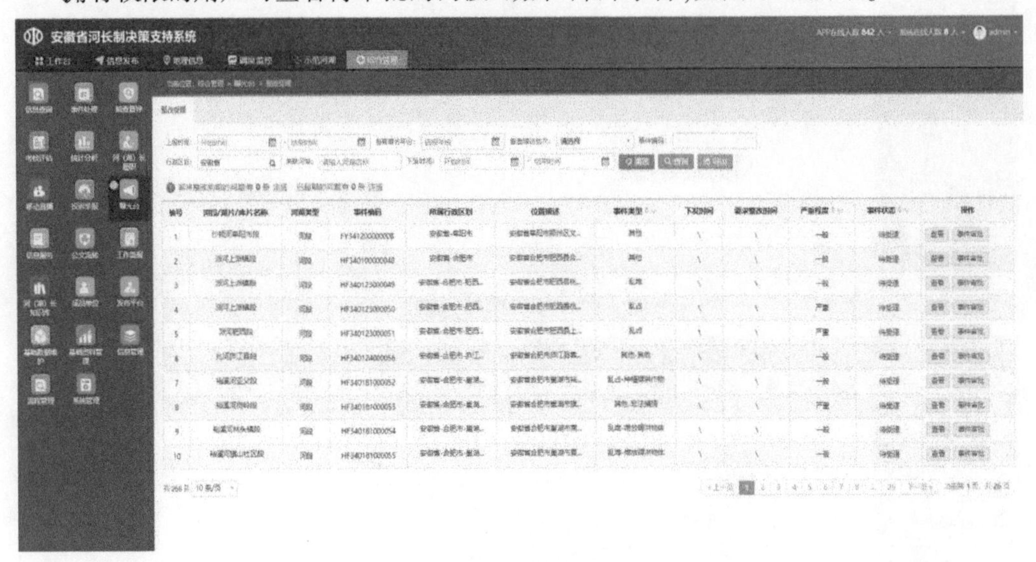

图 4-95　整改受理事件列表

拥有权限的用户受理并审批的河段/湖片/库片事件,如图 4-96 所示。

4.2.9.4　正在整改

各地市级可查看正在整改的河段/湖片/库片事件,并上传整改资料,如图 4-97 所示。

4.2.9.5　整改复核

省级督查暗访体系成员可查看待整改复核的河段/湖片/库片事件,并复核整改事件,如图 4-98 所示。

图 4-96　整改受理

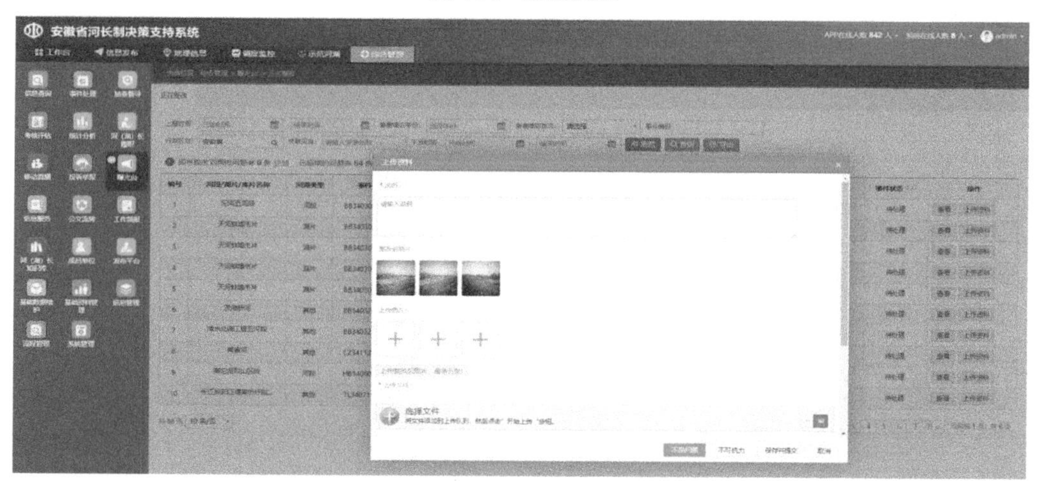

图 4-97　上传整改资料

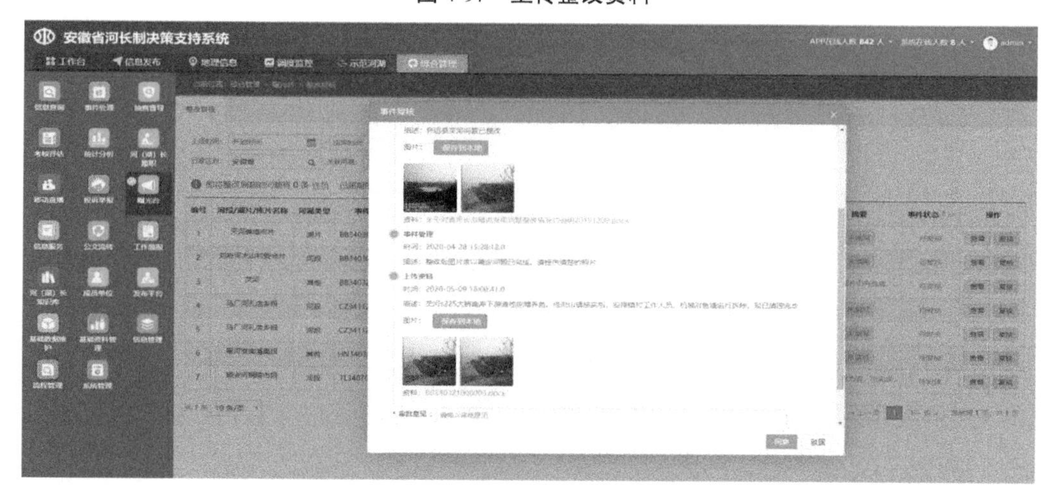

图 4-98　复核整改事件

4.2.9.6 市级综合查询

各个地市也可开展督查暗访活动，各地市上报的问题，可在市级综合查询中查看，这些问题都是市督查暗访组上报的，由区(县)级负责整改，如图 4-99 所示。

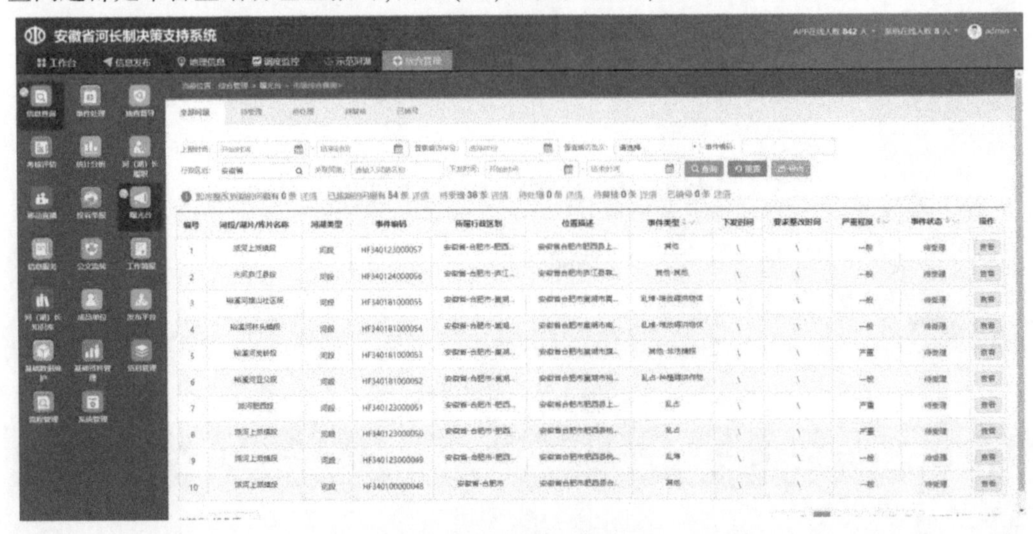

图 4-99 市级综合查询

4.2.10 信息服务

推送 App 相关消息提醒业务，如图 4-100 所示。

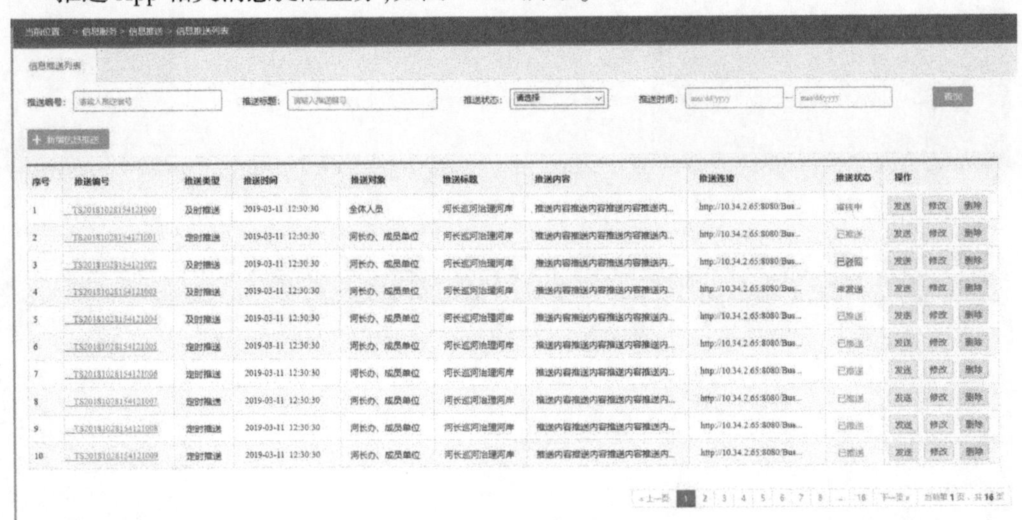

图 4-100 信息推送

4.2.10.1 新增

点击“新增信息推送”，填写相关信息，保存后，信息推送列表显示一条记录，如图 4-101所示。

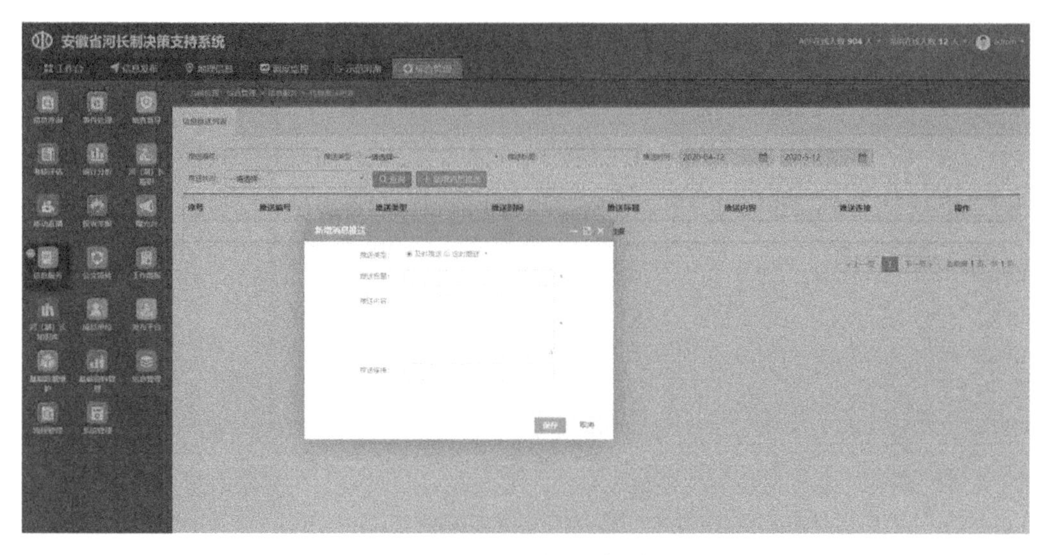

图4-101　新增信息推送

4.2.10.2　修改

可修改推送的信息内容。

4.2.10.3　发送

在未发送前,推送状态显示"未发送",当选择推送对象后,点击"发送",推送状态变为"审核中",推送信息审核通过后,推送显示为"已推送",推送信息审核不通过后,推送显示为"已驳回"。

4.2.10.4　删除

可删除添加的信息。

4.2.10.5　查看

点击"推送编号",可查看新增的推送信息。

4.2.11　公文流转

该模块主要进行"公文管理""公文签发""公文收取"等工作。

4.2.11.1　公文管理

点击"添加",打开添加页面,填写相关信息,点击"保存",公文管理列表新增一条记录,公务状态显示"待审核",如图4-102所示。

在公文管理列表中,可进行公文"查询""下载""预览"操作,待审核的公文可以修改、删除,但已发行的公文不可修改、删除,如图4-103所示。

4.2.11.2　公文签发

点击"发送",打开选择收文人页面,选择行政区划,可单个或批量选择河长办、河长、成员单位人员,点击"添加收文人",收文人框内显示收文人名称,点击"发送",提示发送成功,收文人登录账号中,公文收取列表显示发送的公文,如图4-104所示。

在公文签发列表中,显示发送时间,点击"收文人详情",可查看收文人详情;点击"预览",可在线预览公文文档。

图 4-102　公文添加

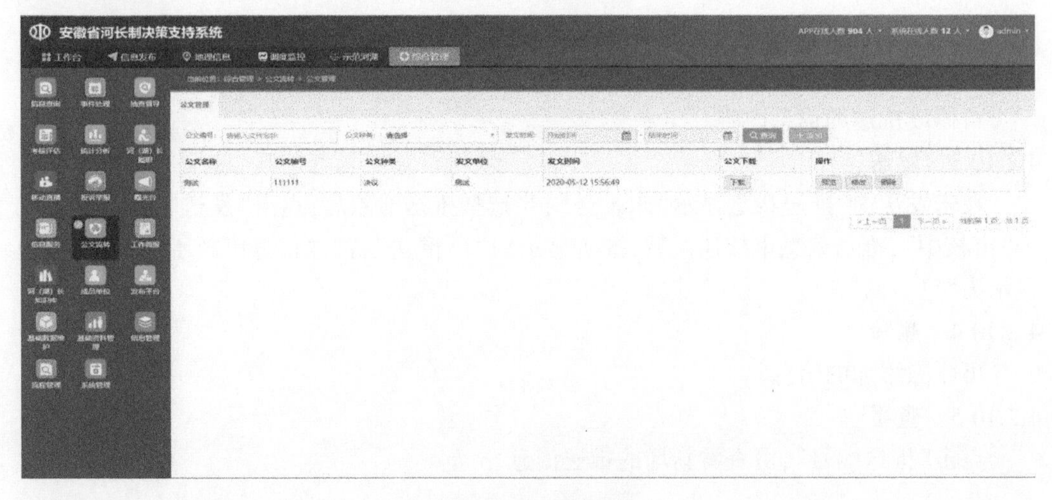

图 4-103　公文管理

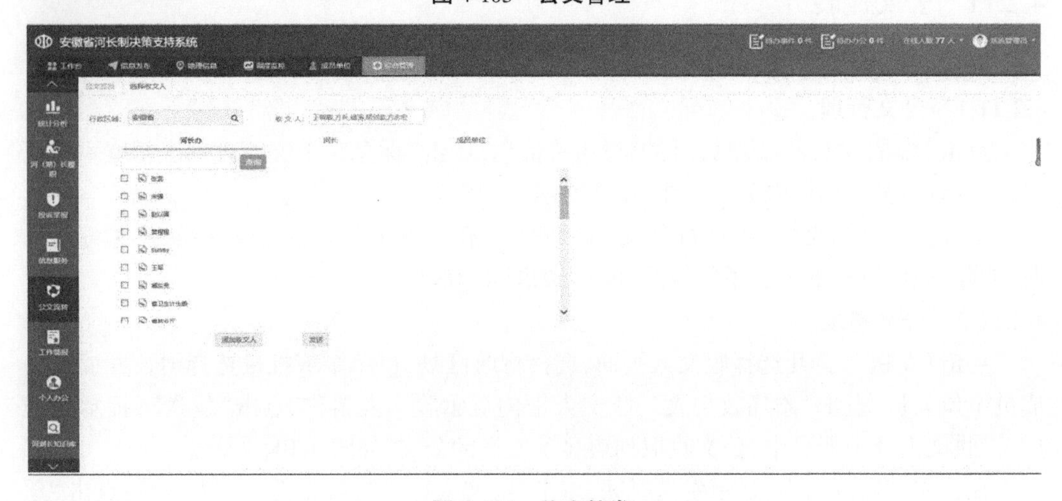

图 4-104　公文签发

4.2.11.3　公文收取

显示收取的公文列表，在未“下载”或“预览”前，公文标记显示“未读”，“下载”或“预览”后，标记显示“已读”，如图 4-105 和图 4-106 所示。

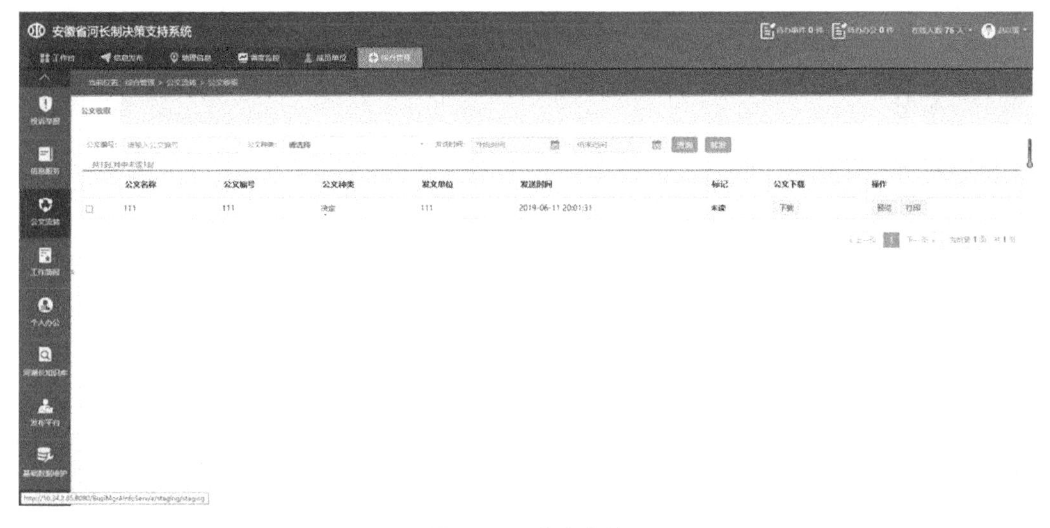

图 4-105　公文未读

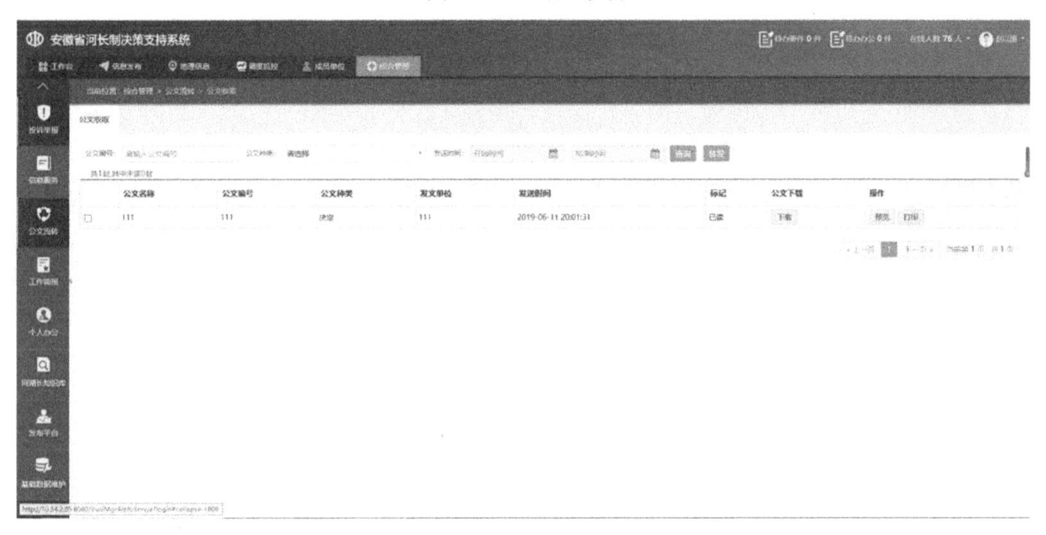

图 4-106　公文已读

点击“下载”，可打开或保存公文；点击“预览”，可在线预览公文；点击“打印”，可打印公文；勾选公文，点击“转发”，打开选择收文人页面，选择收文人发送公文。

4.2.12　工作简报

工作简报主要用于发表《安徽省全面推行河长制工作简报文件》，如图 4-107 所示。

点击“添加”，打开添加工作简报页面，填写报头、报尾和内容等信息后，点击“保存”，工作简报管理列表新增一条记录，如图 4-108 所示。

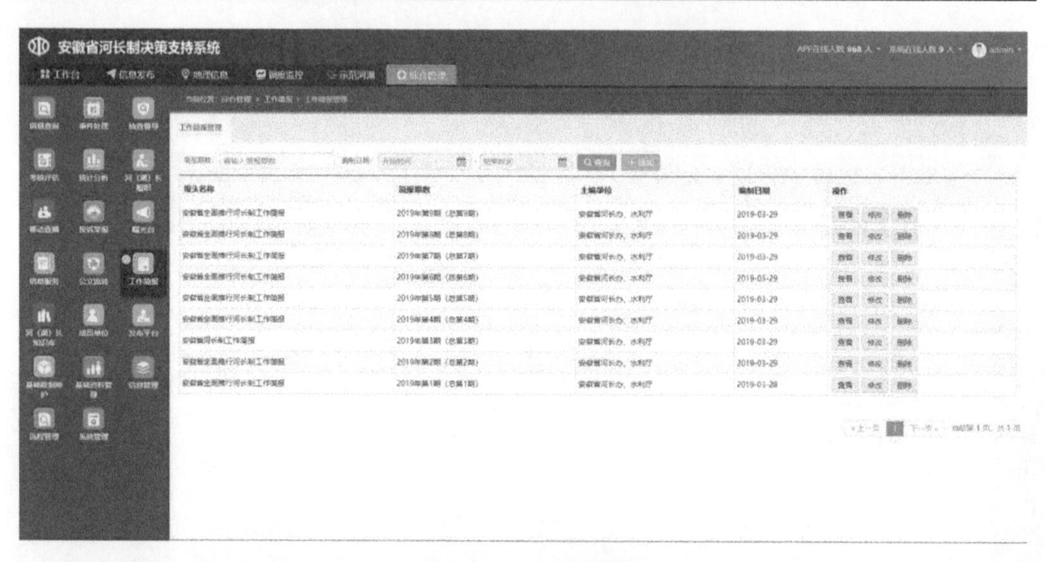

图 4-107 工作简报

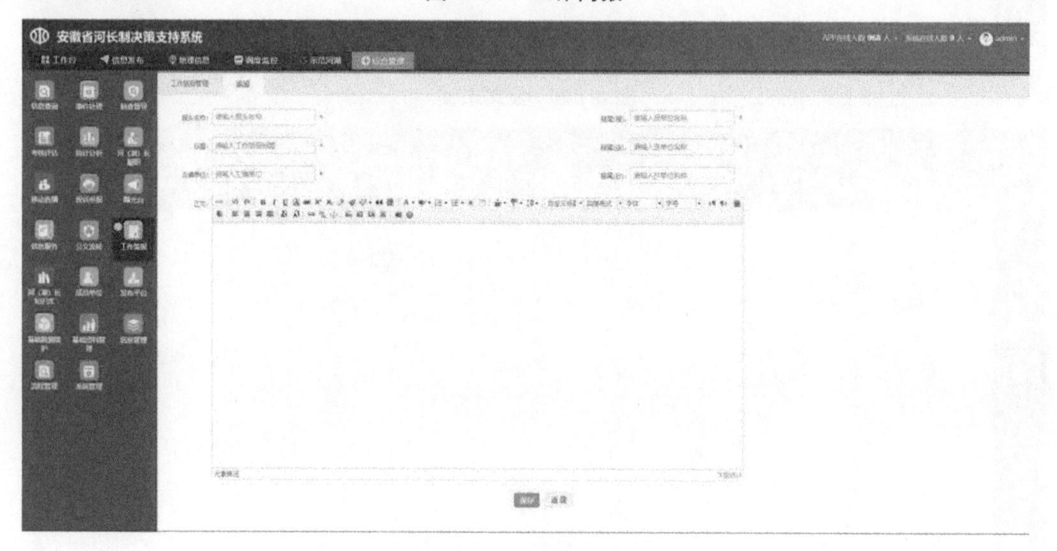

图 4-108 工作简报添加

添加一条工作简报成功后,在工作简报管理列表中,简报状态初始为“待审核”,待审核的简报可以修改或删除,点击右上侧“待办事件”,点击进入个人办公-待办事件列表中,可同意或驳回,当同意后,简报状态变为“已发行”,此时的简报不可修改或删除。

点击“查看”,新窗口打开简报 PDF 文档,如图 4-109 所示。

4.2.13 河(湖)长知识库

实现河(湖)长知识问答增删改查、在线智能问答功能。

4.2.13.1 知识库管理

可添加、修改、删除、查看知识库,知识库分七大类:政策篇、知水篇、治水篇、巡河篇、考核篇、案例篇、创新篇,如图 4-110 所示。

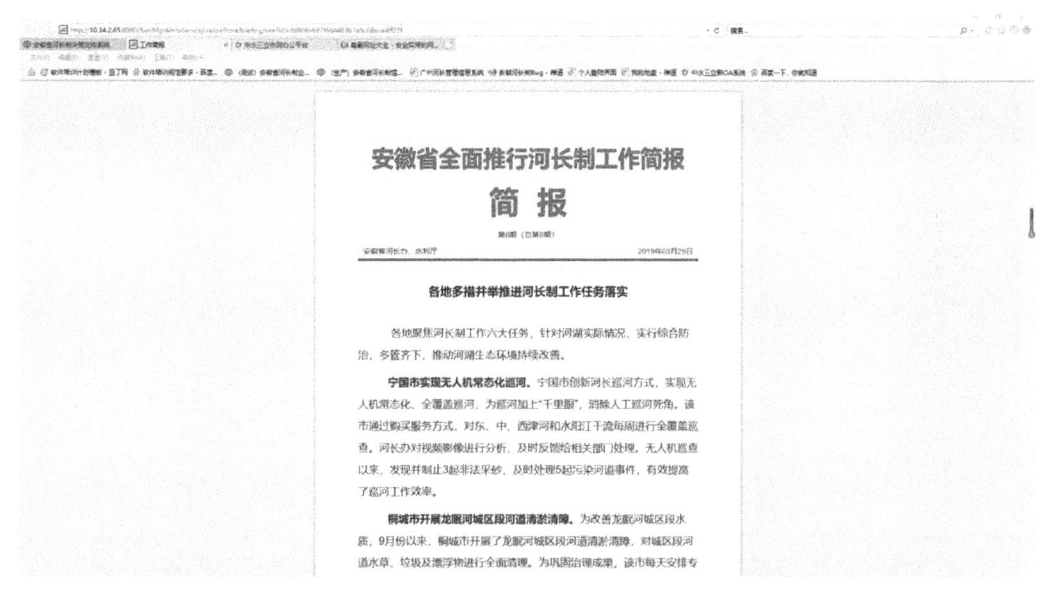

安徽省全面推行河长制工作简报

简　报

第8期（总第8期）

安徽省河长办、水利厅　　2019年03月29日

各地多措并举推进河长制工作任务落实

各地聚焦河长制工作六大任务，针对河湖实际情况，实行综合防治，多管齐下，推动河湖生态环境持续改善。

宁国市实现无人机常态化巡河。 宁国市创新河长巡河方式，实现无人机常态化、全覆盖巡河，为巡河加上“千里眼”，消除人工巡河死角。该市通过购买服务方式，对东、中、西津河和水阳江干流每周进行全覆盖巡查。河长办对视频影像进行分析，及时反馈给相关部门处理。无人机巡查以来，发现并制止3起非法采砂，及时处理5起污染河道事件，有效提高了巡河工作效率。

桐城市开展龙眠河城区段河道清淤清障。 为改善龙眠河城区段水质，9月份以来，桐城市开展了龙眠河城区段河道清淤清障，对城区段河道水草、垃圾及漂浮物进行全面清理。为巩固治理成果，该市每天安排专

图 4-109　工作简报预览

图 4-110　知识库管理

点击“问题”或“修改”按钮，打开查看问题答案页面。

4.2.13.2　智能问答

可实现在线提问，智能助手将即时答复提问关键字相关的问题，点击问题，可在线查看答案，如图 4-111 所示。

4.2.13.3　领域专家库

对领域专家信息进行维护，如图 4-112 所示。

4.2.13.4　舆情监测

对舆情监测信息进行维护，如图 4-113 所示。

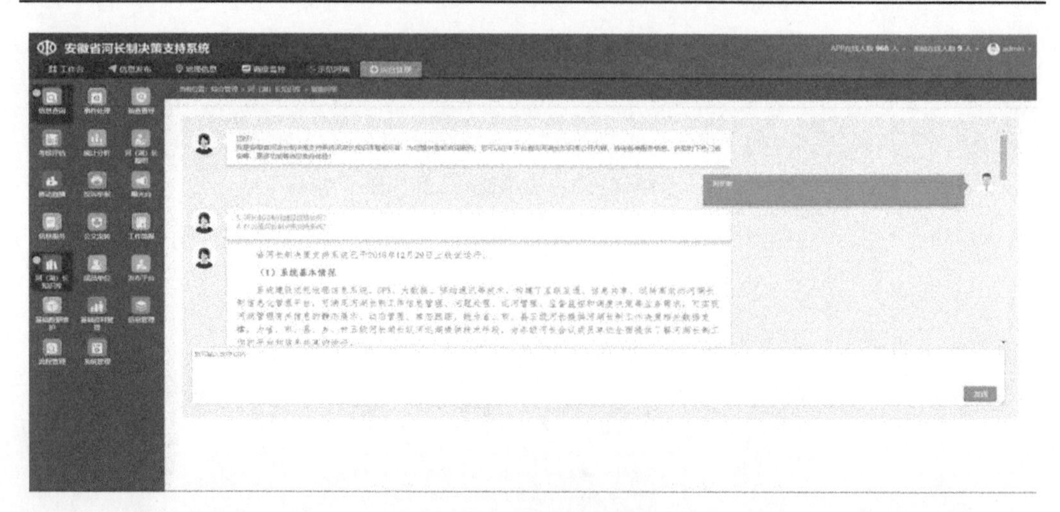

图 4-111　智能问答

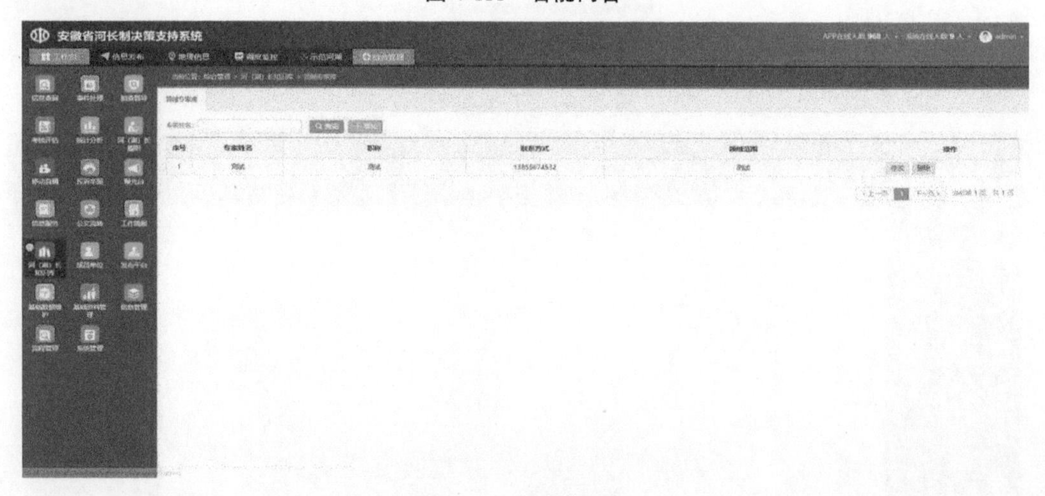

图 4-112　领域专家库

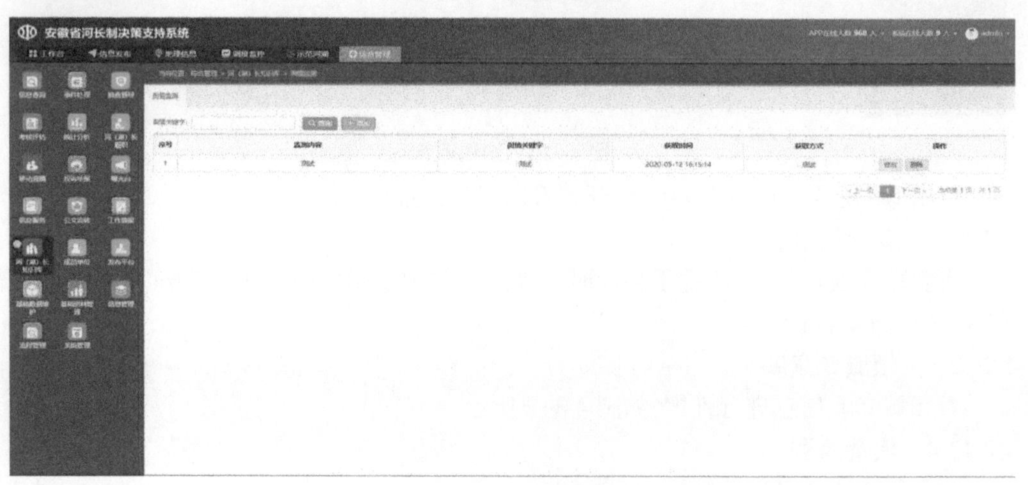

图 4-113　舆情监测

4.2.14　成员单位

对省级 14 家成员单位与河长制工作相关的共享数据进行维护,以省发展和改革委员会为例,如图 4-114 所示。

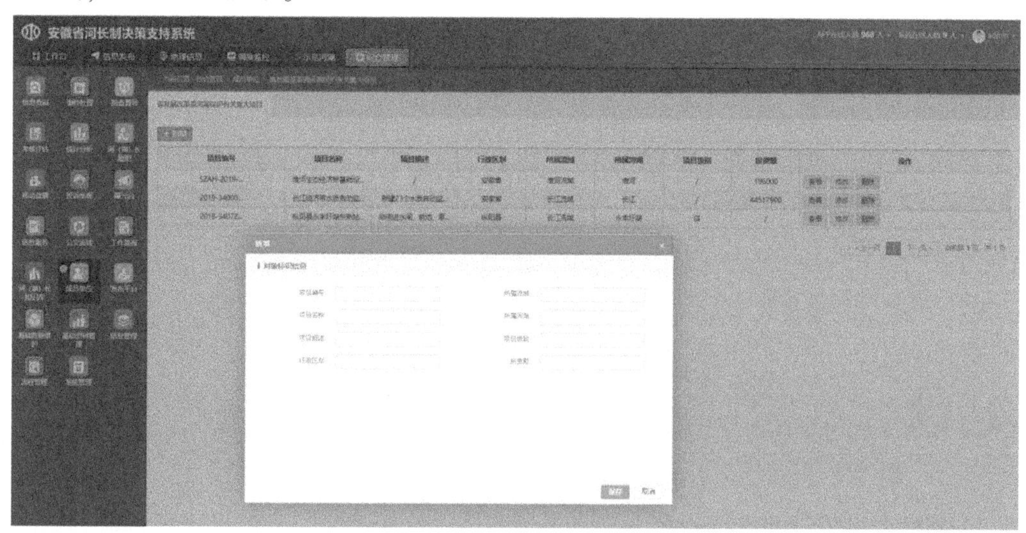

图 4-114　**成员单位数据维护**

4.2.15　发布平台

主要发布系统内所需的“通知公告”“工作动态”等相关内容,如图 4-115 所示。

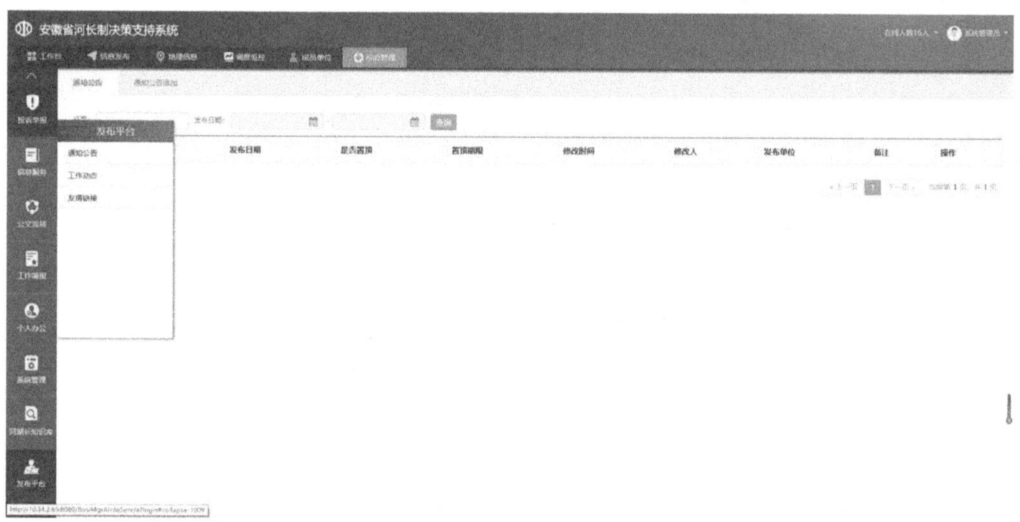

图 4-115　**工作动态管理**

对工作动态进行增、删、改、查,新增工作动态成功后,工作台页面工作动态展示动态内容,如图 4-116 所示。

图 4-116　工作动态前端展示

4.2.16　基础数据维护

基础数据维护主要包括断面水质监测数据、水功能区考核数据、水土保持监测数据、生态保护红线数据、见行动、见成效数据维护、黑臭水体监测数据维护，如图 4-117 所示。

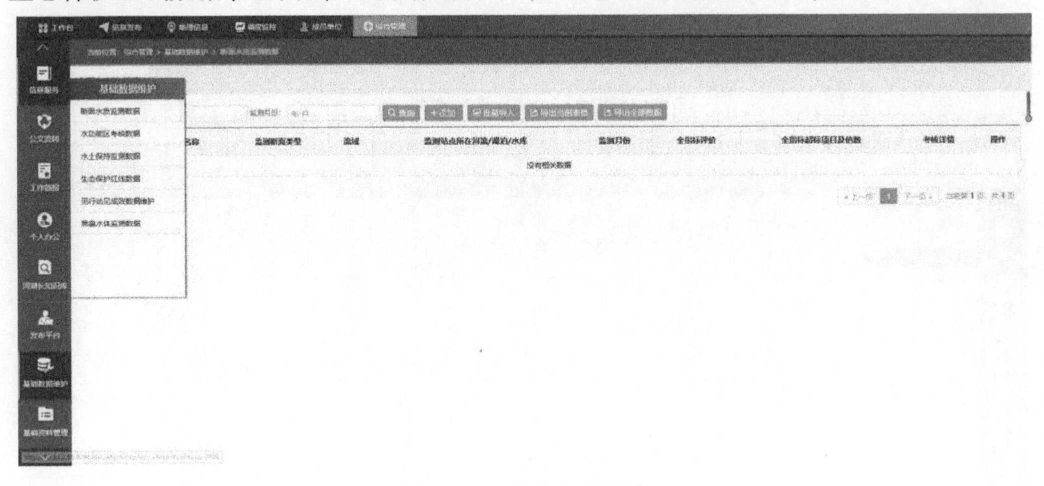

图 4-117　基础数据维护

以断面水质监测数据为例，其他模块相似。

4.2.16.1　新增

点击“添加”，弹出断面水质监测数据添加窗口，填写相关基本信息后，点击“保存”，断面水质监测数据列表新增一条记录，如图 4-118 所示。

列表操作框中显示“查看”“修改”“删除”。

4.2.16.2　批量导入

点击“批量导入”，弹出提示框：每一监测断面每月只有一条监测记录，如果已有监测记录则会覆盖，是否继续导入。点击“继续”，弹出批量导入框，下载模板，填写相关信息，

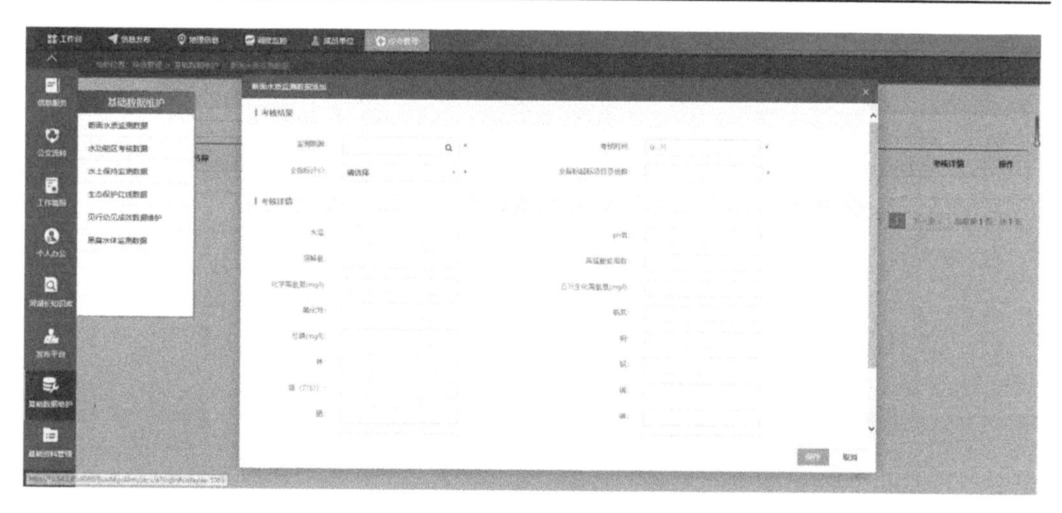

图 4-118　断面水质监测数据添加

点击“导入”，断面水质监测数据列表展示导入的数据，如图 4-119 所示。

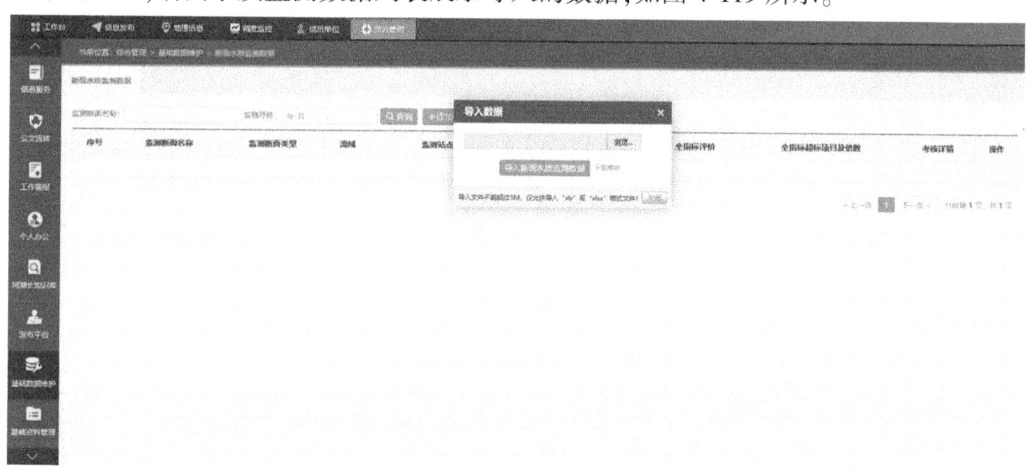

图 4-119　导入

4.2.16.3　导出全部数据

可批量导出列表所有数据，在 Excel 表中打开查看或打印。

4.2.16.4　导出当前表格

可批量导出当前页数据，在 Excel 表中打开查看或打印。

4.2.16.5　修改

点击“修改”，弹出修改窗口，修改相关信息后，点击“保存”，水质监测数据列表更新。

4.2.16.6　删除

可删除水质监测数据。

4.2.16.7　查询

可根据水质监测断面名称或监测月份查询列表数据。

4.2.17　基础资料管理

对基础模块,如河流河段、排污口、公示牌等进行维护管理。

4.2.17.1　河流河段管理

河流河段管理模块主要是对河流河段进行增、删、改、查管理。

1.新增

点击“新增”,弹出河流河段新增窗口,选择类型为“河流”,填写基础信息和基本特征,输入经纬度后,地图上展示河流起终点位置。点击“保存”,河流列表新增一条记录,左侧河流树显示记录,如图4-120和图4-121所示。

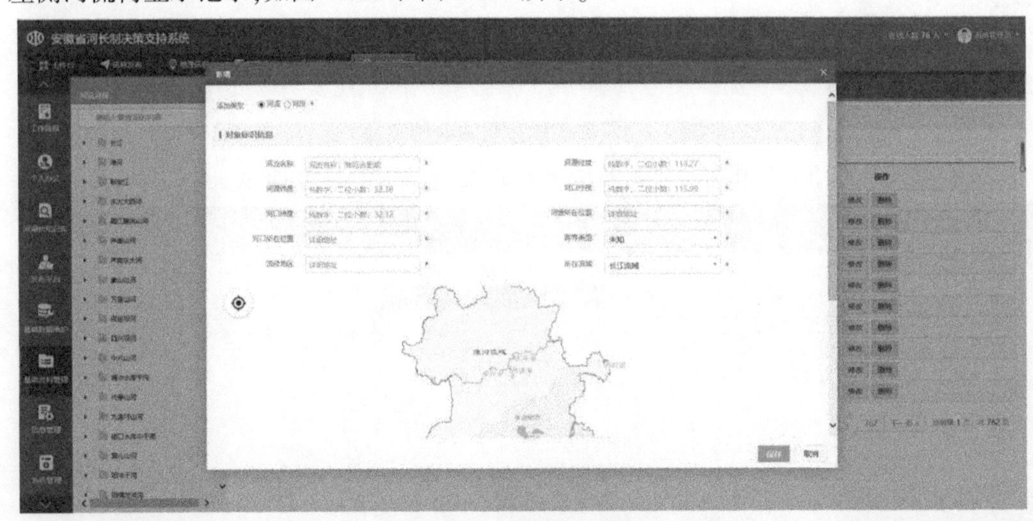

图4-120　河流添加-基本信息

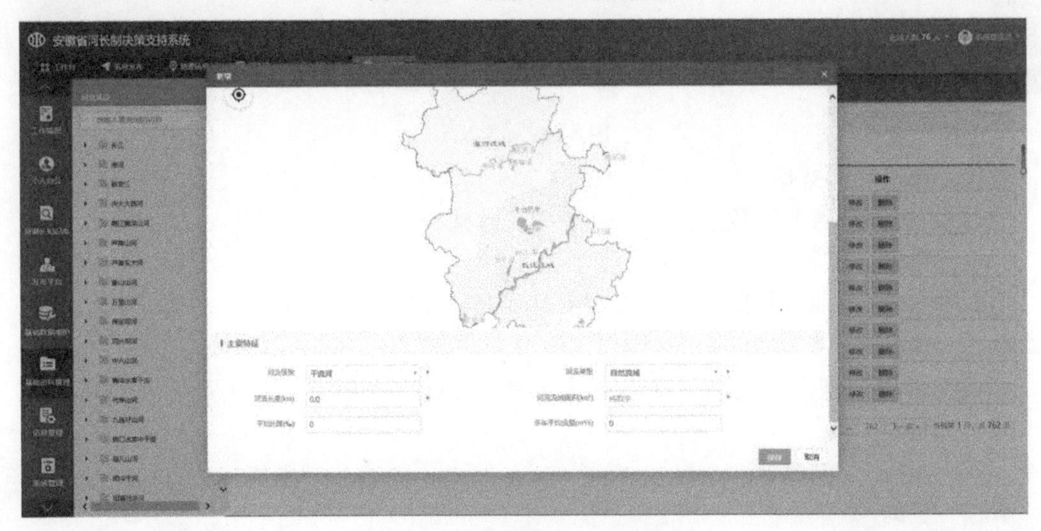

图4-121　河流添加-主要特征

选择类型为“河段”,填写基本信息和主要特征后,点击“保存”,河段列表新增一条记录,左侧河段树显示记录,如图4-122和图4-123所示。

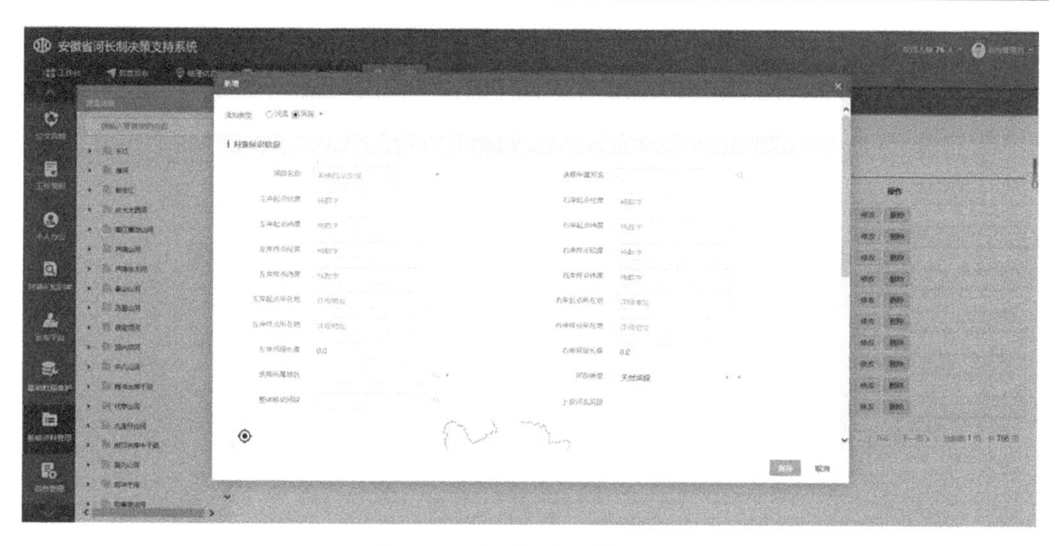

图4-122 河段添加-基本信息

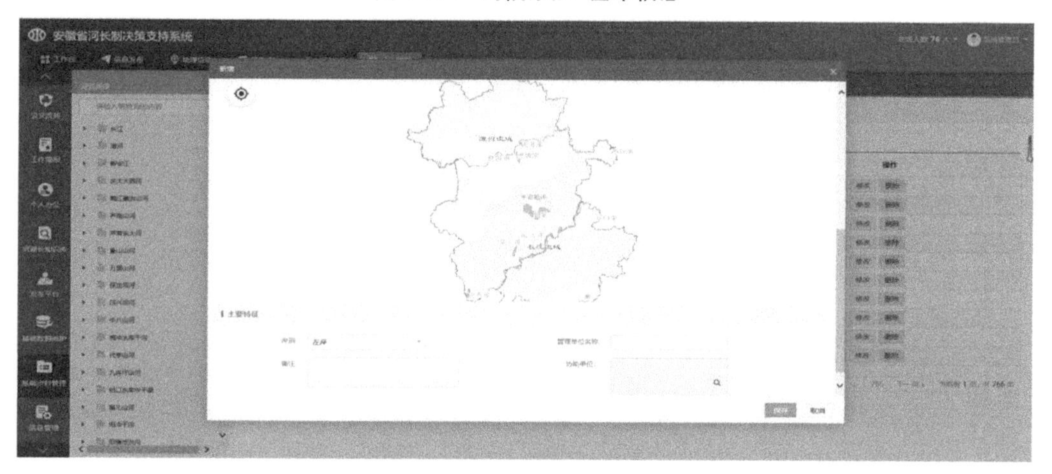

图4-123 河段添加-主要特征

2.批量导入

点击“批量导入河流”,弹出导入数据窗口,点击“下载河流模板”,打开河流 Excel 表,填写基本信息后,点击“导入河流”,批量导入河流成功后,列表显示批量导入成功的河流,左侧显示河流河段树,选择某河流或河段,右侧列表显示对应的河流或河段,如图4-124所示。

3.批量导出

点击“导出当前表格”和“导出全部数据”,可导出对应的Excel表。

4.查看

点击“河流河段名称”或“查看”,查看河流河段信息。

5.添加上级河流

点击“修改上级河流”,弹出修改上级河流框,选择左侧的河流,右侧显示已选河流,点击“确认”后,修改成功,河流相应的数据更新,如图4-125所示。

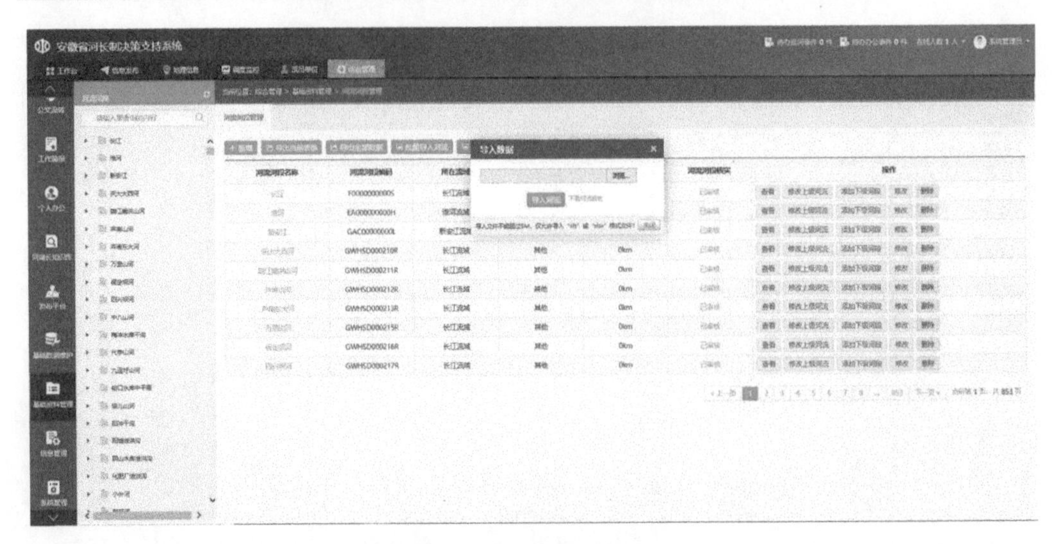

图 4-124　河流河段导入

河流才有修改上级河流的权限。

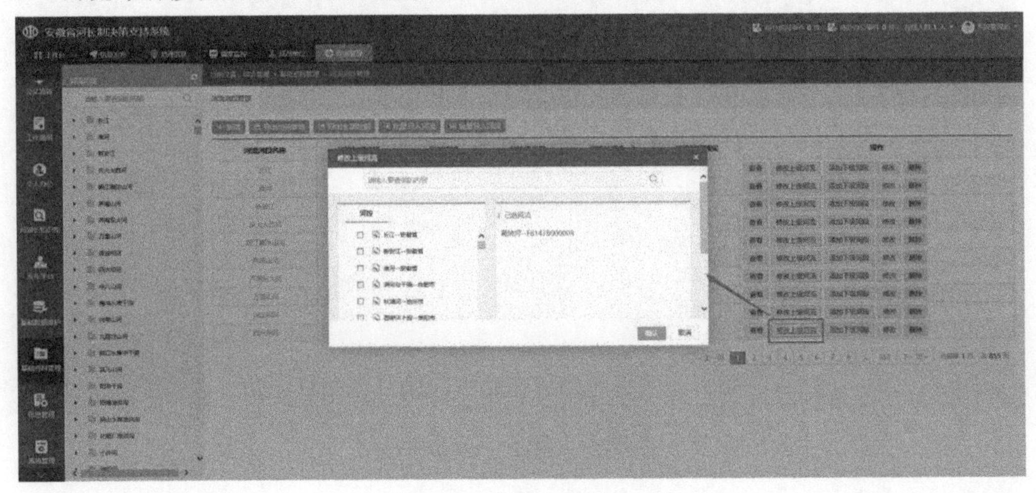

图 4-125　修改上级河流

6.添加下级河段

点击“添加下级河段”,可添加河流的下级河段信息。

7.修改

点击“修改”,弹出修改河流河段窗口,修改成功后,列表信息刷新。

8.删除

点击“删除”,弹出删除提示框,点击“确定”后,删除本级河流段和下级河段。

9.审核

新增河流河段成功后,个人办公-待办列表中显示某河流河段待审批情况,点击“任务办理”,可同意或驳回任务,如图 4-126 所示。

当点击“同意”时,河流河段管理列表中河流河段核实由“待审核”变为“已审核”。

图 4-126　河流河段审核

4.2.17.2　湖泊管理、水库管理等

因河湖长公示牌、视频站点管理、监测断面管理、排污口管理、取水口管理、堤防管理、水闸管理、泵站管理、黑臭水体管理、污染源管理、水功能区管理、水质监测站管理、水文监测站管理、水土保持监测站管理、协助单位管理功能模块，所有操作过程和河流河段管理类型，只是字段不同，所以在此不一一描述，可参考河流河段管理相关操作步骤。

4.2.17.3　项目管理

对涉河重点项目进行管理，管理内容包括项目进度等相关信息。点击“新增”，弹出新增项目窗口，如图 4-127 所示。

图 4-127　新增项目

填写项目名称、具体位置、负责人、进度及开竣工时间等，点击“保存”，项目管理列表新增一条记录。操作中显示“查看”“督办”“修改”和“删除”按钮，如图 4-128 所示。

点击“查看”或者点击“项目名称”，弹出查看项目详情窗口。

图 4-128　**查看项目列表**

点击“督办”，弹出新增督办窗口，填写督办内容，点击“确认”，督办内容添加操作成功，如图 4-129 所示。

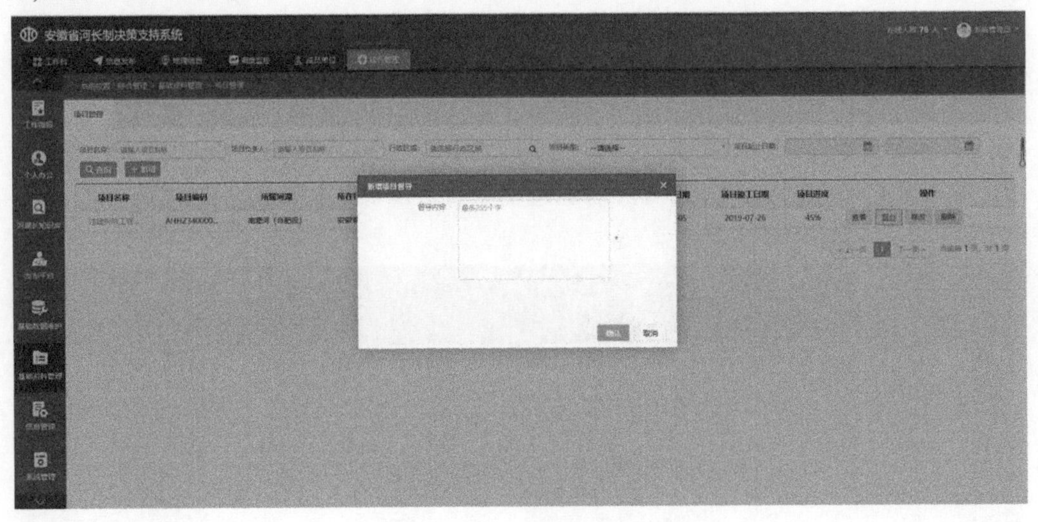

图 4-129　**新增项目督办**

点击“查看”或者点击“项目名称”，可查看督办内容，如图 4-130 所示。

点击“修改”，弹出项目修改窗口，修改成功后，列表内容自动刷新；点击“删除”，弹出确认删除提示框，确定后，删除操作成功。

4.2.18　信息管理

4.2.18.1　行政区划管理

点击“添加”，弹出行政区划添加窗口，填写相关信息后，点击“保存”，行政区划列表新增一条记录，左侧行政区划树显示记录，点击行政区划树，右侧列表显示对应的信息，如图 4-131 所示。

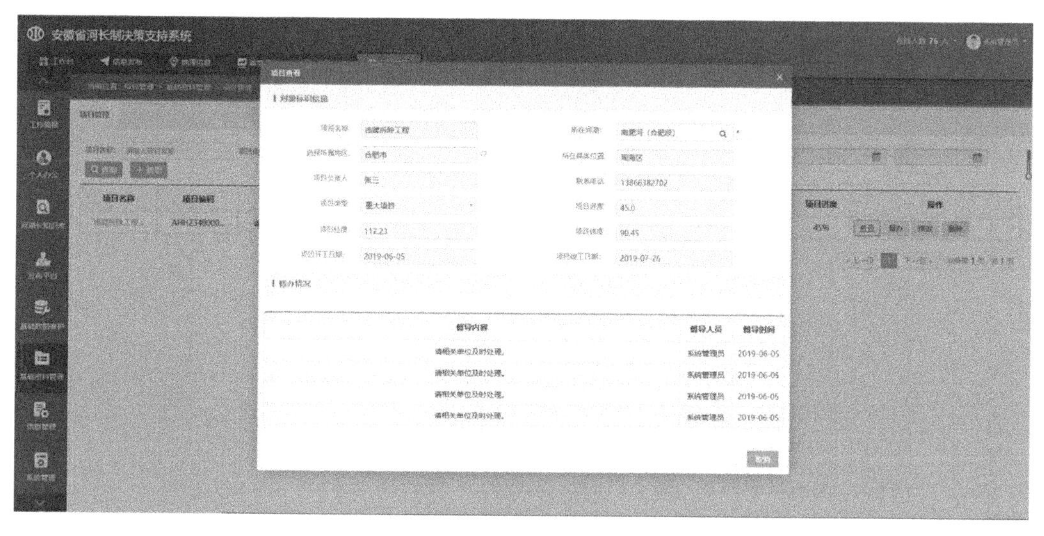

图 4-130　查看项目督办内容

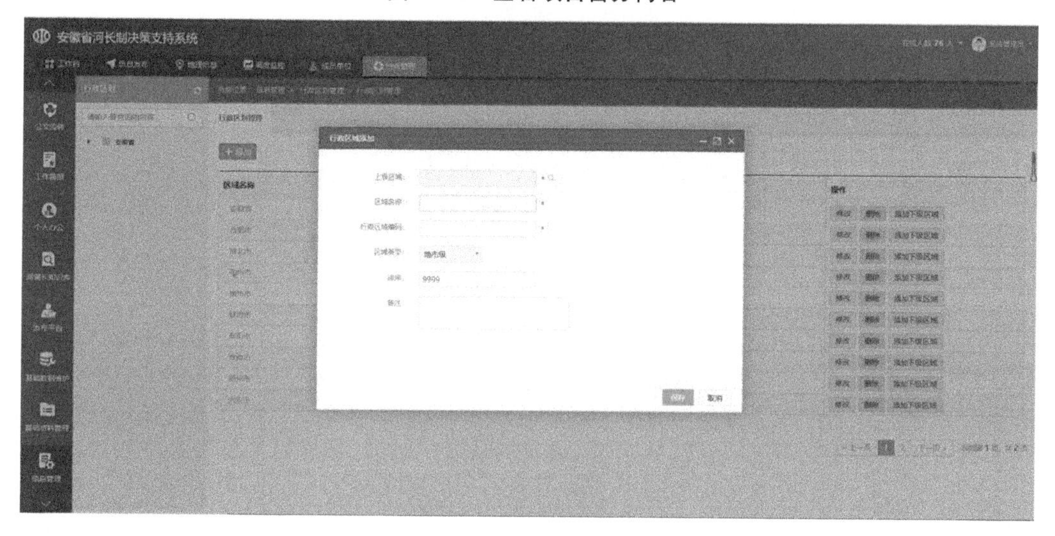

图 4-131　行政区划添加

点击“修改”，弹出修改窗口，填写相关信息后，列表内容刷新。

点击“添加下级区域”，填写相关信息后，列表新增一条记录。

点击“删除”，弹出确认删除提示框，点击“确定”，删除本区域及下级子区域。

点击“区域名称”，弹出区域查看窗口。

4.2.18.2　组织机构

1.组织机构管理

与“行政区划管理”操作步骤相同，在此不再一一描述。

2.河湖长树

显示各级总河长、副总河长、河长办、河湖长、巡管员、成员单位相关数据，如图 4-132 所示。

图 4-132　河(湖)长树

选择左侧的河湖长树,右侧列表显示对应的河湖长信息,点击“河长名称”或“查看”,弹出河湖长查看窗口,如图 4-133 所示。

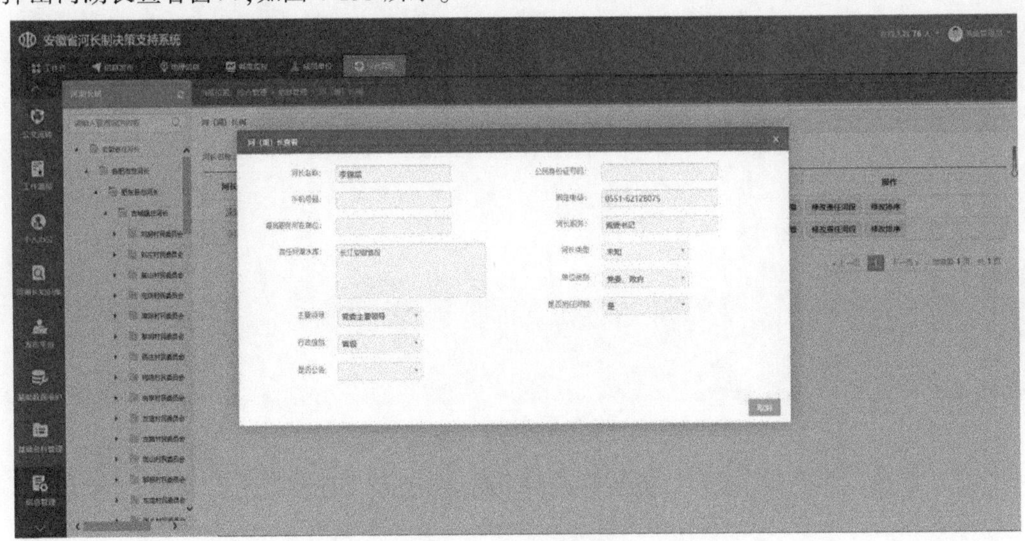

图 4-133　河湖长查看

点击“修改责任河段”,弹出修改责任河(湖)段窗口,修改成功后,列表内容更新,如图 4-134 所示。

点击“修改排序”,可修改排序信息。

3.河长办人员建设情况

河长办人员建设情况显示省到各镇级河长办人员建设信息,主要包含河长制办公人员和承担河长制工作机构两部分内容,选择左侧行政区划,可查看右侧列表对应的河长办人员建设情况信息,如图 4-135 所示。

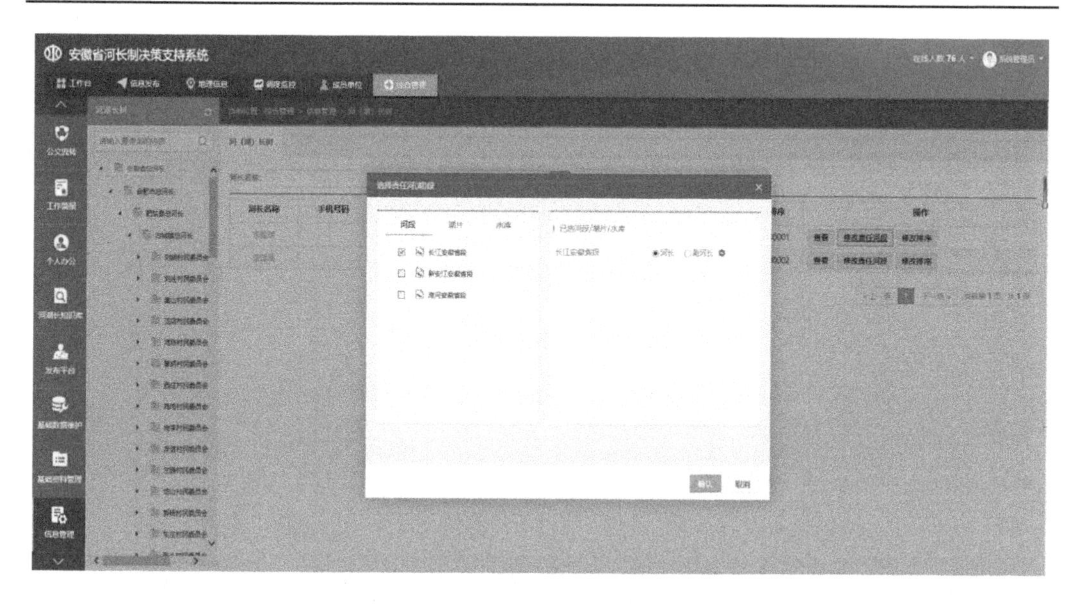

图 4-134　修改责任河湖段

图 4-135　河长办人员建设情况-省

点击“修改”，弹出修改“河长制办公人员”和“承担河长制工作机构”窗口。选择行政区划，在“主任”文本框修改相关信息，在“副主任”文本框修改相关信息，可点击副主任右上角“+”，新增多个副主任，在文本框填写相关信息，点击“保存”，列表信息进行更新，如图 4-136 所示。

修改“承担河长制工作机构”相关信息，上传办公场所及标牌图片，点击“保存”，列表相关信息更新，如图 4-137 所示。

点击办公场所及标牌下方的“地点”或“标牌图片”，可查看图片，点击右上角的“×”，可关闭图片窗口，如图 4-138 所示。

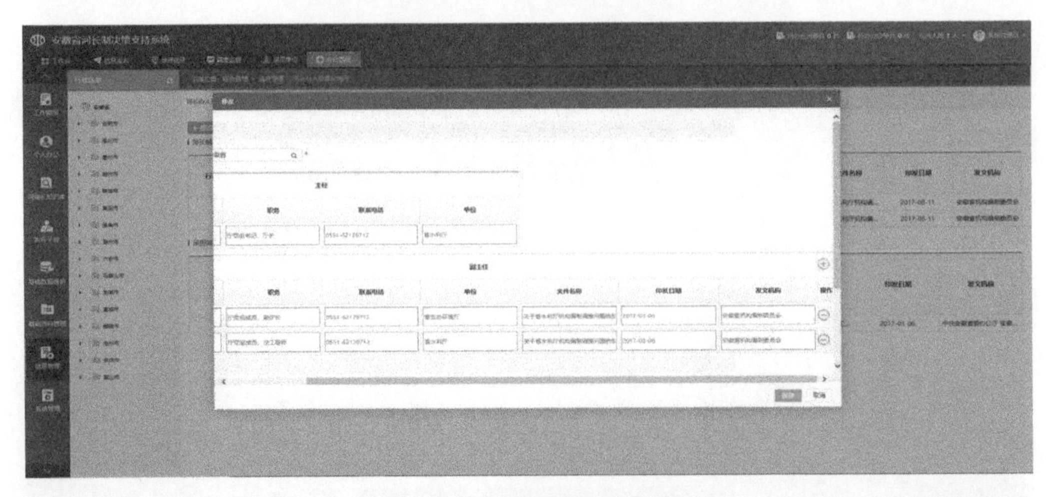

图 4-136　修改河长制办公人员

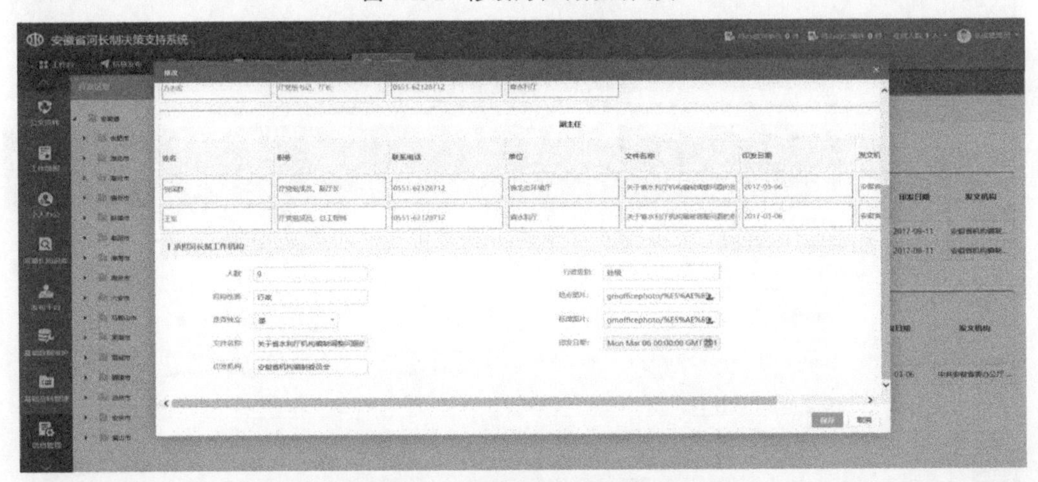

图 4-137　修改承担河长制工作机构

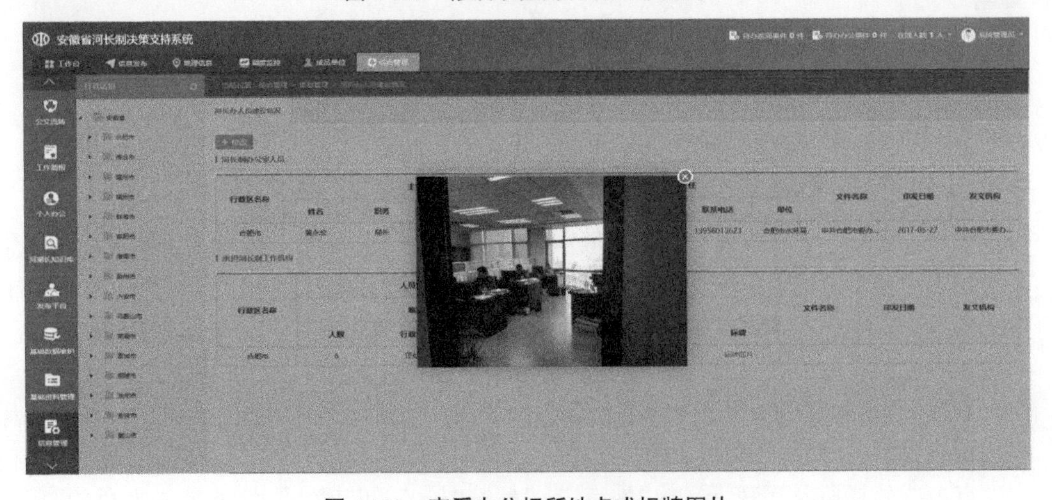

图 4-138　查看办公场所地点或标牌图片

4.2.18.3　一河(湖)一策管理

1.一河(湖)一策

点击"添加",弹出添加窗口,选择行政区划、关联河段和上传文件后,点击"保存",列表新增一条记录,如图 4-139 所示。

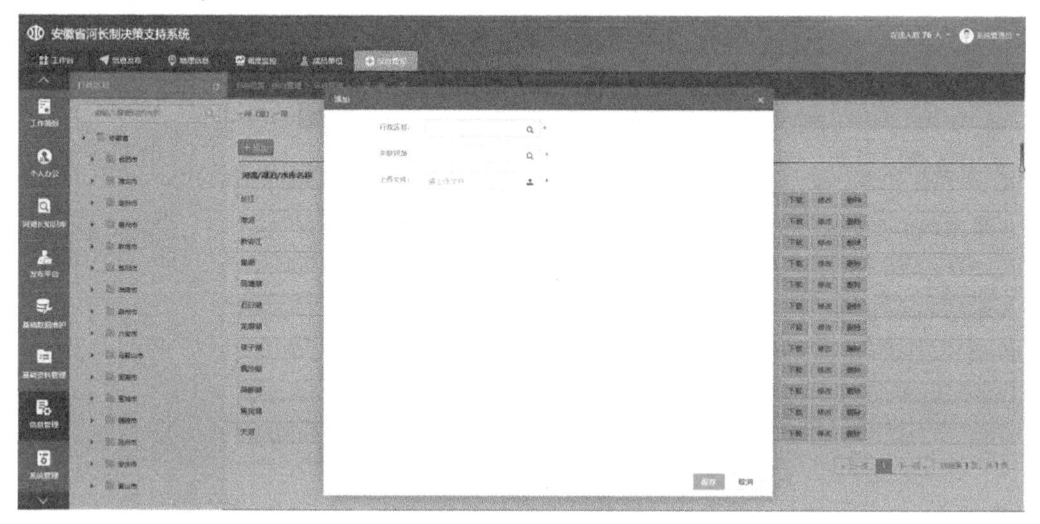

图 4-139　一河湖一策添加

点击"预览"或"下载",可预览一河(湖)一策文档;点击"修改",可修改一河(湖)一策信息;点击"删除",可删除一河(湖)一策信息。

2.结构化管理

点击"添加",弹出添加窗口,选择行政区划、责任河(湖)段,上传各种清单后,点击"保存",新增一条记录,如图 4-140 所示。

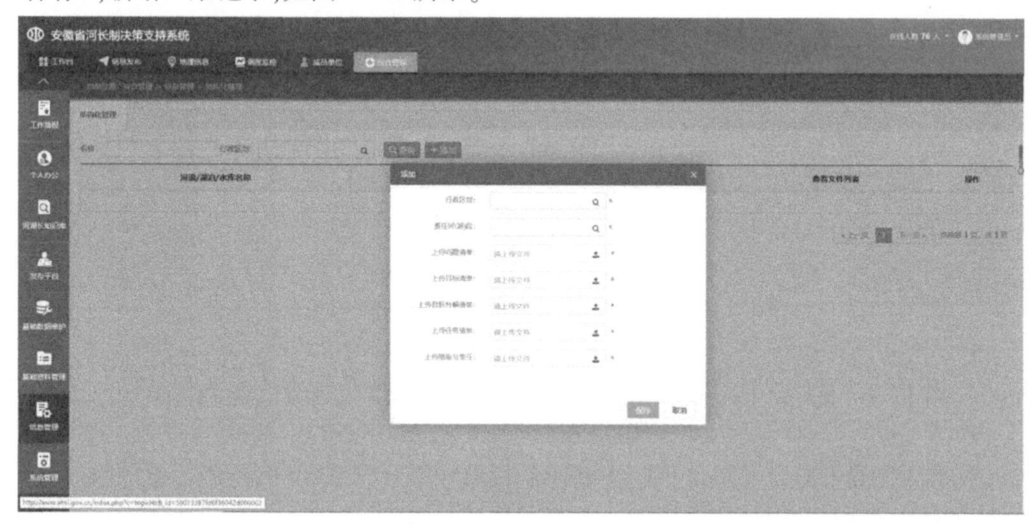

图 4-140　结构化管理

可修改、删除、查看河湖结构化信息。

3.整治项目管理

点击“添加”，弹出框显示添加整治项目内容，填写相关信息后，点击“保存”，列表新增一条记录，如图 4-141 所示。

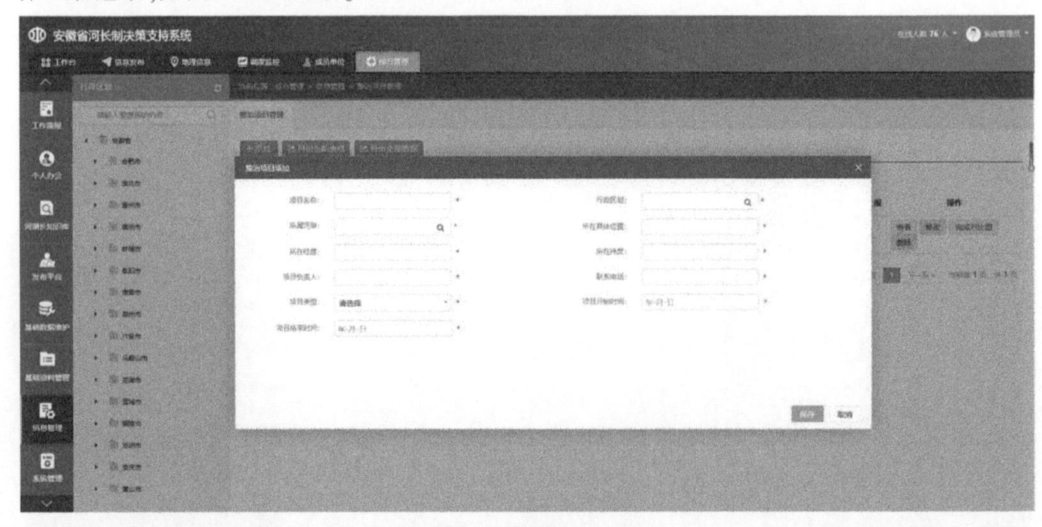

图 4-141　整治项目添加

点击“项目名称”或“查看”，弹出整治项目查看窗口，如图 4-142 所示。

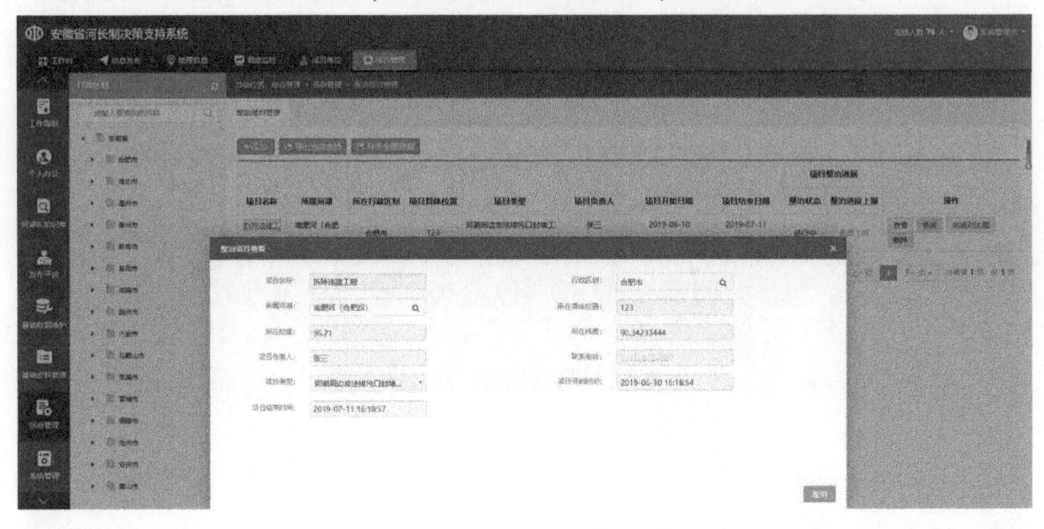

图 4-142　整治项目查看

点击“修改”，弹出整治项目修改内容；点击“进度上报”，填写进度上报信息，点击“保存”，进度上报成功；当进度上报到项目竣工时，整治状态变为“已完成”，点击“完成对比图”，可查看整治前后对比图片；点击“删除”，可删除整治完成的项目，进行中的项目不可删除，如图 4-143 所示。

4.2.18.4　一河(湖)一档管理、工作方案管理等

文件管理、工作要点管理、制度管理、考核办法、工作过程管理相关操作与一河(湖)一策管理类似，在此不再一一详述。

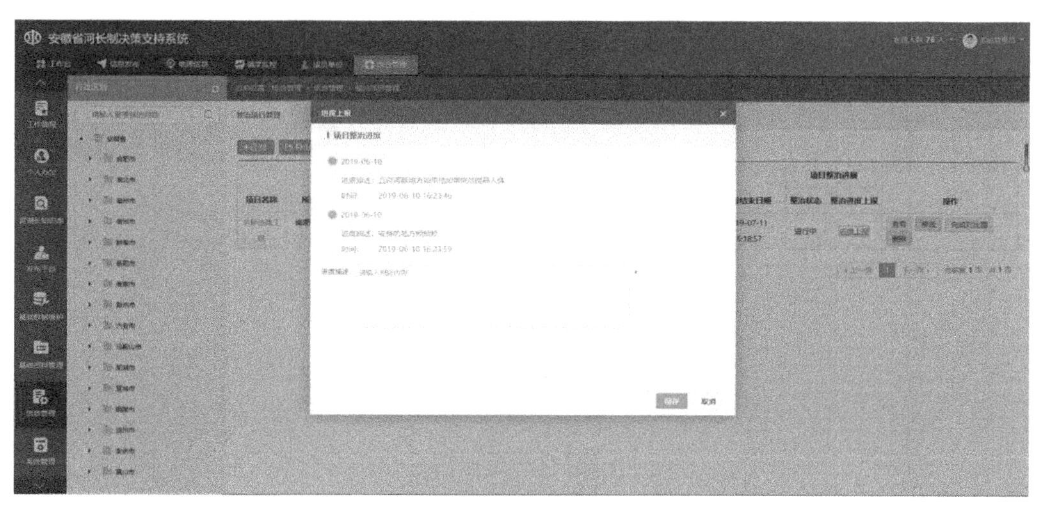

图 4-143　整治项目进度

4.2.18.5　工作过程管理

1.工作记录

相关操作与河(湖)长履职-河长记录类似,在此不再一一详述。

2.巡河(湖)信息

与河(湖)长履职-巡查管理类似,在此不再一一详述。

3.事件信息

与事件处理-综合查询类似,在此不再一一详述。

4.2.19　流程管理

流程管理包括"待办流程""已办流程""我发起的""通用流程"和"自定义流程",分别展示待办、已办、发起的流程列表,待办任务中可执行任务办理操作;发起和已办任务列表可执行查看详情。待办流程列表如图 4-144 所示。

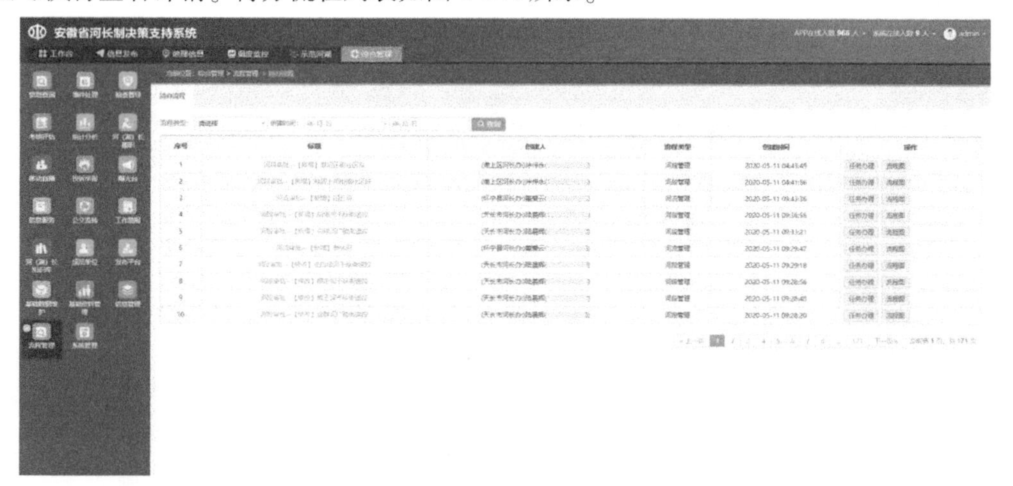

图 4-144　待办流程列表

待办流程页面中，点击“任务办理”，界面显示如图 4-145 和图 4-146 所示。

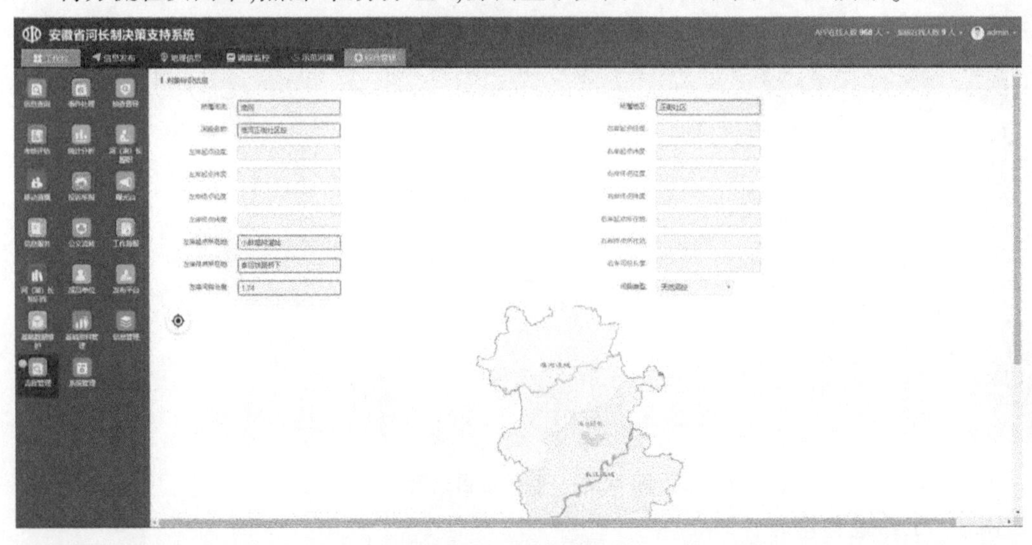

图 4-145　任务办理(一)

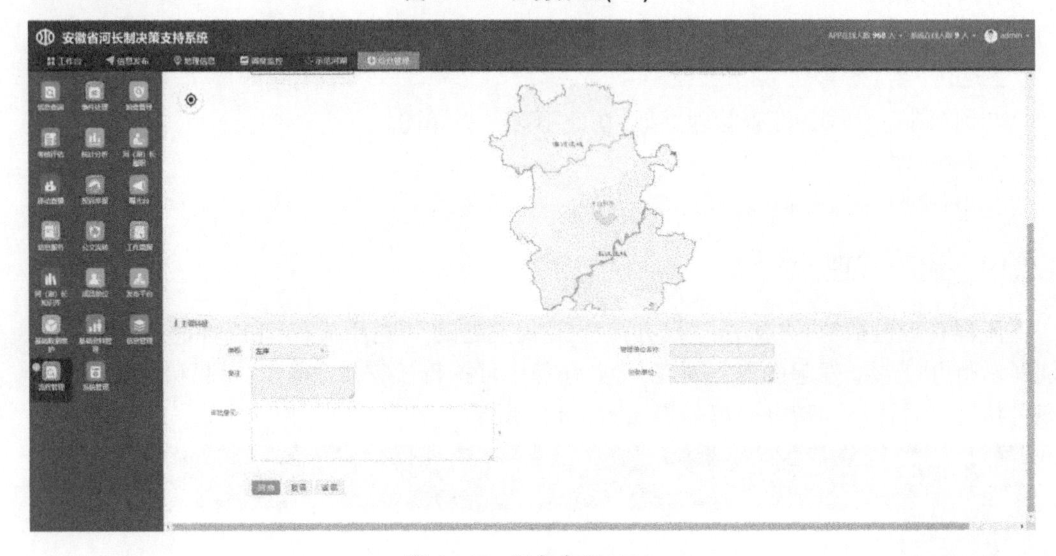

图 4-146　任务办理(二)

对通用流程进行设置、修改和启用操作，如图 4-147 所示。

可对流程进行自定义管理，如图 4-148 所示。

4.2.20　系统管理

添加菜单、用户、角色等相关功能。

4.2.20.1　菜单管理

可进行新增菜单和添加下级菜单、修改菜单、删除菜单等操作，如图 4-149 所示。

可对菜单顺序进行维护，设置菜单可见或隐藏，前端就相应展示设置的权限。

图4-147　通用流程

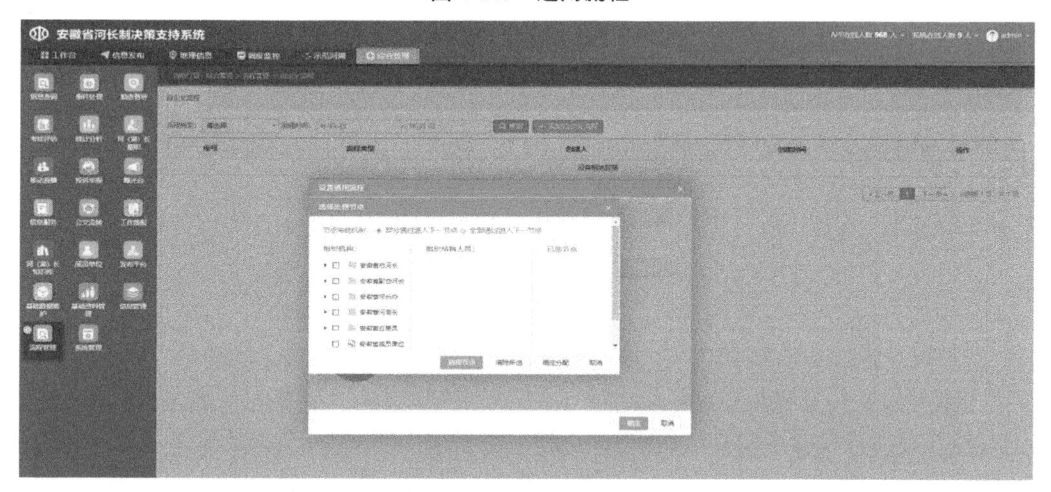

图4-148　自定义流程

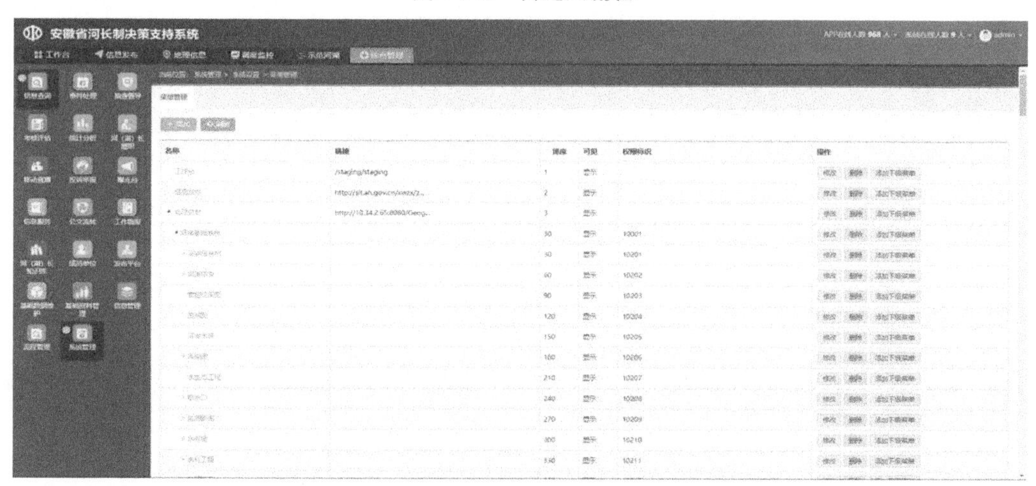

图4-149　菜单管理

4.2.20.2　用户管理

用户可依据组织机构对用户进行查询,在列表中可查看用户详情、修改用户基本信息、删除用户,以及重置用户密码(重置密码为 123456);省级河长办可操作省级以及省级以下所有用户,如图 4-150 所示。

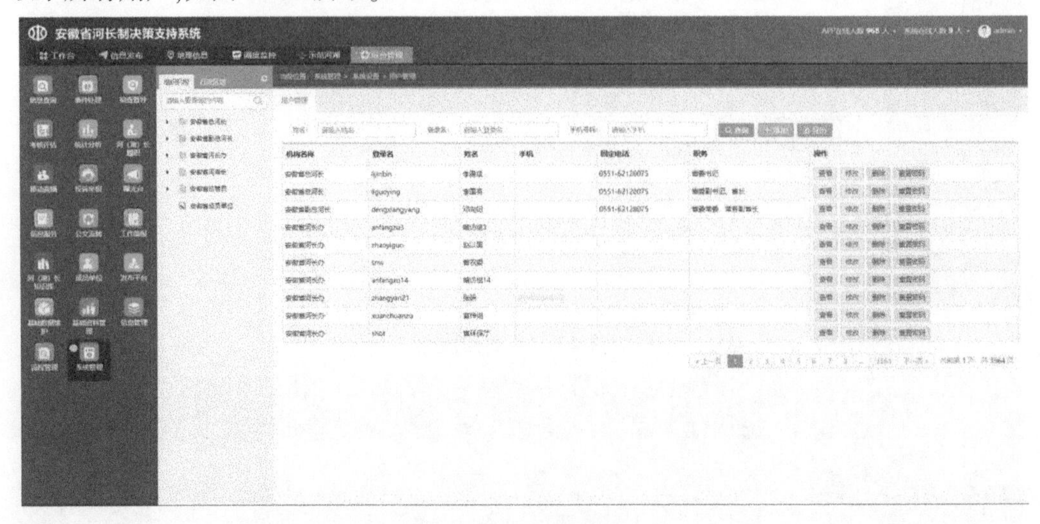

图 4-150　用户管理

1.添加河长办

添加用户基本信息:填写用户姓名(必填),手机号码(非必填),公民身份证号码(非必填)等信息,系统会依据用户姓名,自动生成登录名(用户姓名拼音,如有系统内有重名用户,系统会在拼音后添加数字);添加用户扩充信息:选择需要添加的河长办信息,如“宿州市河长办”;选择用户角色,如“市级河长办”“是否机构负责人”,如选择“是”,系统内事件处理的流程会指派到该用户,如选择“否”则该用户不会接收到事件处理中相应的流程。信息添加完毕后,点击“确定”,河长办用户添加完成,如图 4-151 所示。

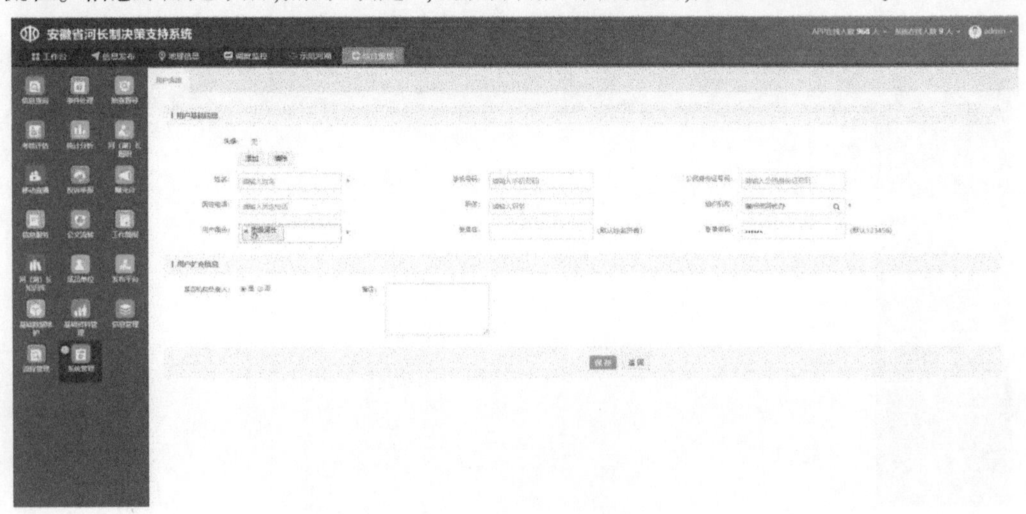

图 4-151　添加河长办

2.添加河长

添加用户基本信息:填写用户姓名(必填),手机号码(非必填),公民身份证号码(非必填)等信息,系统会依据用户姓名,自动生成登录名(用户姓名拼音,如有系统内有重名用户,系统会在拼音后添加数字);添加用户扩充信息:组织机构可选择"＊＊＊河湖长",用户角色可以选择"＊＊河湖长",是否已公告,默认为"是",则需要上传发文公告,选择责任河段,如选择"是",则必须选择责任河湖段,担任河长事件,可依据发文时间进行填写,如图 4-152 所示。

图 4-152　添加河长

3.用户修改

左侧组织机构,包含安徽省总河长、安徽省副总河长、安徽省河长办、安徽省河湖长、安徽省巡管员、安徽省成员单位等最高级,可从省级选择到村级,右侧用户展示对应的信息,点击"修改",弹出修改窗口,修改相关基本信息后,点击"保存",列表数据更新。

4.用户删除

可执行删除用户操作。

5.密码重置

可重置用户密码,重置后,用户的登录密码恢复为初始密码。

6.用户查看

点击"查看",弹出框显示用户基本信息。

7.批量导入

点击"导入",弹出导入窗口,先点击"下载模板",再点击"导入",用户列表数据更新。

8.批量导出

点击"导出",可导出用户 Excel 表格,可下载并打印。

4.2.20.3　角色管理

河长办用户可依据实际需求,自行建立角色,并分配各相关人员和分配菜单权限,如图 4-153 所示。

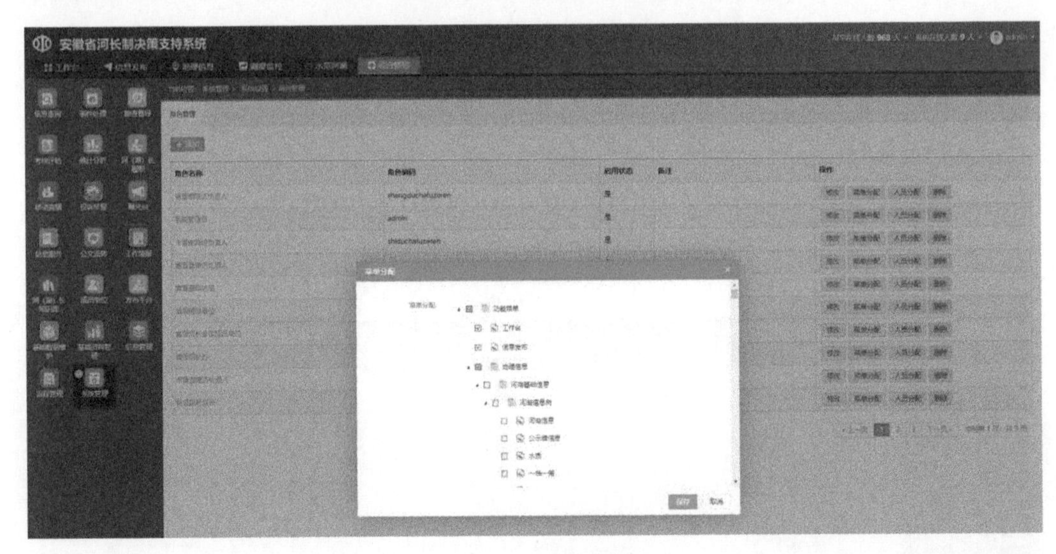

图 4-153　角色管理

添加角色,保存后,列表新增一条记录,可修改角色相关信息,可删除角色。

可给角色分配人员,点击“人员分配”,打开人员分配页面,如图 4-154 所示。

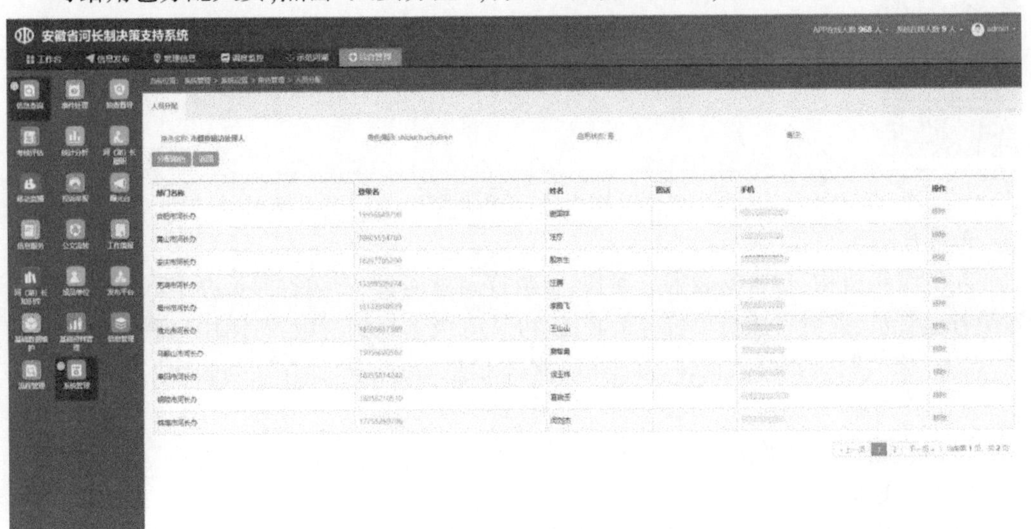

图 4-154　人员分配(一)

点击“分配角色”,弹出人员分配窗口,选择左侧组织机构,中间待选人员展示组织机构匹配的人员名称,选中人员后,右侧已选人员显示对应的人员名称,如图 4-155 所示。

点击“确定分配”,列表展示相关组织机构匹配的人员信息,可进行移除操作;点击“清除已选”,已选人员的数据清除,恢复到待选人员中,点击“关闭”,返回图 4-156 所示的人员分配页面。

在上面人员分配页面,点击“返回”,打开角色管理列表页面。

4.2.20.4　字典管理

可进行新增、修改、删除字典,添加键值等维护操作,如图 4-157 所示。

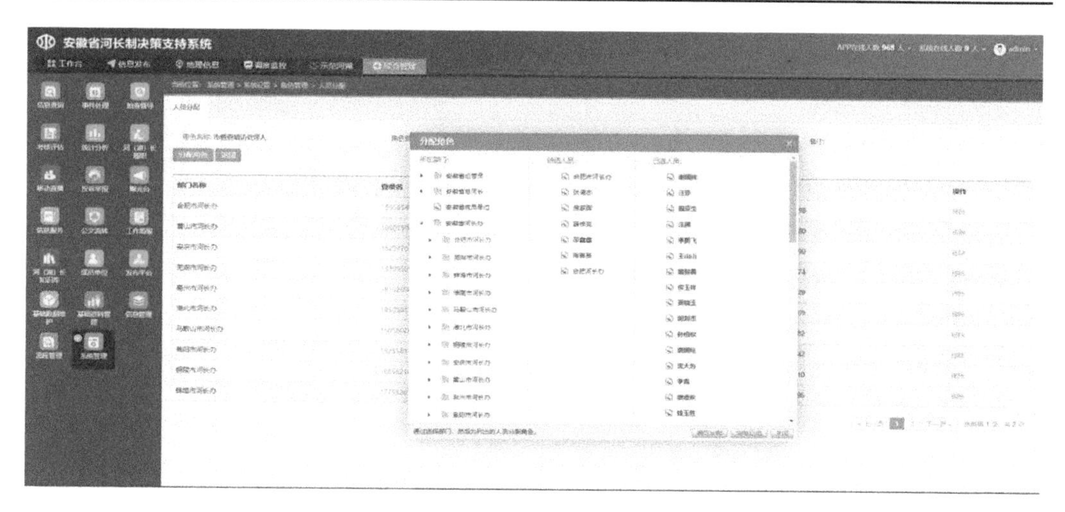

图 4-155　人员分配(二)

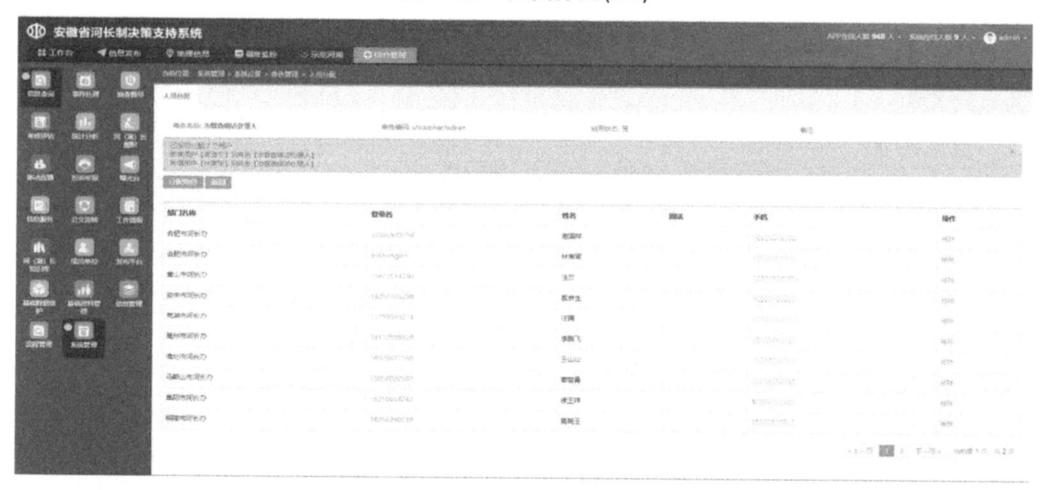

图 4-156　人员分配(三)

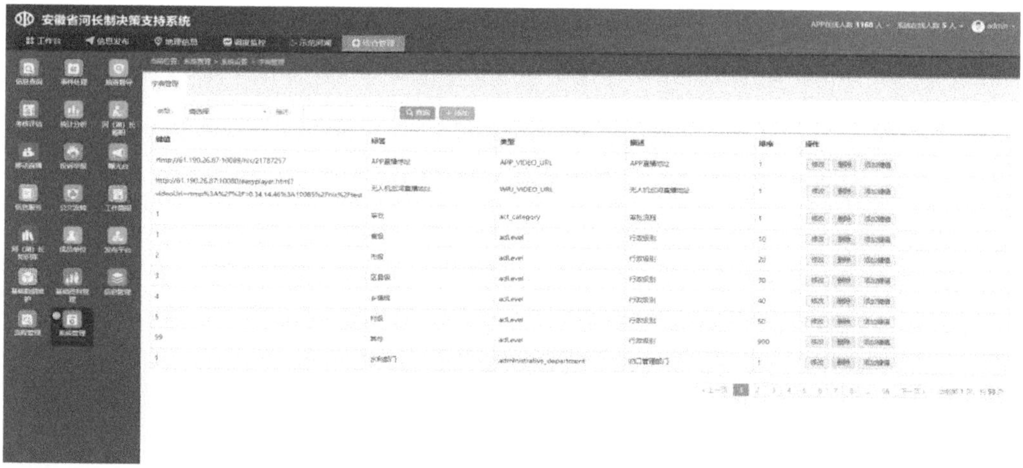

安徽省河长制决策支持系统

APP在线人数 1160 人　admin

字典管理

键值	标签	类型	描述	排序	操作
rtmp://61.190.26.87:10088/hls/21787257	APP直播地址	APP_VIDEO_URL	APP直播地址	1	修改 删除 添加键值
http://61.190.26.87:10080/easyplayer.html?videoUrl=rtmp%3A%2F%2F10.34.14.46%3A10085%2Fhls%2Ftest	无人机巡河直播地址	WRJ_VIDEO_URL	无人机巡河直播地址	1	修改 删除 添加键值
1	审批	act_category	审批流程	1	修改 删除 添加键值
1	省级	adLevel	行政级别	10	修改 删除 添加键值
2	市级	adLevel	行政级别	20	修改 删除 添加键值
3	区县级	adLevel	行政级别	30	修改 删除 添加键值
4	乡镇级	adLevel	行政级别	40	修改 删除 添加键值
5	村级	adLevel	行政级别	50	修改 删除 添加键值
99	其他	adLevel	行政级别	900	修改 删除 添加键值
1	水利部门	administrative_department	部门管理部门	1	修改 删除 添加键值

图 4-157　字典管理

4.2.20.5 记录管理

可监控查看操作用户操作的菜单、操作时间、操作者名称、操作者 IP 等信息，如图 4-158所示。

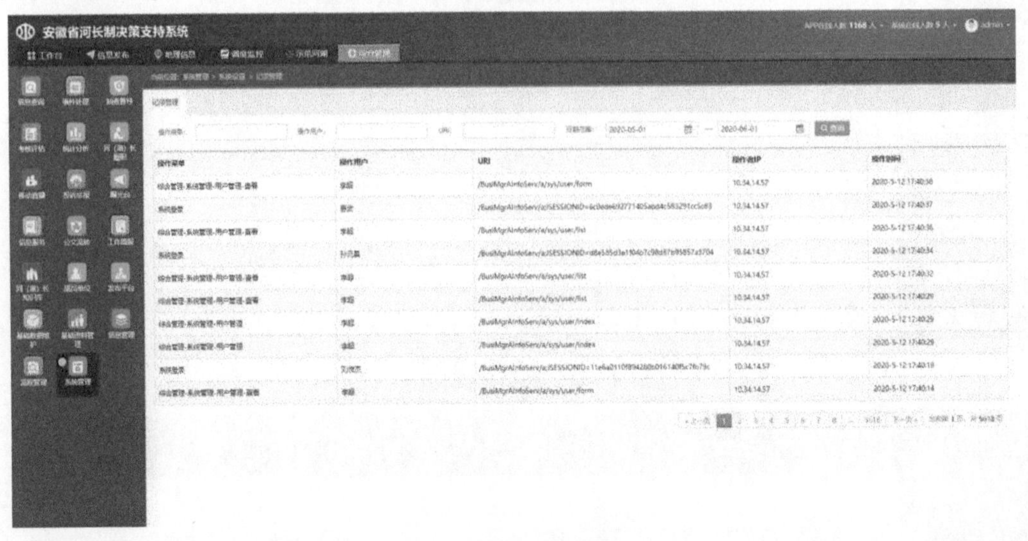

图 4-158　记录管理

第5章　河长制地理信息系统平台开发

主界面按三个主要功能布局,以GIS地图居中布置,展示河湖基础信息等相关部件、监控信息及自动识别。如点击“一张图”,左侧分别布置“河湖基础信息”等,右侧针对板块内详细的选项信息进行查询及相关内容列表展示。

5.1　一张图

5.1.1　河湖基础信息

河湖基础信息包含河湖信息树、河湖基础信息、湖泊基础信息、河(湖)长管控范围图、流域图信息、河湖水质信息、污染源分布、水生态信息、水功能区划分信息、水资源信息、监测信息、河湖事件信息、水利工程信息、重点项目信息、执法监管信息。

5.1.1.1　通过地图找河段/湖片

选取具有代表意义的“河湖信息树”功能进行描述。

选中图层“河湖信息树”,GIS地图默认显示省级河段/湖片切图情况,鼠标移入河段/湖片,河段/湖片高亮,显示河段/湖片名称;点击某河段/湖片,可查看右侧弹框的河湖信息。可通过搜索框输入河段/湖片名称,查询具体的河段/湖片,如图5-1所示。

图5-1　省级河湖－地图等级

1. 河湖信息

点击 GIS 地图左侧按钮“河湖信息”或者点击高亮的“河段/湖片”，GIS 地图右侧显示河湖详情，如图 5-2 所示。

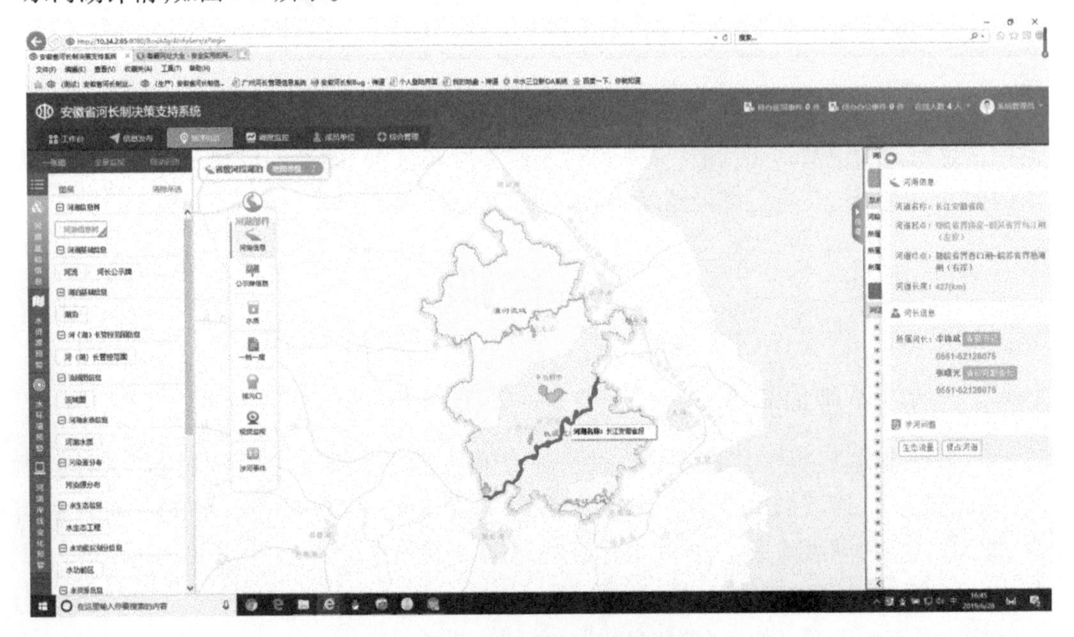

图 5-2　长江安徽省段 - 河湖信息

点击右侧弹框左上角的向右箭头，可以收起右侧弹框。

2. 公示牌信息

选中某河段/湖片后，点击“公示牌信息”，该河段/湖片显示所有公示牌图标，点击图标，打开公示牌图片，可查看公示牌正面、背面、45°角、电子公示牌照片，如图 5-3 所示。

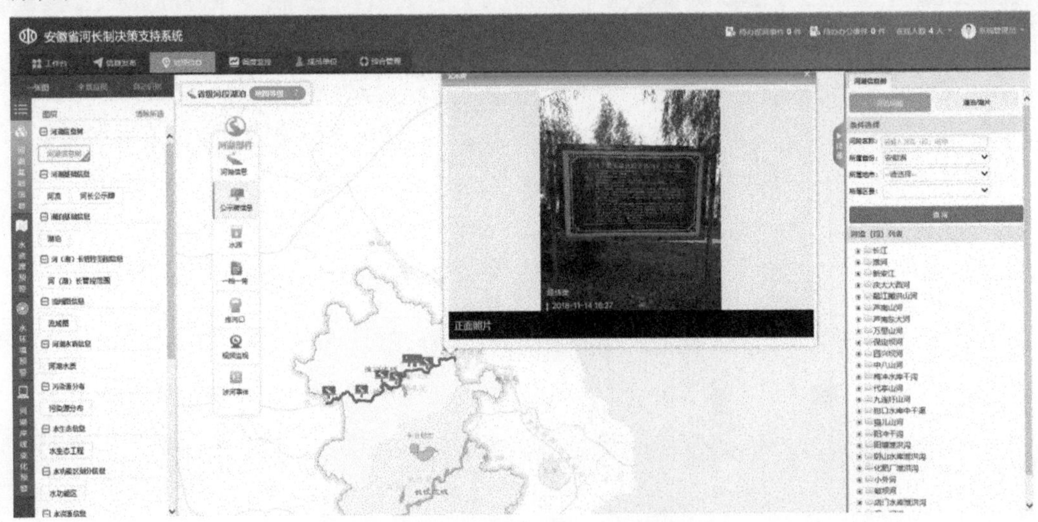

图 5-3　淮河安徽省段 - 公示牌信息

3. 水质

选中某河段/湖片后，点击“水质”，展示水质数据。

4. 一档一策

选中某河段/湖片后，点击“一档一策”，可在线预览、下载一档一策文档，如图 5-4 所示。

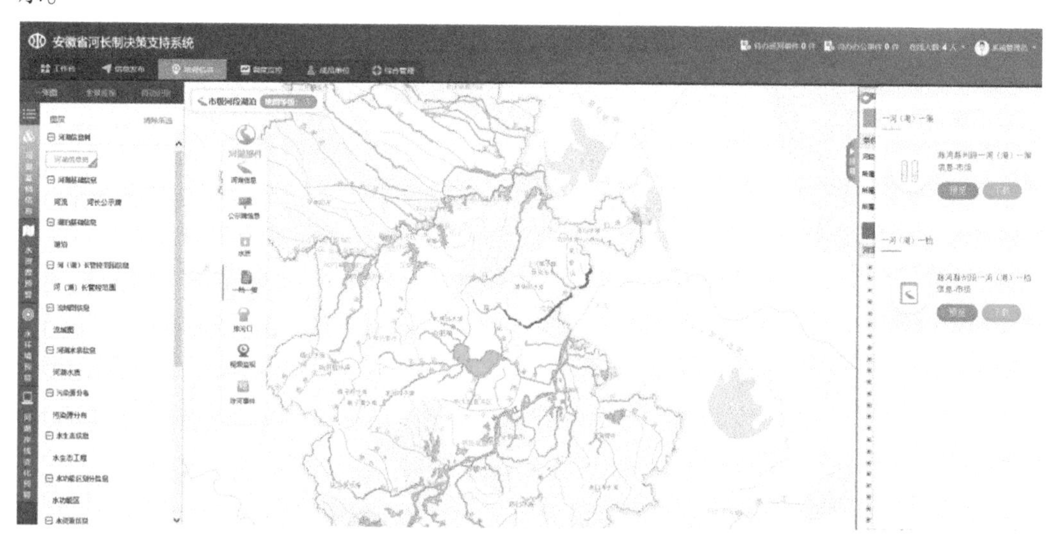

图 5-4　滁河滁州市段－一档一策

点击“预览”或“下载”，可打开或保存 PDF 文档，如图 5-5 所示。

5. 排污口

选中某河段/湖片后，点击“排污口”，显示排污口数据。

6. 视频监视

选中某河段/湖片后，点击“视频监视”，显示视频站点数据。

7. 涉河事件

选中某河段/湖片后，点击“涉河事件”，展示某河段/湖片上报问题总数、已办结、处理中、已逾期数量，如图 5-6 所示。

5.1.1.2　通过河湖列表查询 GIS 地图位置

根据河湖名称或行政区划模糊或精确查询河湖列表，选中河湖名称后，地图上高亮显示河湖位置，如图 5-7 所示。

点击河湖部件，展示河湖关联部件信息，在此不做一一详述，具体见“5.1.1.1　通过地图找河段/湖片”。

其他图层信息，均选中图层，右侧列表查询相关内容，GIS 地图高亮显示位置及展示详情内容，在此不做一一详述，具体操作步骤可参考“1. 河湖信息”内容。

图 5-5　滁河滁州市段 – 一河一策文档预览

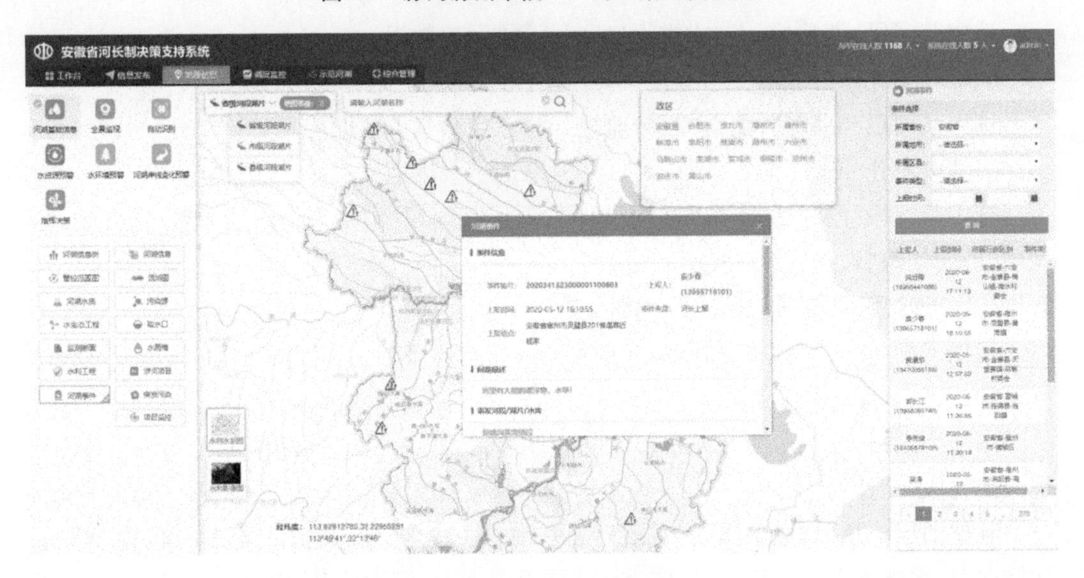

图 5-6　省级河湖 – 涉河事件

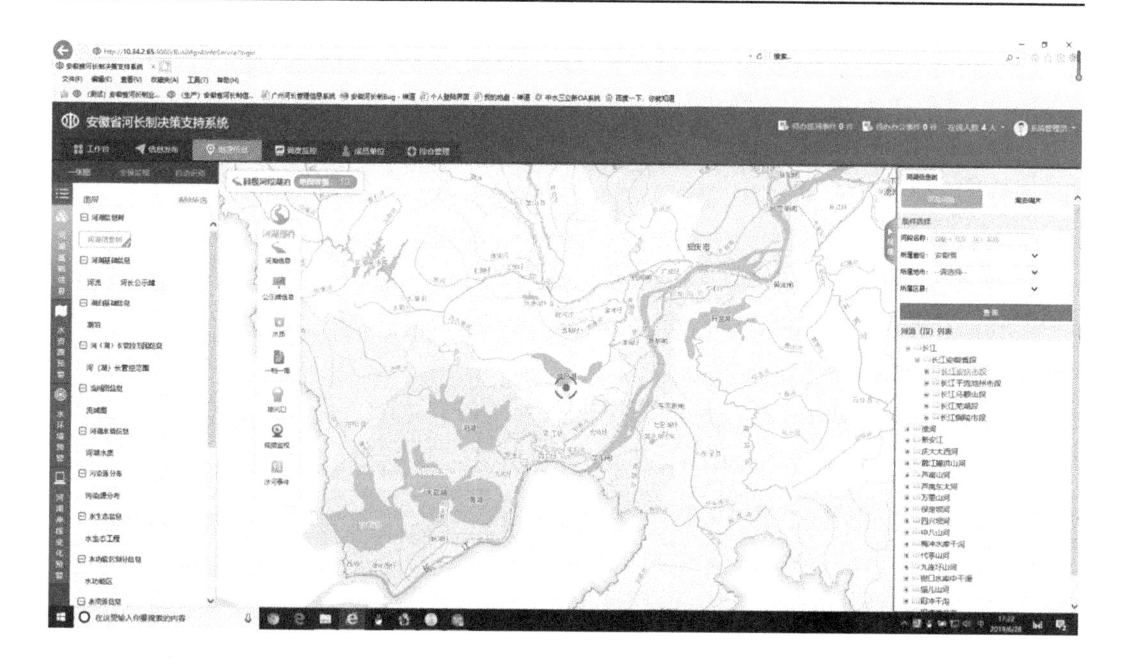

图5-7　长江安庆市段－位置高亮

5.1.2　水资源预警信息

展现水资源用水总量、排污总量三条红线，并对超标区域进行预警。

5.1.2.1　三条红线

对全省和不同市、县的水资源三条红线，不同月份的用水总量、用水效率、排污总量等在地图上进行展现，可按照不同级别展示安徽省所有河道的用水总量专题图、用水效率专题图和排污总量专题图。

5.1.2.2　水资源预警

在地图上展现用水总量、用水效率、排污总量标的市县，并通过高亮的形式发出预警信号。

5.1.3　水环境预警信息

水环境预警信息包括水质变化分析、水质达标分析、水质情况分析、污染源分析、水质预警等功能。

5.1.3.1　水质变化分析

以动态变化的水质地图分级渲染的方式展现管辖区域内历年水质变化情况。

5.1.3.2　水质达标分析

依据水环境功能区、水质断面的水质标准，分析每个水功能区和水质断面的水质达标情况，以不同的颜色展现不同功能区和断面的水质达标结果，超标以红色展现，并在地图上展现各市县的达标率。

5.1.3.3 水质情况分析

以地图的方式展现水质指标(水温、pH、溶解氧、电导率、浊度、总磷、总氮、高锰酸盐指数、氨氮等)Ⅰ、Ⅱ、Ⅲ、Ⅳ、Ⅴ、劣Ⅴ类断面水质分布情况,提供按照区域查看各类水体的详细数量。

5.1.3.4 污染源分析

以污染源分布密度图、位置图等可视化方式展现管辖区域内污染源的分布情况,支持按照区域查看工业、农业、生活、畜禽养殖等类型污染源的详细数量。

5.1.3.5 水质预警

对超标的功能区和水质断面进行高亮显示,并将所有超标的水体功能区和水质断面信息发送给管理人员,提供水质超标浓度、超标倍数等的预警信息,见图5-8。

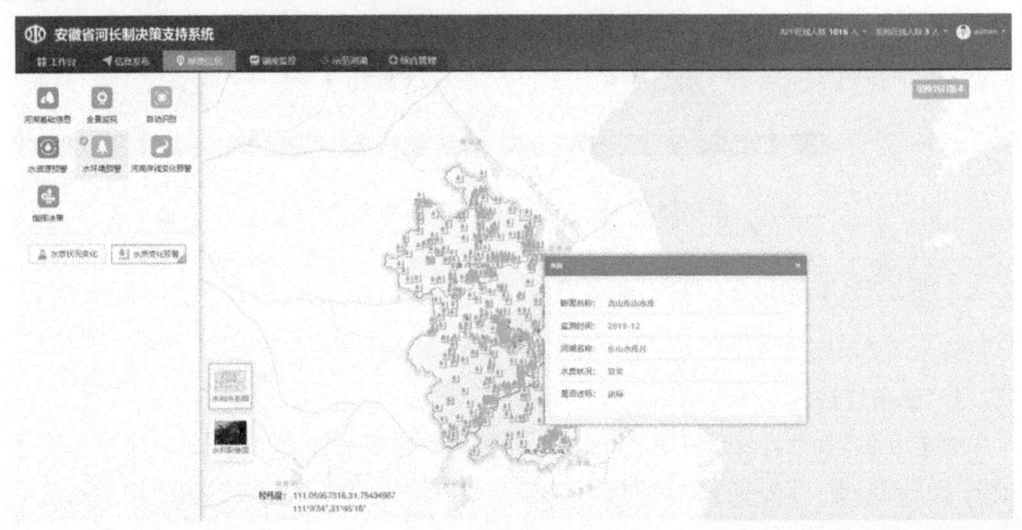

图5-8 水质变化预警

5.1.4 河湖岸线变化预警

展现河湖岸线情况并对岸线破坏区域进行预警。

5.1.4.1 岸线变化

基于遥感影像自动识别结果,判断当前影像的岸线范围,结合历史时期的水域岸线,生成动画文件,以时间轴动态变化或动画演进的方式,动态展现不同时期内河湖岸线的变化情况。

5.1.4.2 岸线破坏预警

基于遥感影像自动识别结果,判断当前影像的岸线范围,并对比历史时期的岸线情况和法定岸线情况,对岸线破坏的区域,以红色高亮展现被破坏的河湖岸线,自动生成所有被破坏区域的河湖岸线列表,向管理员发送预警信息,见图5-9。

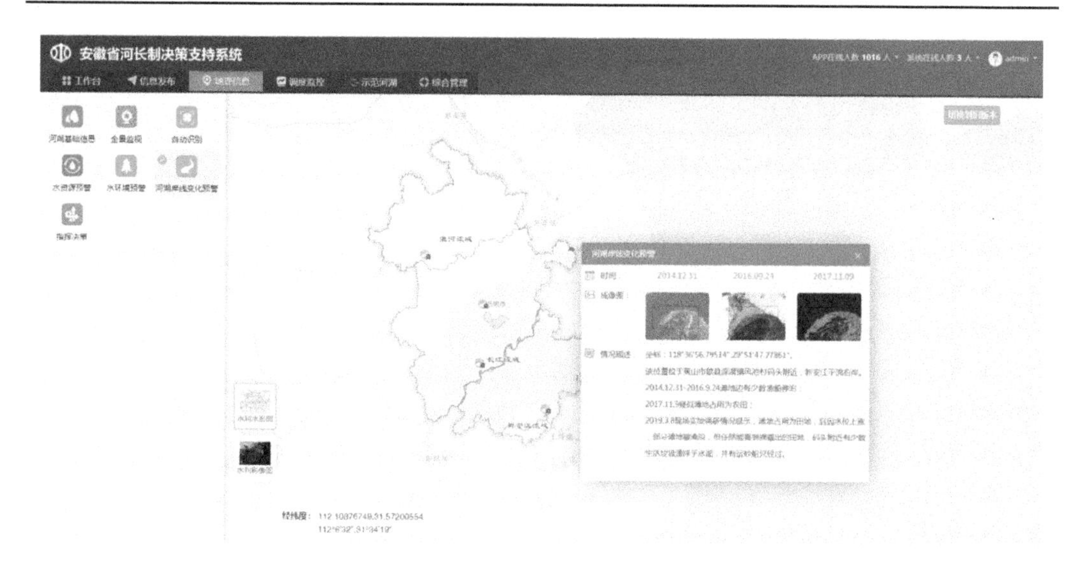

图 5-9　河湖岸线变化预警

5.2　全景监视

全景监视包括传感监测、遥感监测、视频监视、公众参与内容。

在此选取“视频监视”做详述，其他可参考视频监视。GIS 地图默认省级河段/湖片，选中“视频监控站点”图层，GIS 地图上显示省级河段/湖片视频监控站点图标，鼠标移入图标，显示站点名称、设备名称和所属行政区，如图 5-10 所示。

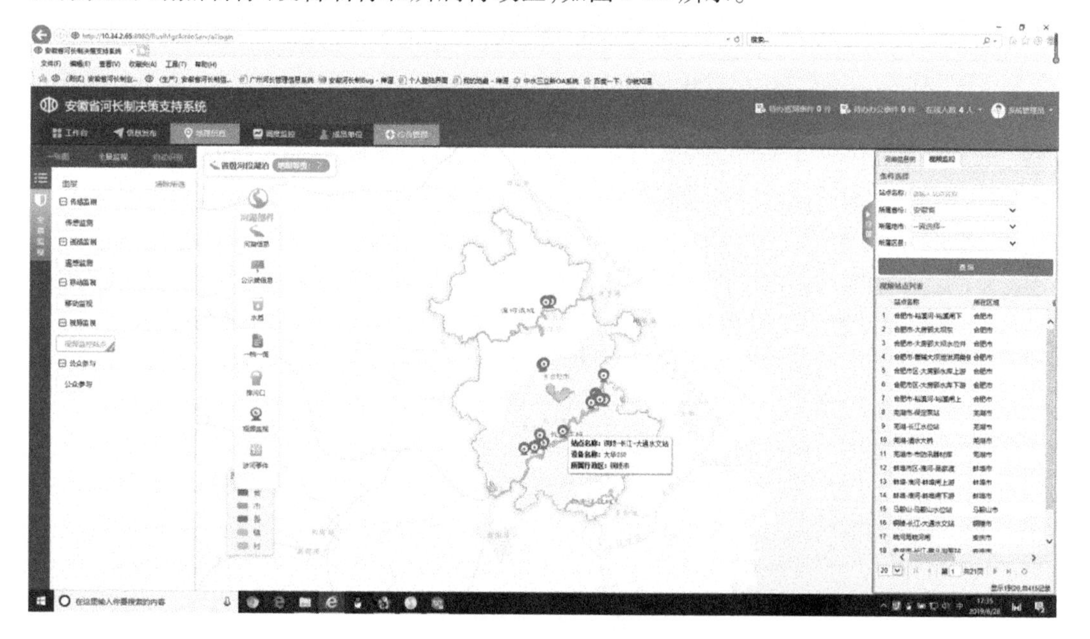

图 5-10　铜陵－长江－大通水文站点

点击图标,打开监控视频播放,点击右上角的“ × ”,可关闭播放窗口,如图 5-11 所示。

图 5-11　铜陵 – 长江 – 大通水文站点视频播放

选中右侧的视频监视站点名称,GIS 地图高亮显示视频监视站点图标,点击图标,打开监控视频播放,点击右上角的“ × ”,可关闭播放窗口。

5.3　自动识别

自动识别主要是进行图片智能识别。

GIS 地图默认显示省级河段/湖片,选中“图片识别”图层,GIS 地图上显示图片识别图标,如图 5-12 所示。

图 5-12　图片识别

点击图标,弹出图像识别窗口,点击下方“智能识别”按钮,识别结果显示问题类型和识别率,如图 5-13 所示。

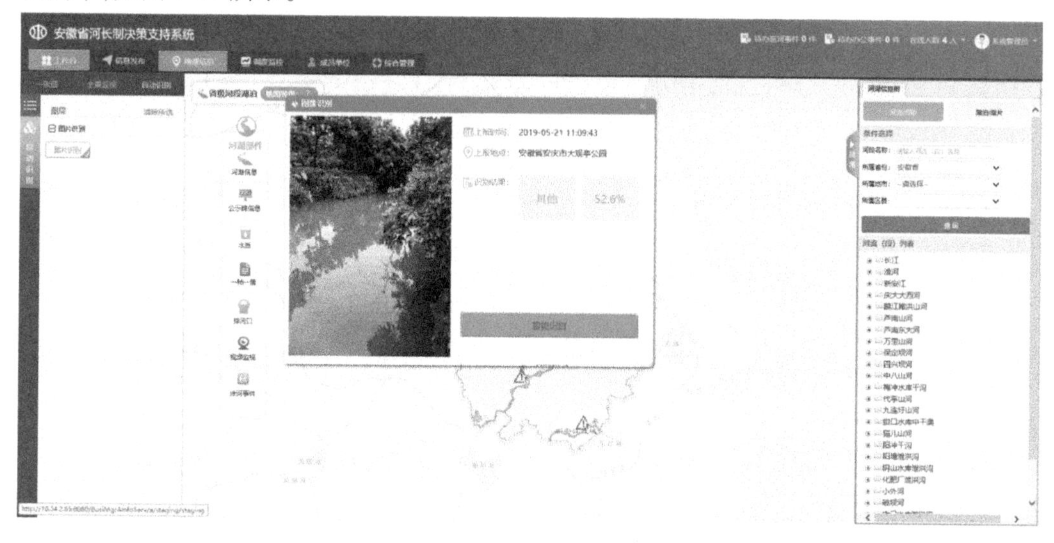

图 5-13　智能识别

第 6 章　河长制省级调度(监控)平台开发

省级调度(监控)平台主要在调度中心使用,分为"业务工作台""视频语音调度"和"水质监测监控"三大模块。

6.1　业务工作台

业务工作台主界面,按八个主要功能布局,主要包括河长制推进情况、问题上报/市公众投诉类型占比、App 巡河统计、河长制视频/河长知识讲座、GIS 地图、系统/App 实时在线人数统计、水利工程在线视频、省级河湖水质。

6.1.1　GIS 地图

GIS 地图在业务工作台上居中布置,如图 6-1 所示。

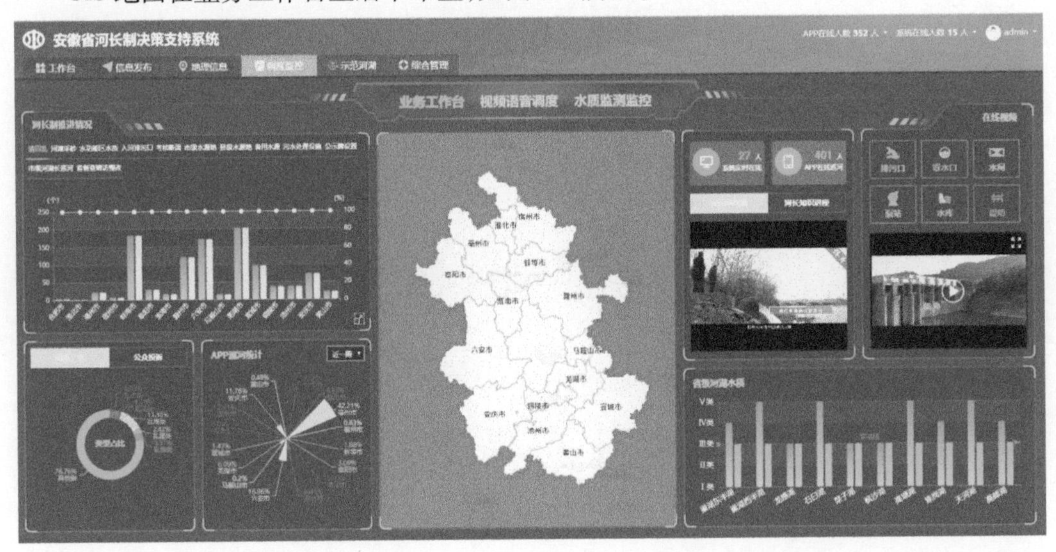

图 6-1　业务工作台 – GIS 地图

6.1.2　河长制推进情况

图 6-1 左上方显示的是河长制推进情况,十项考核指标可切换展现,默认显示 16 个地市"清四乱"情况,鼠标移入坐标点,显示对应的排查、销号和销号比例,如图 6-2 所示。

6.1.2.1　清四乱

点击图 6-2 右下角放大图标,可全屏打开清四乱统计,如鼠标移入合肥市坐标,展示

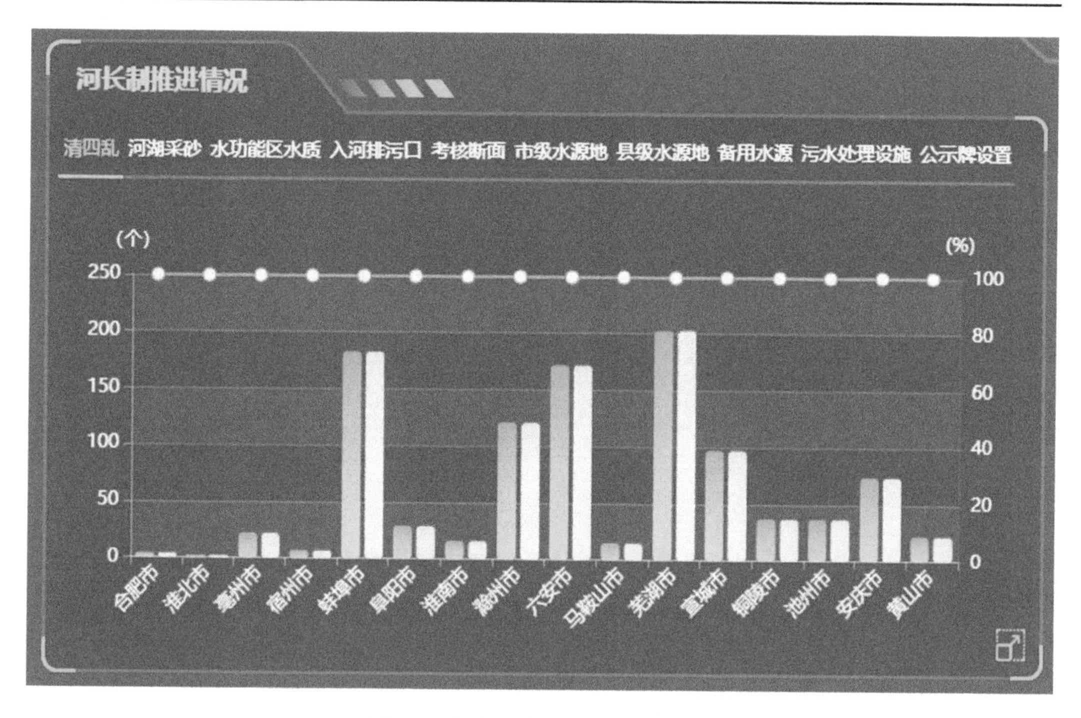

图6-2　河长制推进情况－清四乱

合肥市排查4个,销号4个,销号比例100%。点击右上角的×号,可以关闭全屏效果,如图6-3所示。

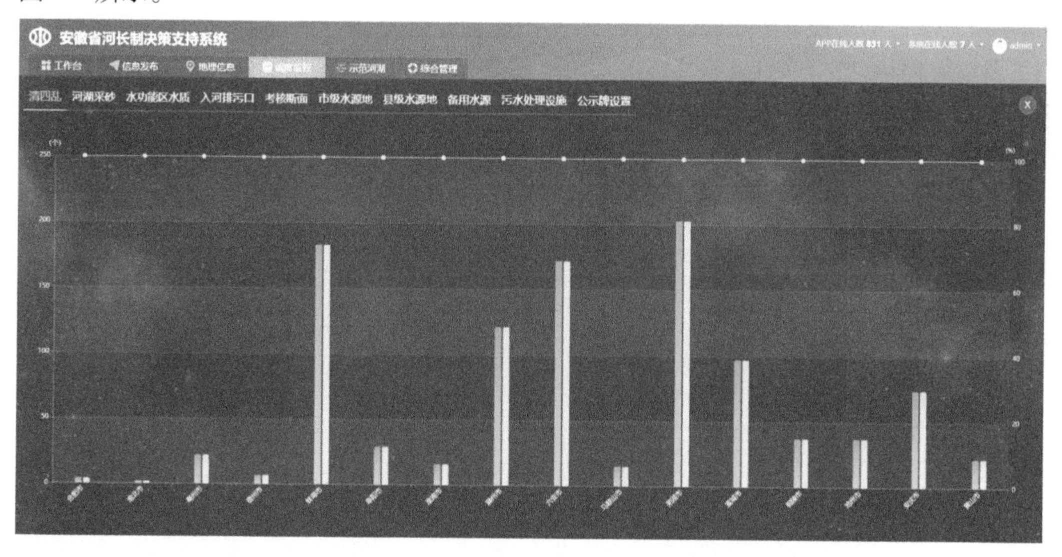

图6-3　河长制推进情况－清四乱全屏

6.1.2.2　河湖采砂

点击“河湖采砂”,切换显示16个地市河湖采砂统计图,如鼠标移入淮南市,展示淮南市专项行动次数322,查获船只数量340,如图6-4所示。点击右下角放大图标,可全屏打开河湖采砂统计图。

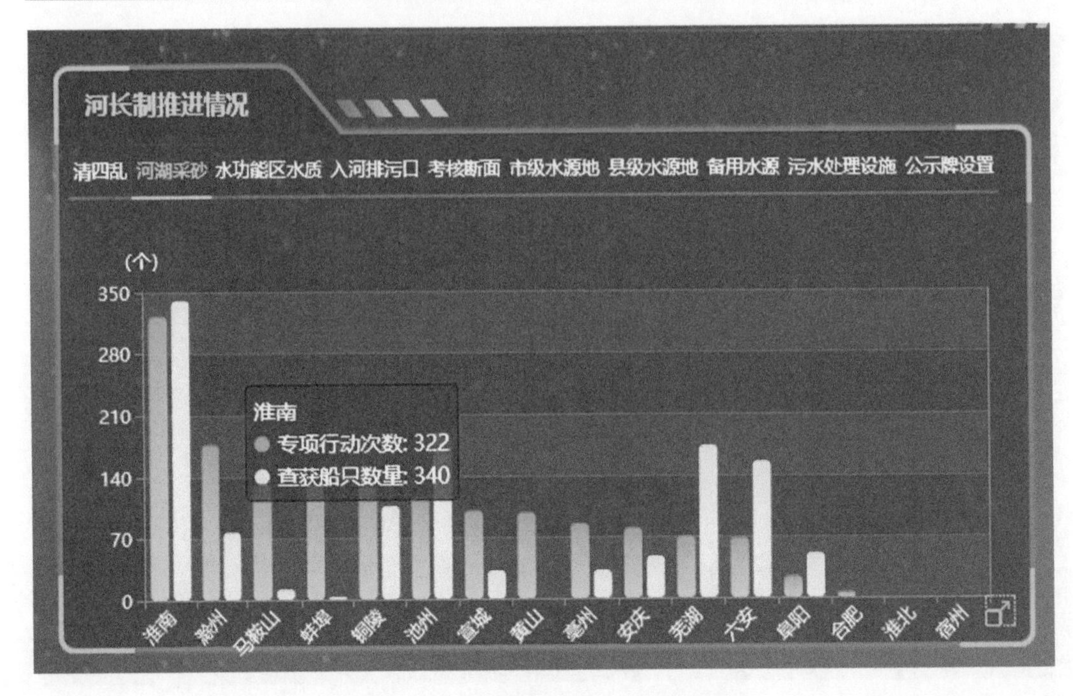

图 6-4 河长制推进情况 - 河湖采砂

6.1.2.3 水功能区水质

点击“水功能区水质”，切换显示 16 个地市水功能区水质统计图，如鼠标移入芜湖市，展示芜湖市纳入统计水功能区数量为 19，年度达标率为 95.8%，如图 6-5 所示。点击右下角放大图标，可全屏打开水功能区水质统计图。

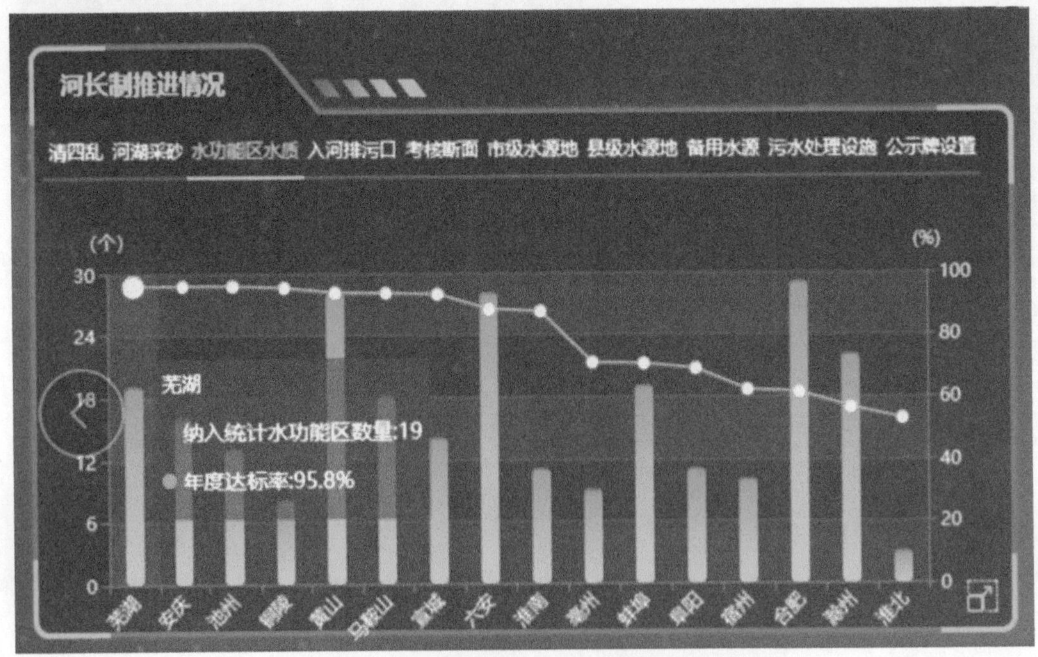

图 6-5 河长制推进情况 - 水功能区水质

6.1.2.4　入河排污口

点击"入河排污口",切换显示16个地市入河排污口统计图,如鼠标移入宣城市,展示宣城市年度应完成数量为199,已完成数量为196,完成比例为98.49%,如图6-6所示。点击右下角放大图标,可全屏打开入河排污口统计图。

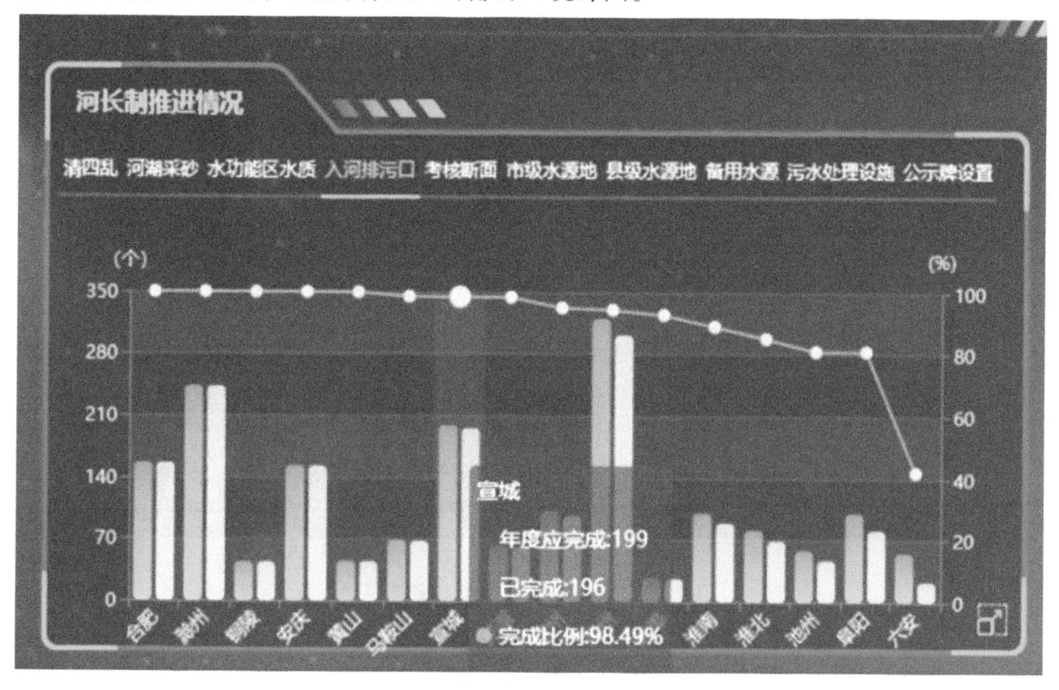

图6-6　河长制推进情况－入河排污口

6.1.2.5　考核断面

点击"考核断面",切换显示16个地市考核断面统计图,如鼠标移入六安市,展示六安市年度应达标数量为12,本月达标数量为12,达标比例为100%,如图6-7所示。点击右下角放大图标,可全屏打开考核断面统计图。

6.1.2.6　市级水源地

点击"市级水源地",切换显示16个地市市级水源地统计图,如鼠标移入滁州市,展示滁州市年度目标率为2,本月目标率为2,完成比例为100%,如图6-8所示。点击右下角放大图标,可全屏打开市级水源地统计图。

6.1.2.7　县级水源地

点击"县级水源地",切换显示16个地市县级水源地统计图,如鼠标移入蚌埠市,展示蚌埠市年度达标为6,本月达标为5,完成比例为83.33%,如图6-9所示。点击右下角放大图标,可全屏打开县级水源地统计图。

6.1.2.8　备用水源

点击"备用水源",切换显示16个地市备用水源统计图,如鼠标移入安庆市,展示安庆市年度应完成数量为4,已完成数量为3,完成比例为75%,如图6-10所示。点击右下角放大图标，可全屏打开备用水源统计图。

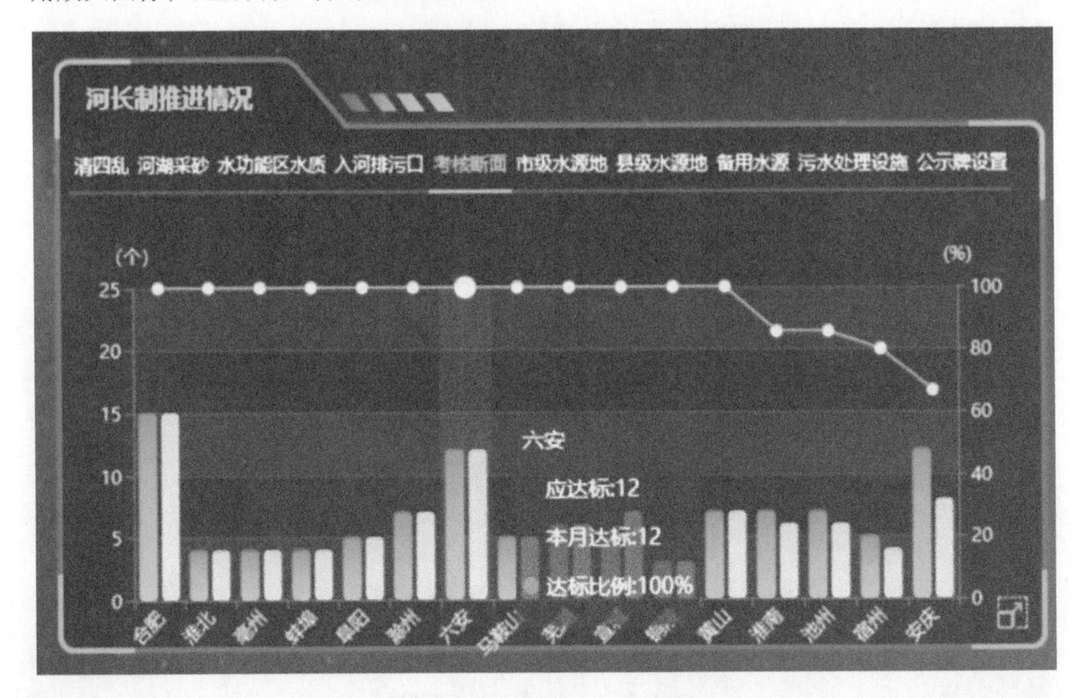

图 6-7　河长制推进情况 – 考核断面

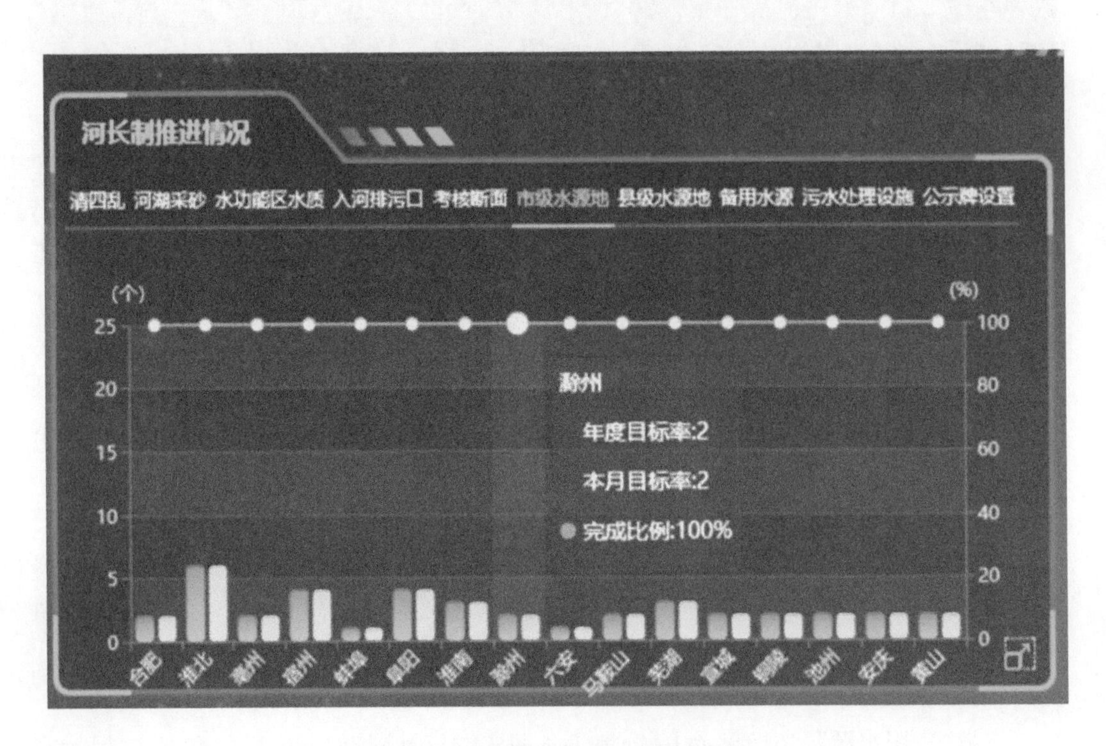

图 6-8　河长制推进情况 – 市级水源地

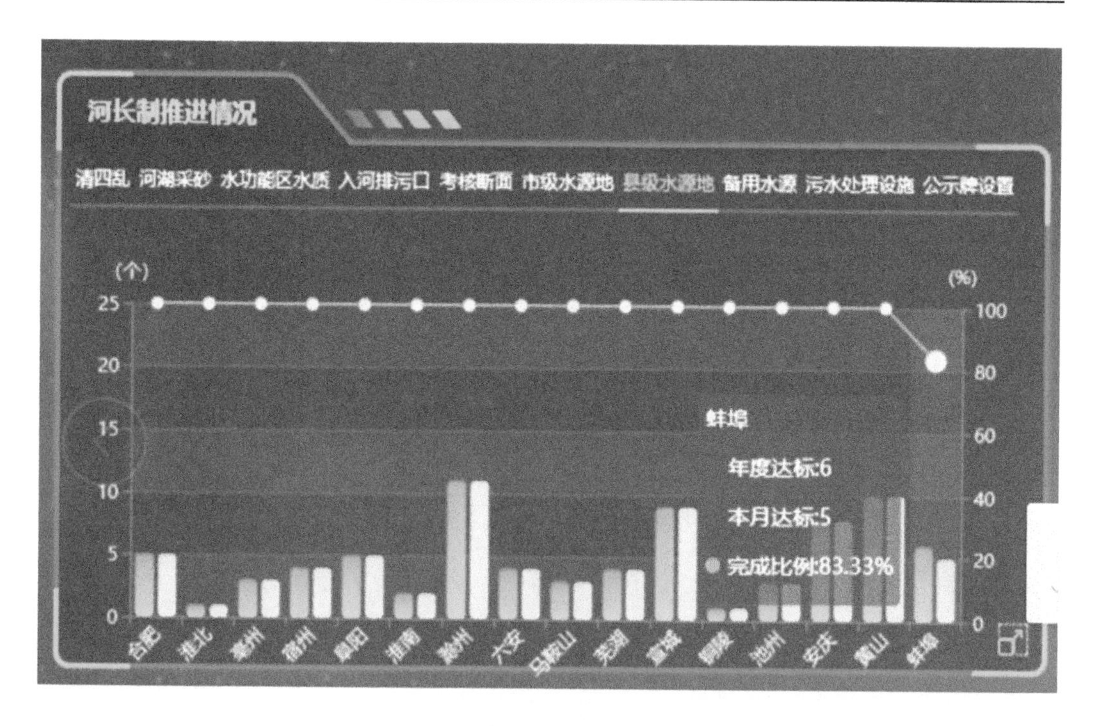

图6-9　河长制推进情况－县级水源地

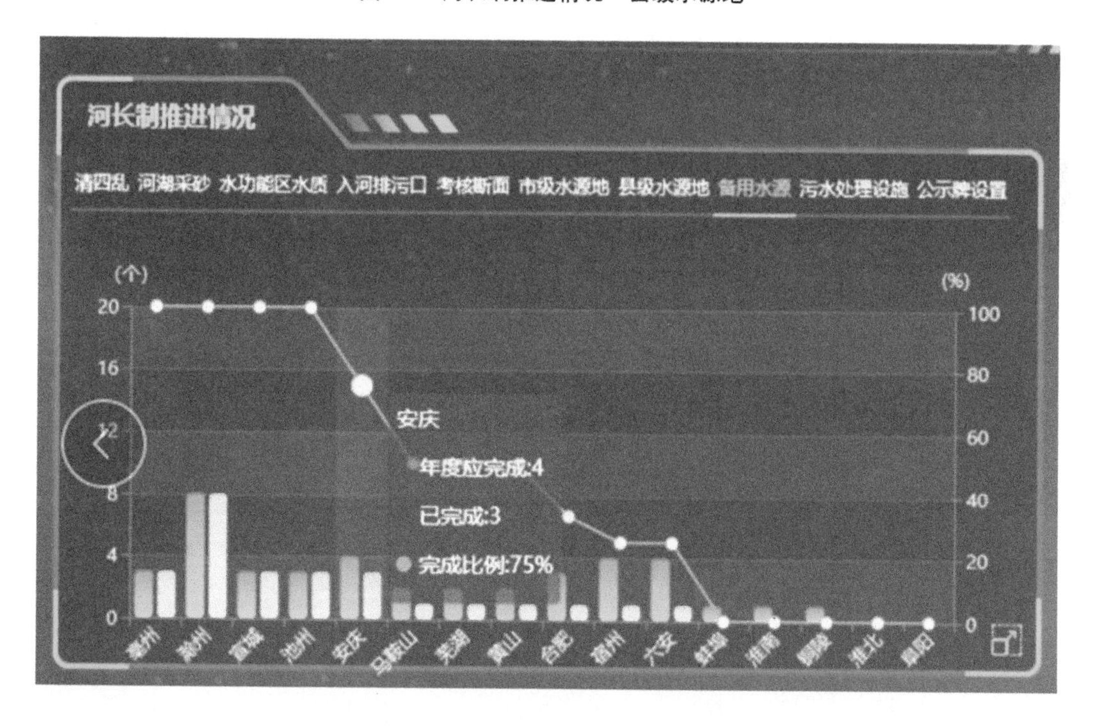

图6-10　河长制推进情况－备用水源

6.1.2.9　污水处理设施

点击“污水处理设施”,切换显示16个地市污水处理设施统计图,如鼠标移入马鞍山市，展示马鞍山市年度应完成数量为4，已完成数量为4，完成比例为100%，如图6-11所示。点击右下角放大图标，可全屏打开污水处理设施统计图。

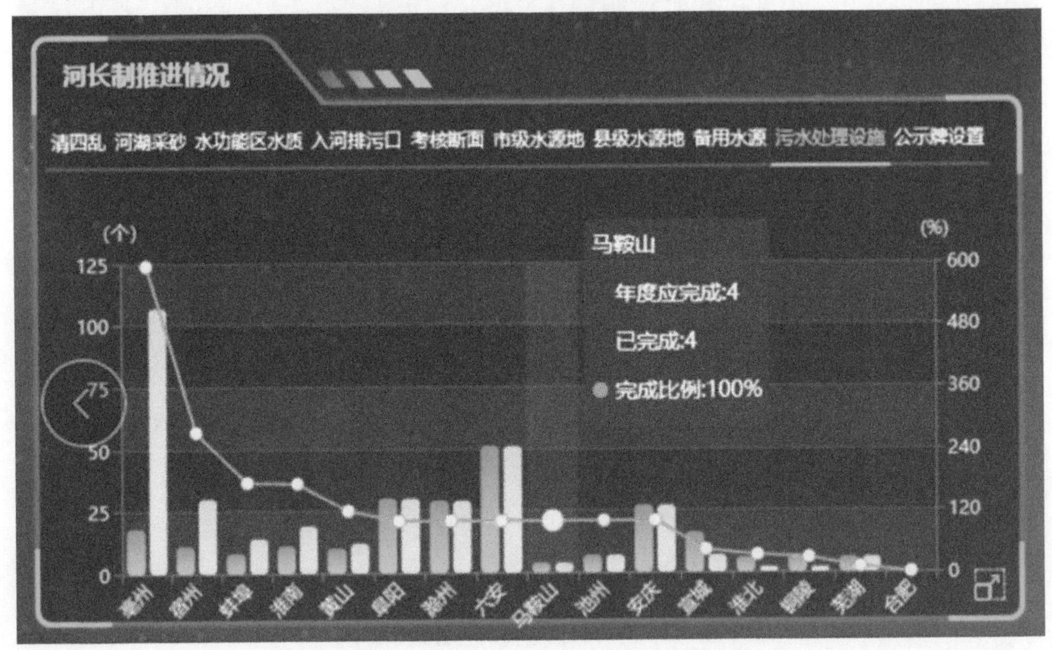

图6-11　河长制推进情况－污水处理设施

6.1.2.10　公示牌设置

点击“公示牌设置”，切换显示16个地市公示牌设置统计图，如鼠标移入淮南市，展示淮南市市级应设立数量为7，已设立数量为7，未设立数量为0；区级应设立数量为84，已设立数量为66，未设立数量为18；乡级应设立数量为766，已设立数量为596，未设立数量为170；村级应设立数量为1410，已设立数量为1451，未设立数量为0，年度完成率为91.7%，如图6-12所示。点击右下角放大图标，可全屏打开公示牌设置统计图。

6.1.3　上报事件分析

显示的是依据上报事件统计分析的投诉类型占比。点击“问题上报”和“公众投诉”tab页切换显示对应的类型占比数据，如图6-13和图6-14所示。

6.1.4　系统/App实时在线人数

查看系统实时在线人数和App在线巡河人数，如图6-15所示。

6.1.5　App巡河统计

App巡河统计展示各地市的近一周和本月的巡河率情况，如图6-16所示。

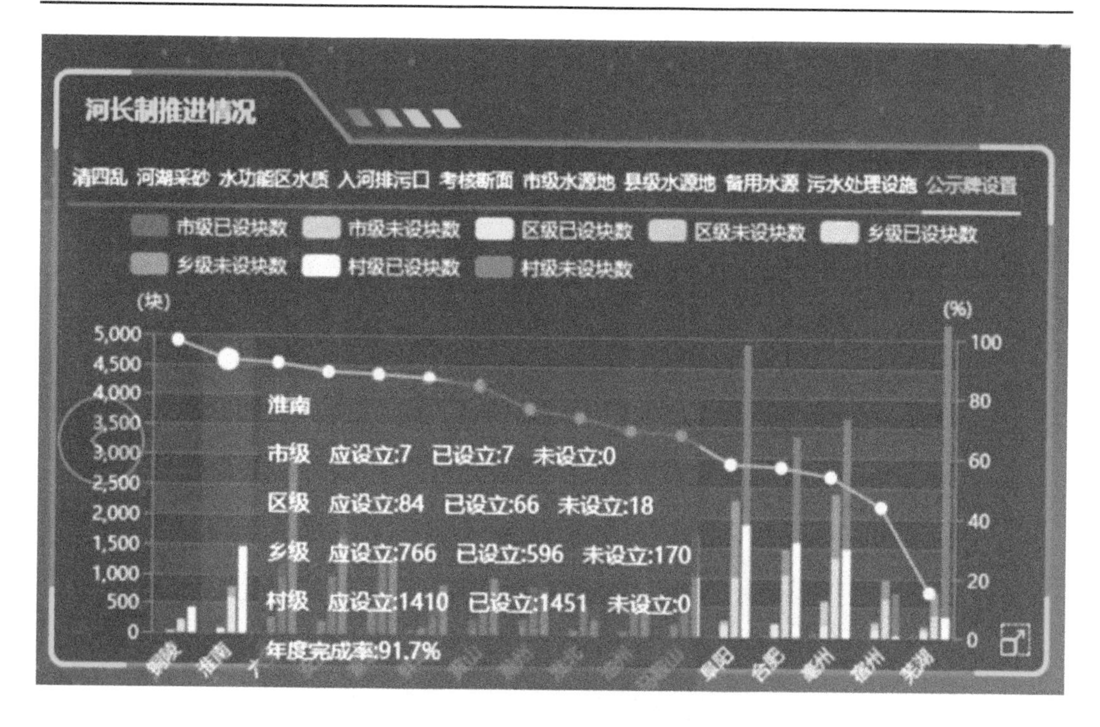

图 6-12　河长制推进情况 – 公示牌设置

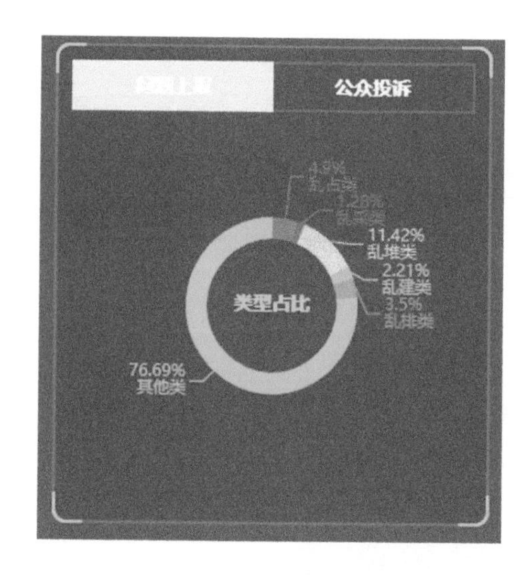

图 6-13　问题上报类型占比

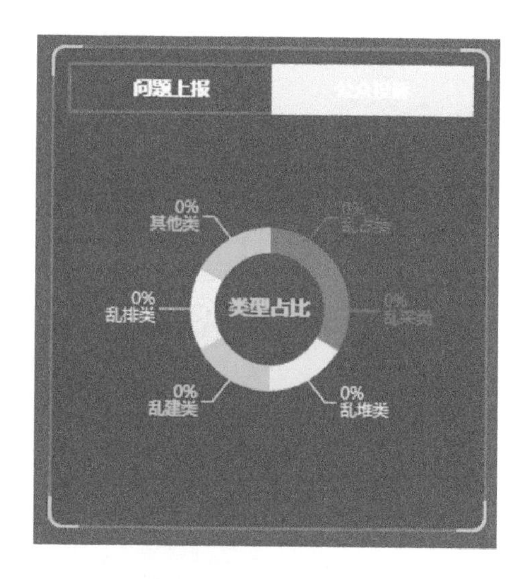

图 6-14　公众投诉类型占比

6.1.6　河长制视频/河长知识讲座

展示河长制宣传视频和河长知识讲座视频,知识讲座视频接入后,点击中间的三角形图标,可在线播放视频,如图 6-17 和图 6-18 所示。

图 6-15　系统和 App 实时在线人数

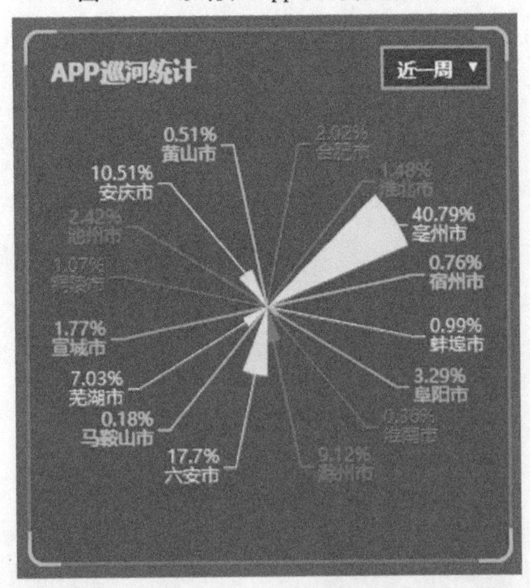

图 6-16　App 巡河统计

图 6-17　河长制视频/河长知识讲座

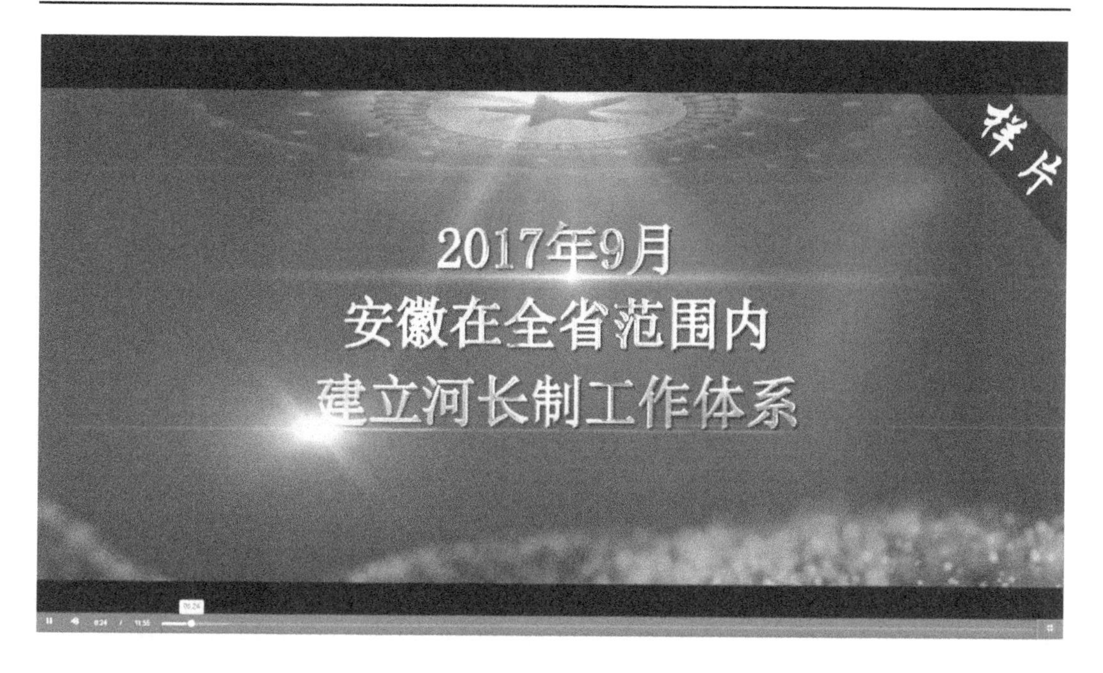

图 6-18　河长制宣传视频

6.1.7　在线视频

在线视频共分为六类,点击不同的类型,中间 GIS 地图上会显示相应的视频站点信息,点击站点位置,可进行视频实时监控播放。如果地图显示视频站点图标颜色灰显,则表示该视频不可点击播放。

在线视频包括排污口、取水口、水闸、泵站、水库、堤防。选中视频类型,中间 GIS 地图上展示对应的视频类型图标,点击图标,可在线播放视频。

6.1.7.1　排污口

排污口在线视频见图 6-19。

6.1.7.2　取水口

取水口在线视频见图 6-20。

6.1.7.3　水闸

水闸在线视频见图 6-21。

点击高亮的图标,如图 6-22 显示,可进行云台控制,可执行向左、向右、向上、向下、播放、暂停、放大、缩小等操作键控制视频。

6.1.7.4　泵站

泵站在线视频见图 6-23。

6.1.7.5　水库

水库在线视频见图 6-24。

6.1.7.6　堤防

堤防在线视频见图 6-25。

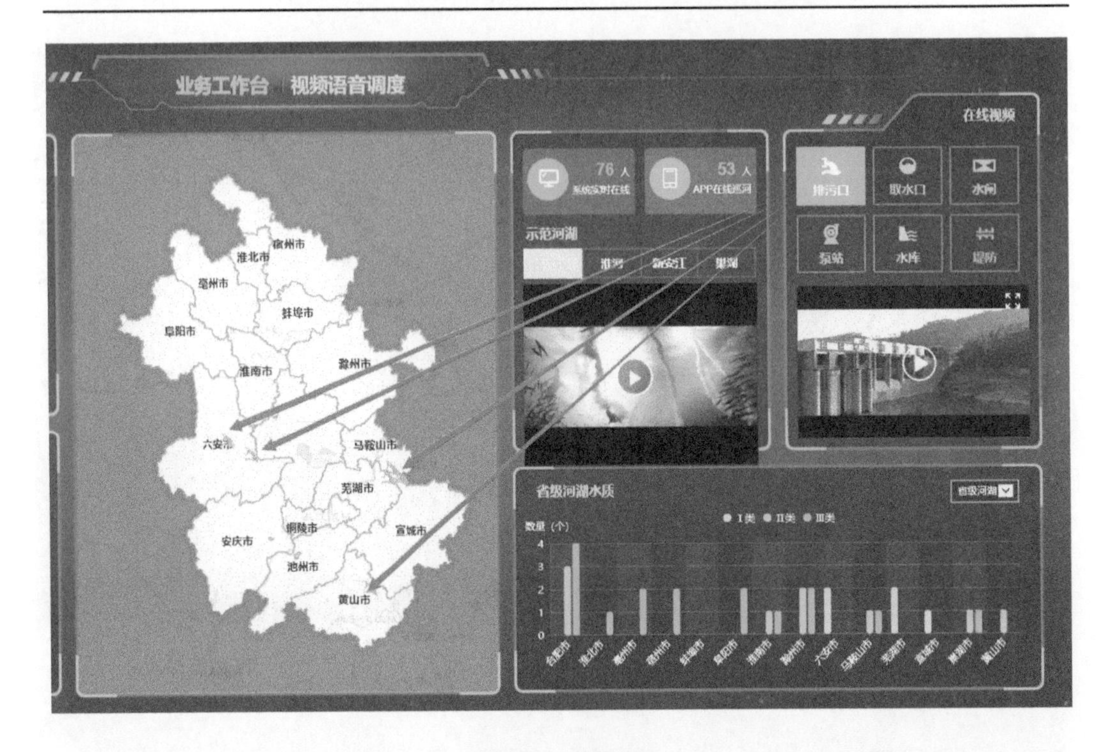

图 6-19　排污口

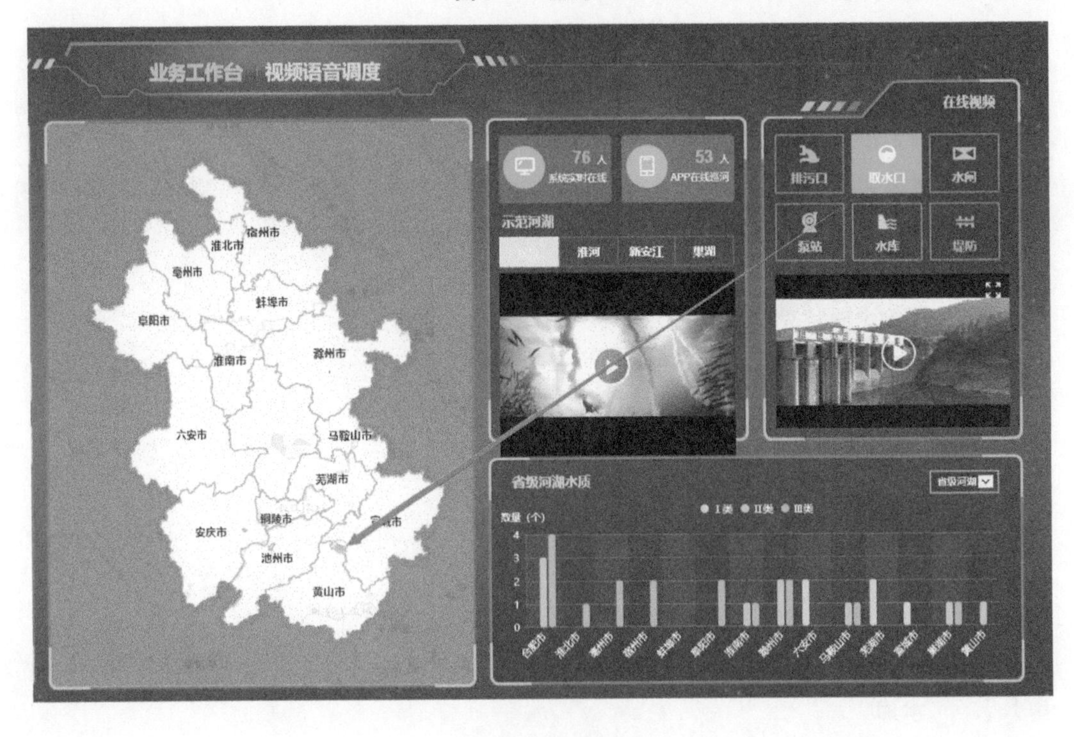

图 6-20　取水口

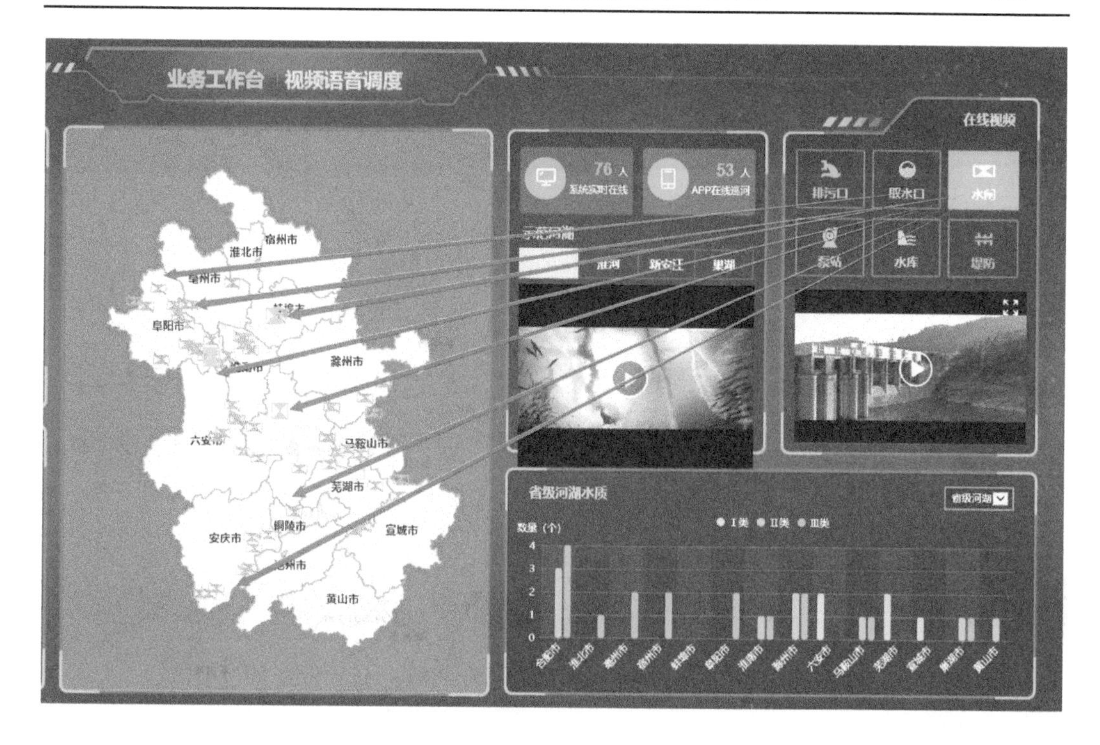

图6-21　水闸

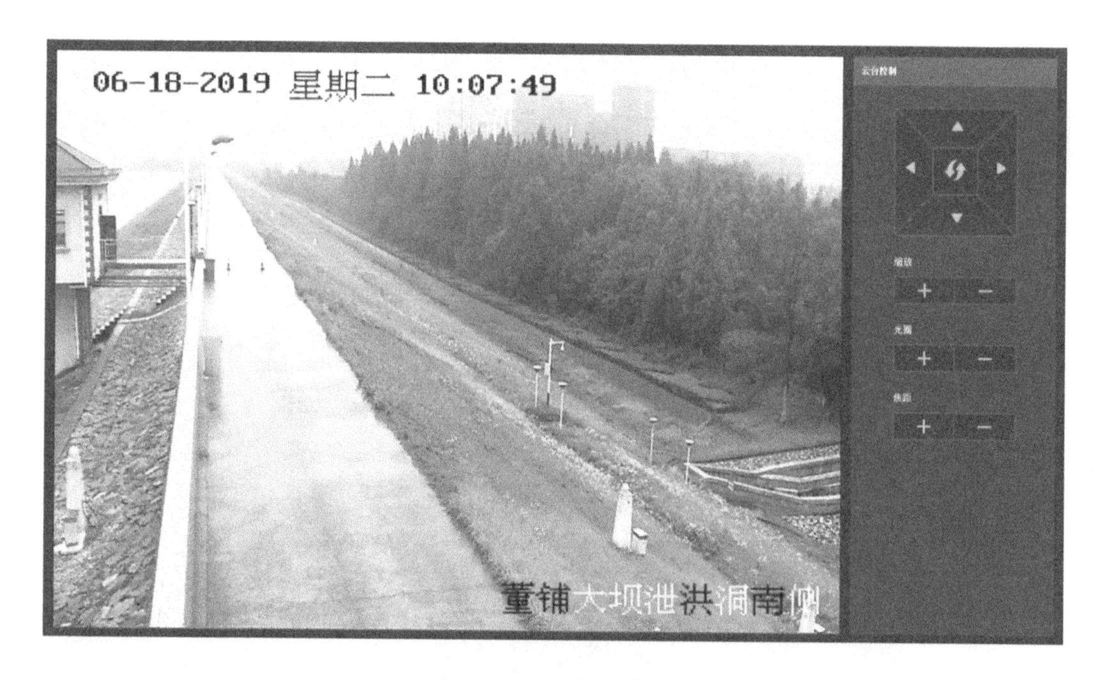

图6-22　水闸视频监视

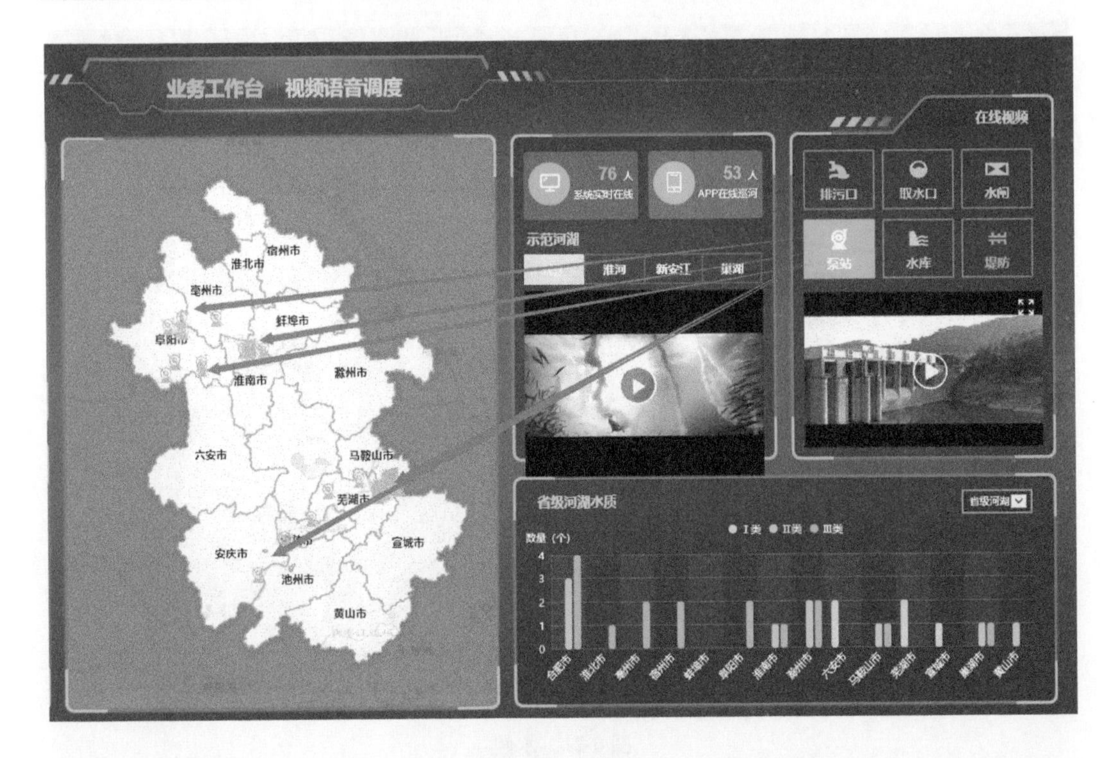

图 6-23　泵站

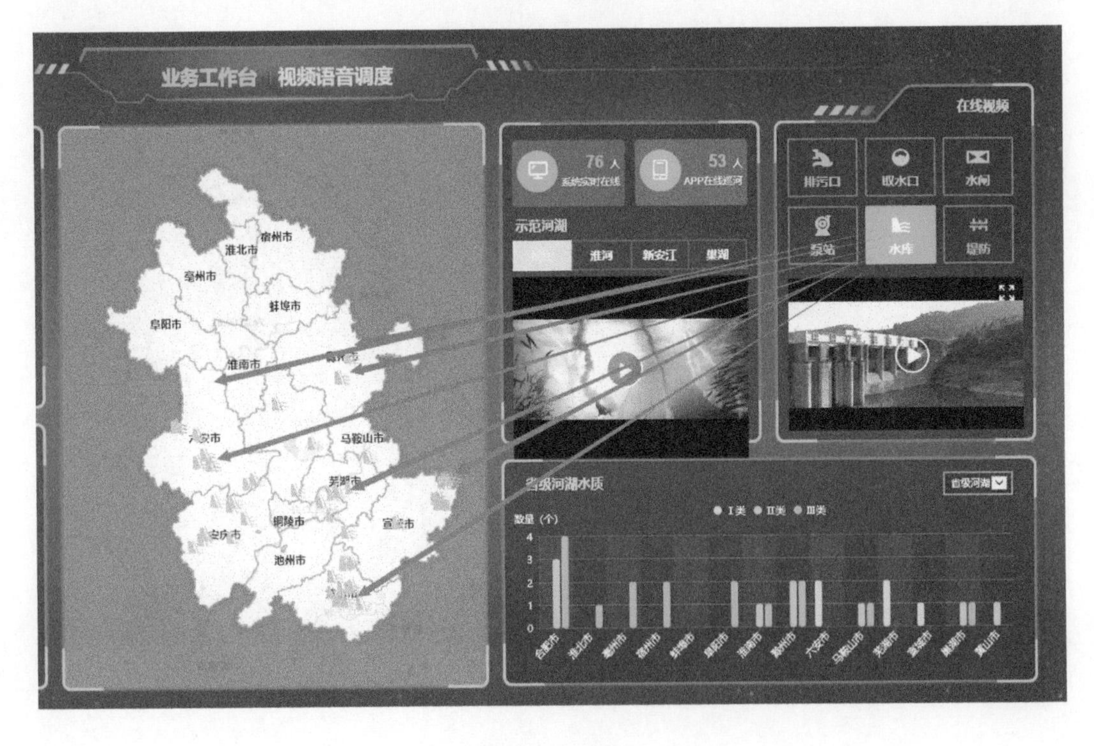

图 6-24　水库

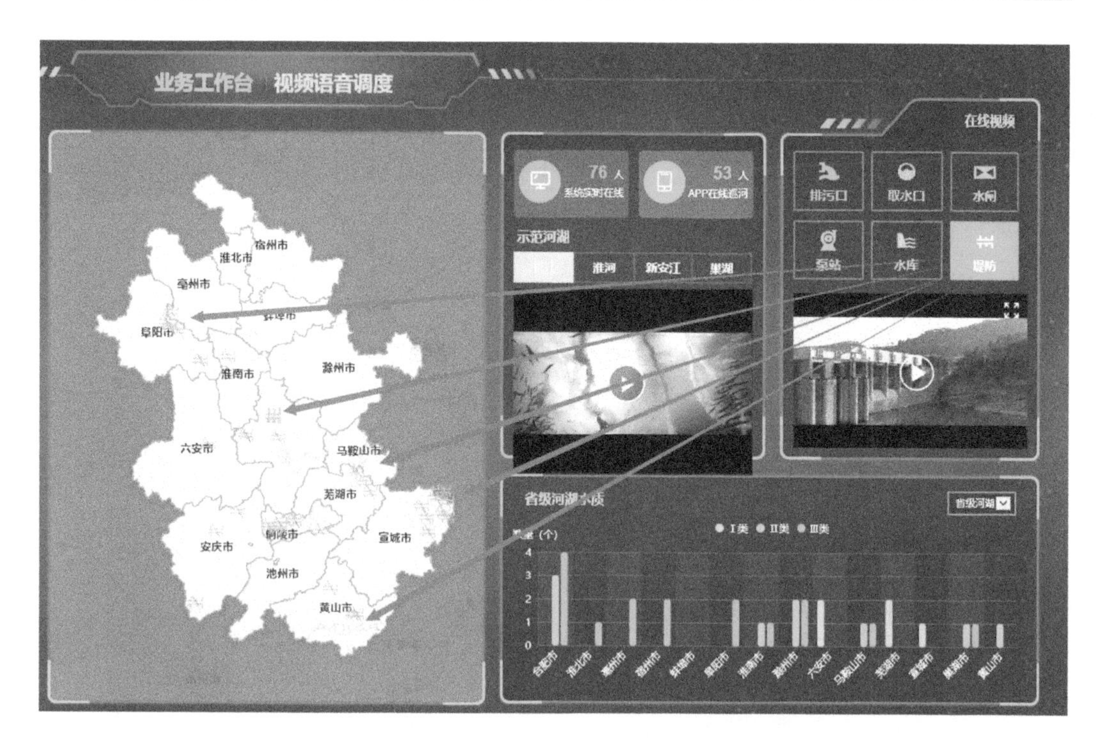

图6-25　堤防

6.1.8　省级河湖水质

显示省级河湖水质情况,标准水质为Ⅲ类,多数河湖水质不达标,超过警戒线,如图6-26所示。

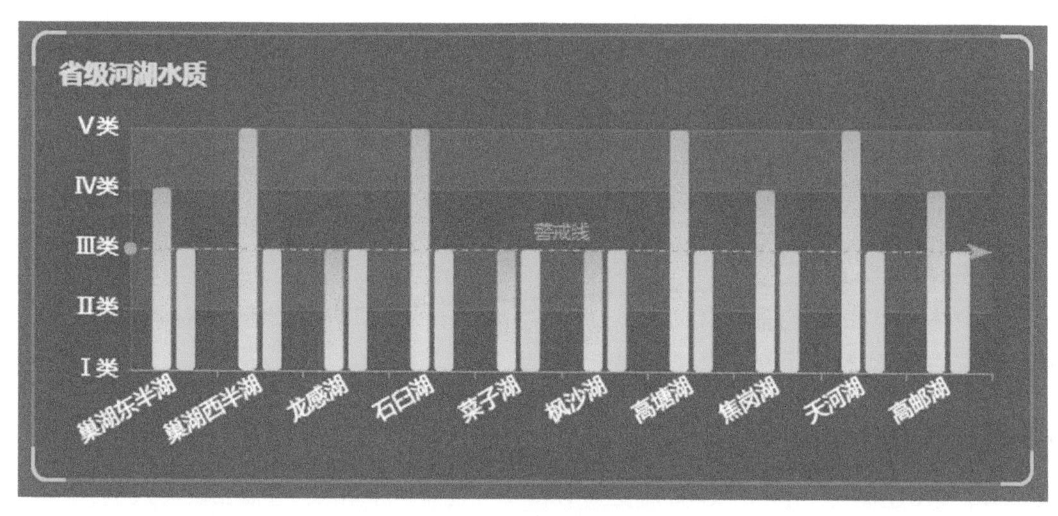

图6-26　省级河湖水质

6.2　视频语音调度

在视频语音调度界面,按六个功能布局,主要包括河长详情、App 直播联通、App 在线/直播在线列表、GIS 地图、监测断面列表、在线视频(监测断面、无人机巡河)。

6.2.1　GIS 地图

以 GIS 地图居中布置,显示 App 巡河员实时在线地理位置,地图上显示闪亮的人头像,表示在线 App 巡河员,人头像灰显的表示不在巡河的巡河员,如图 6-27 所示。

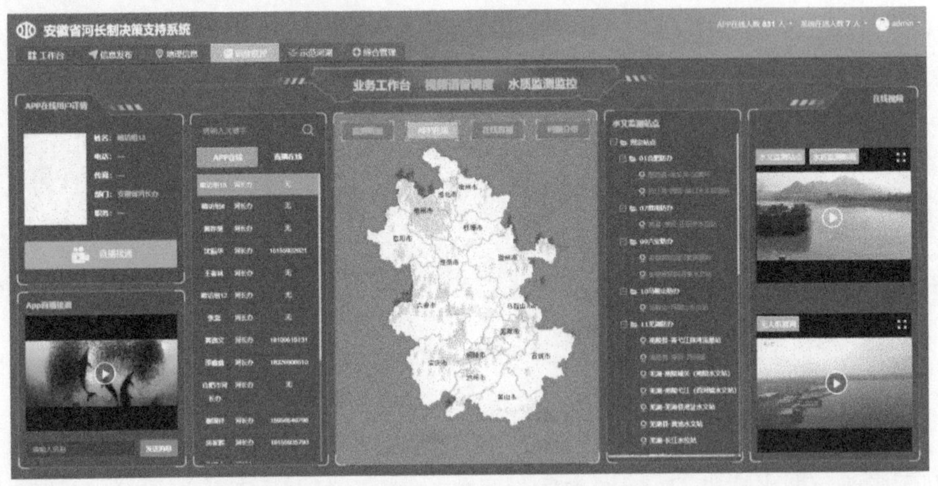

图 6-27　GIS 地图

6.2.2　河长详情

在 App 在线/直播在线列表中,选中 App 在线或直播在线巡河人员,左上角显示在线人员详细信息,包含姓名、电话等相关信息,并可进行实时直播连通,了解现场详情,如图 6-28所示。

6.2.3　App 直播接通

选中某 App 在线/直播在线的人员,点击“App 直播连通”中间按钮,可对调度现场进行实时直播,可实时发送弹幕。

6.2.4　App 在线/直播在线列表

GIS 地图左侧为“App 在线/直播在线列表”,可查看 App 在线/直播在线的人员,可通过关键字模糊或精准查询对应的人员。选中某“App 在线/直播在线”,右侧地图上高亮显示人头像位置,鼠标移入显示姓名和电话,其中 App 在线人头像是静态的,直播在线人头像是闪动的,可进行直播联通进行现场人员的调度。

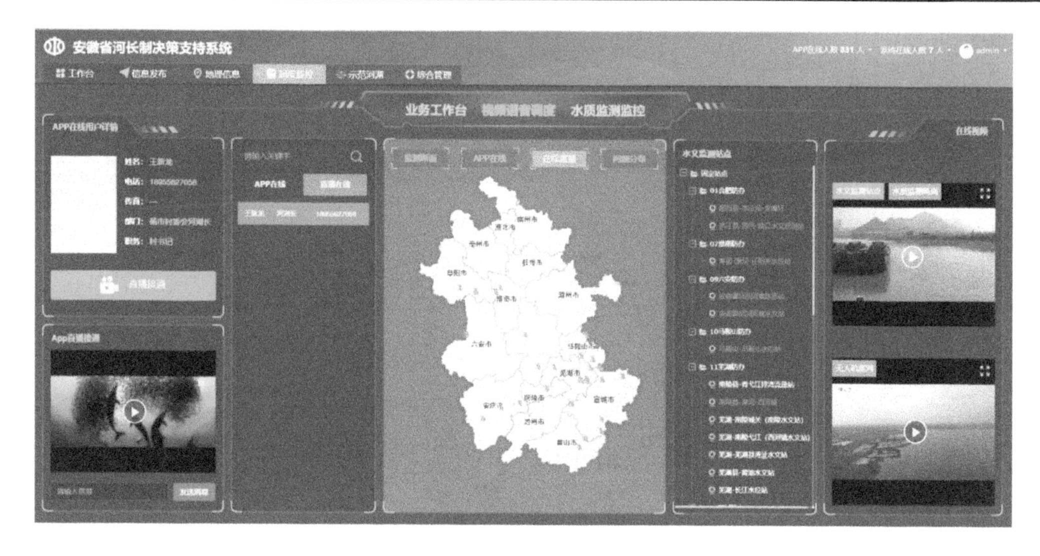

图 6-28　河长详情

6.2.5　监测断面

GIS 地图右侧为“监测断面树”,选择“监测断面”,GIS 地图上显示监测断面的图标,包括在线视频和不在线视频,在线视频图标高亮显示,不在线视频灰显示,高亮在线的视频可调用监控,实时调度监视,如图 6-29 所示。

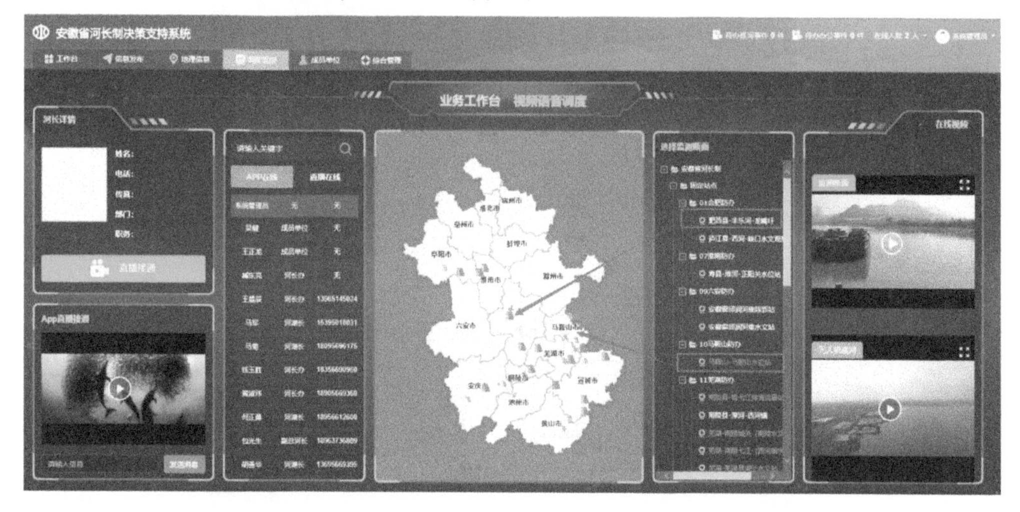

图 6-29　监测断面

点击监测断面视频右上角的放大图标,可全屏播放视频,可进行云台控制,可执行向左、向右、向上、向下、播放、暂停、放大、缩小等操作键控制视频,如图 6-30 所示。

如果监测断面出现异常,GIS 地图上监测断面视频图标闪亮预警,点击图标,左下角弹出框显示异常原因,如图 6-31 所示。

图 6-30　监测断面

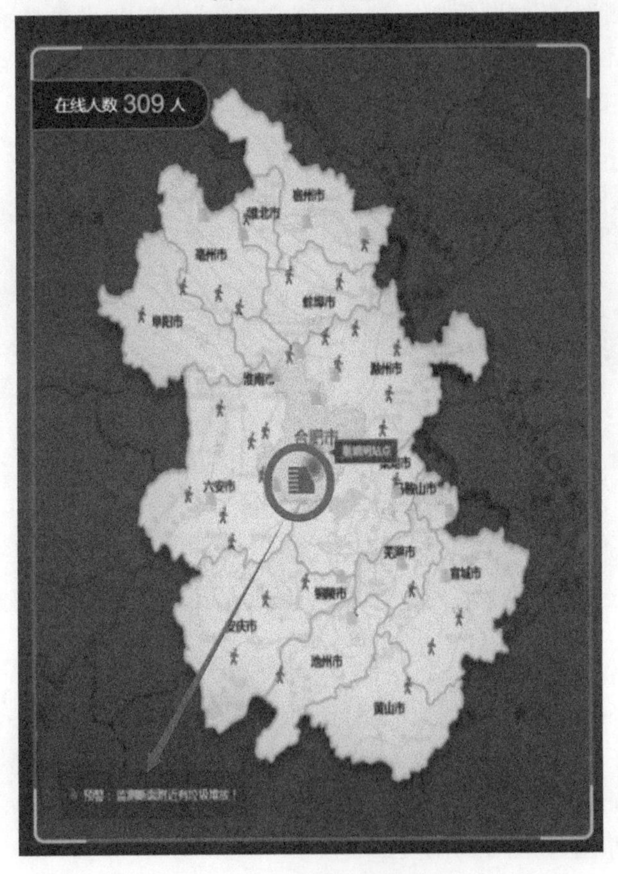

图 6-31　监测断面视频预警

6.2.6　无人机巡河

无人机巡河宣传图见图6-32。

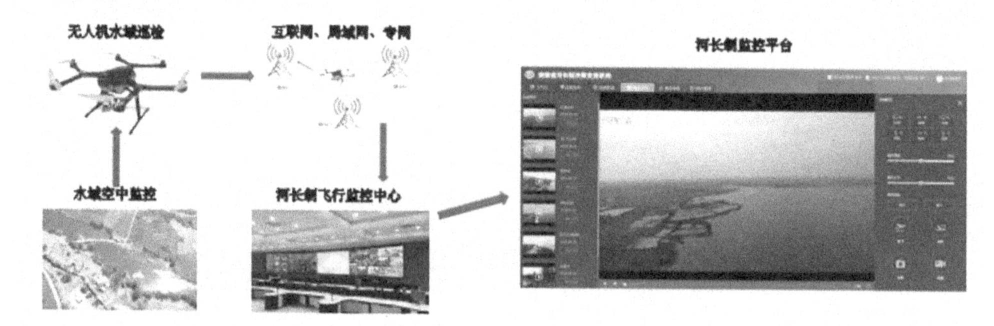

互联网、局域网、专网

河长制飞行监控中心

无人机以及搭载的遥感数据采集、接收和处理等软硬件，通过虚拟现实、地理信息系统、遥感等技术手段的集成应用，对湖泊水库，河流河道的有关信息进行快速获取，为水利部门及环保部门提供方便、快捷、多角度的监控信息。
同时，通过互联网、局域网、专网等网络方式，可以将无人机采集的相关信息实时回传至河长制飞行监控中心，通过监控中心，可以同步观看无人机拍摄影像，并作出指挥判断，实现同步监控，实时处理。
DA-V6C电动六旋翼无人机
机体尺寸：轴距1000mm
最大载重：5kg
标准续航：50分钟
巡航速度：45km/小时
续航里程：30km
环境适应：6级风、中雨雪
控制距离：视通直传>10km
中继组网>50km

依托民机高安全性，军机高可靠性
Rely on the technology of high safety of civil aircraft & high reliability of military aircraft

图6-32　无人机巡河宣传图

无人机巡河,在发现监测断面出现异常时,可实时调度无人机,进行跟踪监视。点击无人机巡河右上角的放大图标,如图 6-33 所示。左侧显示历史巡河视频列表,点击播放视频,中间区域开始播放历史巡河视频,不可执行右侧直播巡河操作。

也可进行无人机直播巡河,点击“起飞”,中间区域显示无人机开始起飞;点击“拍照”或“录像”,无人机可以在飞行过程中进行拍照或拍视频,可调整相机视角,通过放大或缩小操作;点击“返航”,中间区域显示无人机开始返航。

无人机在起飞的过程中,可以执行向左、向右偏转、上升、下降、向左、向右方向起飞,如图 6-33 所示。

图 6-33　无人机巡河

6.3　水质监测监控

水质监测监控主要展示安徽省水文局和安徽省生态环境厅的水质监测站点的水质监测数据,可通过水质视频监测水质,实时查看水质变化情况,如图 6-34 所示。

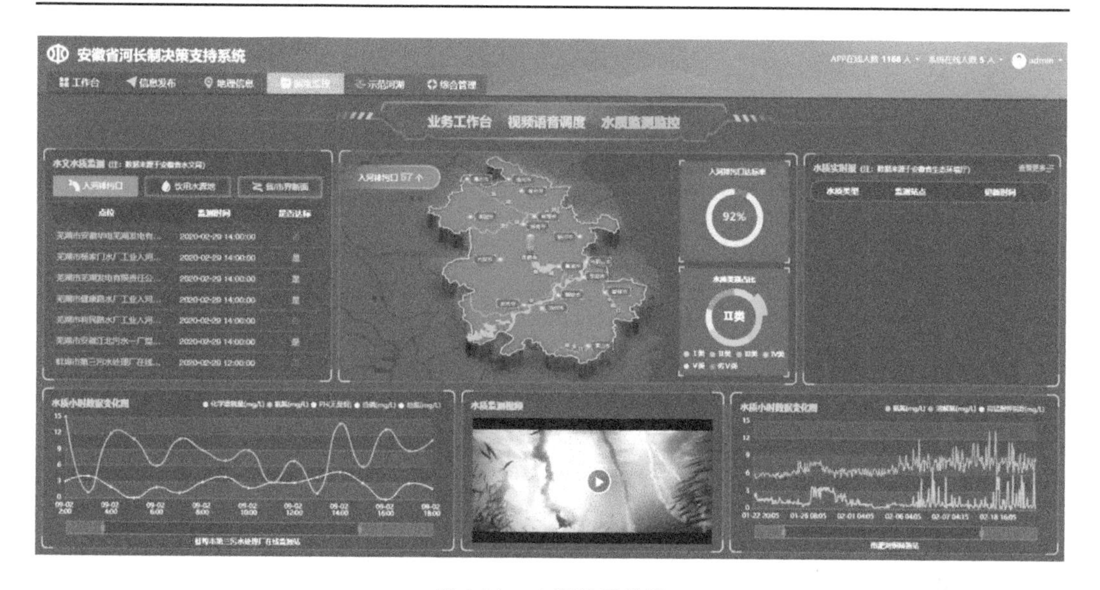
安徽省河长制决策支持系统
工作台
信息发布
地理信息
示范河湖
综合管理
业务工作台
视频语音调度
水质监测监控
92%
admin

图6-34 水质监测监控

第 7 章　示范河湖监测平台开发

7.1　用户登录

平台登录网址分为内网地址和外网地址，其中

内网地址：http://10.34.192.11:10006;/

外网地址：http://61.190.38.254:10006/。

可使用谷歌浏览器、360 浏览器或 QQ 浏览器的极速模式访问平台。登录页面如图 7-1 所示。

图 7-1　登录界面

登录成功之后进入主页面，如图 7-2 所示。

图 7-2　主页

7.2　系统功能

系统功能主要分为四大模块,分别是“实时监测”(默认主界面)、“视频巡河”“电子公示牌”和“综合管理”,如图 7-3 所示。

图 7-3　主界面

7.2.1　实时监测

点击主页面上方实时监测图标进入实时监测功能模块。

实时监控模块集成了示范河湖视频监控站,可以实时调用视频监控画面并对视频进行控制,如图 7-4 所示。

图 7-4　实时监测

点击视频列表上视频栅格可以打开视频监控画面并对视频监控进行控制,调整视频监控角度和焦距,如图 7-5 所示。

图 7-5　监测视频

7.2.2　视频巡河

点击主页面上方视频巡河图标进入视频巡河功能模块。

视频巡河模块可对河湖进行自动或手动巡查。巡河过程中发现问题,可暂停巡河,截图上报。

点击开始巡河,即可开启自动巡河,如图 7-6 所示。

图 7-6　自动巡河

巡河发现问题，点击“暂停”按钮，如图 7-7 所示。

图 7-7　发现巡河问题

再点击“上报”，弹出巡河上报填写页，如图 7-8 所示。

图 7-8　巡河上报问题

填写完成后，点击“提交”按钮，完成巡河上报，暂停自动巡河时可进行摄像头云台控制，但尽量不要进行较大幅度的偏转，以免影响后续巡河的进行，如图 7-9 所示。

图 7-9 完成巡河上报问题

恢复自动巡河，点击“继续巡河”的按钮继续进行后续巡河，如图 7-10 所示。

图 7-10 继续巡河

历史巡河记录的查看，点击“查看巡河记录”按钮，弹出巡河记录列表，如图7-11所示。

图7-11　历史巡河记录

手动巡河，点击“手动巡河”页签，切换至手动巡河，如图7-12所示。

图7-12　手动巡河

可在地图上选择视频点进行视频播放，如图 7-13 所示。

图 7-13　视频播放

截图、巡河上报，巡河记录查看同自动巡河。

7.2.3　电子公示牌

点击主页面上方电子公示牌图标进入电子公示牌功能模块。

电子公示牌模块可查看电子公示牌位置，电子公示牌显示内容为电子公示牌现场照片，如图 7-14 所示。

图 7-14　电子公示牌

鼠标移至地图电子公示牌图标位置，弹出现场照片链接框，点击现场照片可进行查看，如图7-15和图7-16所示。

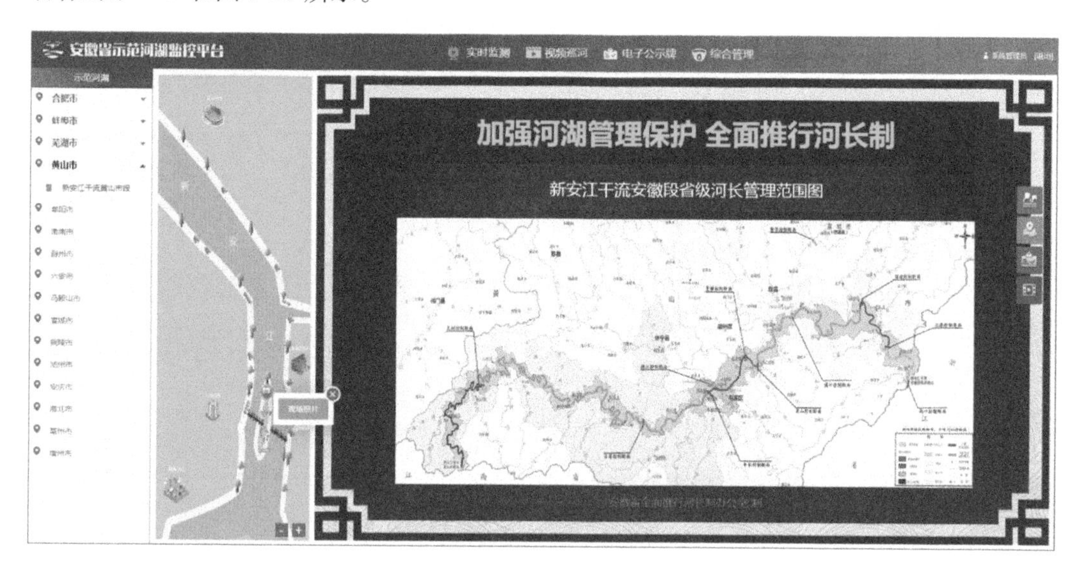

图7-15　电子公示牌现场照片(一)

图7-16　电子公示牌现场照片(二)

电子公示牌内容分为四个样式，分别是河长公示牌、管控范围、公益宣传及宣传视频，对应右侧四个按钮。

7.2.3.1　河长公示牌

河长公示牌如图7-17所示。

图 7-17　河长公示牌

7.2.3.2　管控范围

管控范围如图 7-18 所示。

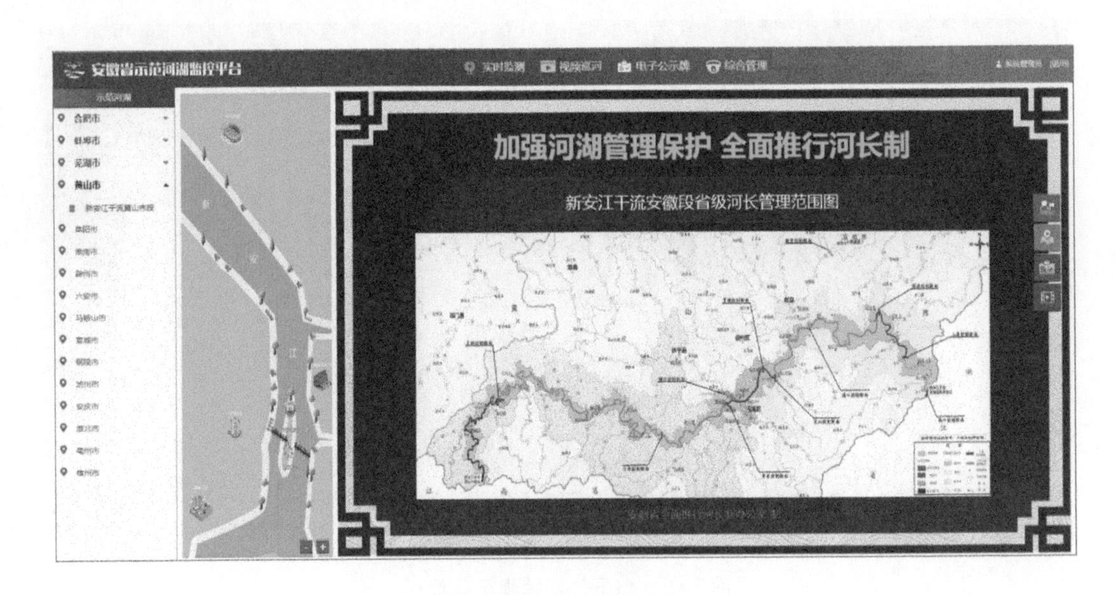

图 7-18　管控范围

7.2.3.3　公益宣传

宣传口号如图 7-19 所示。

图7-19　宣传口号

7.2.3.4　宣传视频

宣传视频见图7-20。

图7-20　宣传视频

7.2.4　综合管理

点击主页面上方综合管理图标进入综合管理模块。

综合管理模块主要进行视频站点、电子公示牌的基础信息维护以及巡河记录的管理。

7.2.4.1　视频站管理

视频站管理列表见图 7-21。

安徽省示范河湖监控平台　实时监测　视频巡河　电子公示牌　综合管理

管理栏：视频站管理　电子公示牌管理　巡河记录

站点编码 请输入站点编码　站点名称 请输入站点名称　所在河湖 --请选择--　查询　重置

站点编码	站点名称	所在河湖	安装地址	操作
340100001	[illegible]	巢湖	[illegible]	查看 编辑 删除
340100002	十五里河入湖口水警所	巢湖	十五里河入湖口水警所	查看 编辑 删除
340100003	玉兰台	巢湖	玉兰台	查看 编辑 删除
340100004	马家渡大桥西	巢湖	马家渡大桥西	查看 编辑 删除
340100005	南淝河入湖口灯塔	巢湖	南淝河入湖口灯塔	查看 编辑 删除
340100006	海事站	巢湖		查看 编辑 删除
340200001	[illegible]	长江干流芜湖段	[illegible]	查看 编辑 删除
340200002	芜湖大剧院	长江干流芜湖段	[illegible]	查看 编辑 删除
340200003	[illegible]	长江干流芜湖段	[illegible]	查看 编辑 删除
340200004	华邑酒店	长江干流芜湖段	[illegible]	查看 编辑 删除
340200005	[illegible]	长江干流芜湖段	[illegible]	查看 编辑 删除
340300001	[illegible]	淮河干流蚌埠段	[illegible]	查看 编辑 删除
340300002	[illegible]	淮河干流蚌埠段	[illegible]	查看 编辑 删除
340300003	[illegible]	淮河干流蚌埠段	[illegible]	查看 编辑 删除
340300004	[illegible]	淮河干流蚌埠段	[illegible]	查看 编辑 删除
340300005	[illegible]	淮河干流蚌埠段	[illegible]	查看 编辑 删除
340300006	[illegible]	淮河干流蚌埠段	[illegible]	查看 编辑 删除

1 2 > 到第 1 页 确定 共 24 条 20 条/页

图 7-21　视频站管理列表

(1)视频查询。选择性填入站点编码、站点名称、所在河湖条件,点击“查询”按钮进行查询,查询结果如图 7-22 所示。

图 7-22　视频查询视频站管理列表

(2)视频站新增。点击“添加”按钮弹出新增页面,如图 7-23 所示。

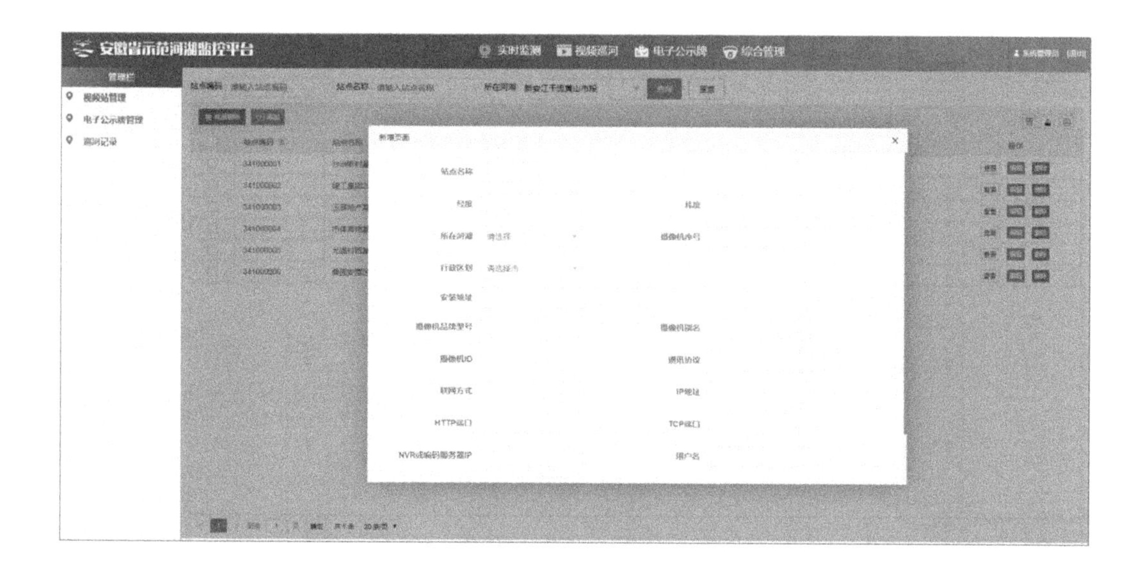

图 7-23　**新增视频站**

输入相关信息后,点击“提交”保存。视频站详细信息查看,点击列表栏右侧“查看”按钮,如图 7-24 所示。

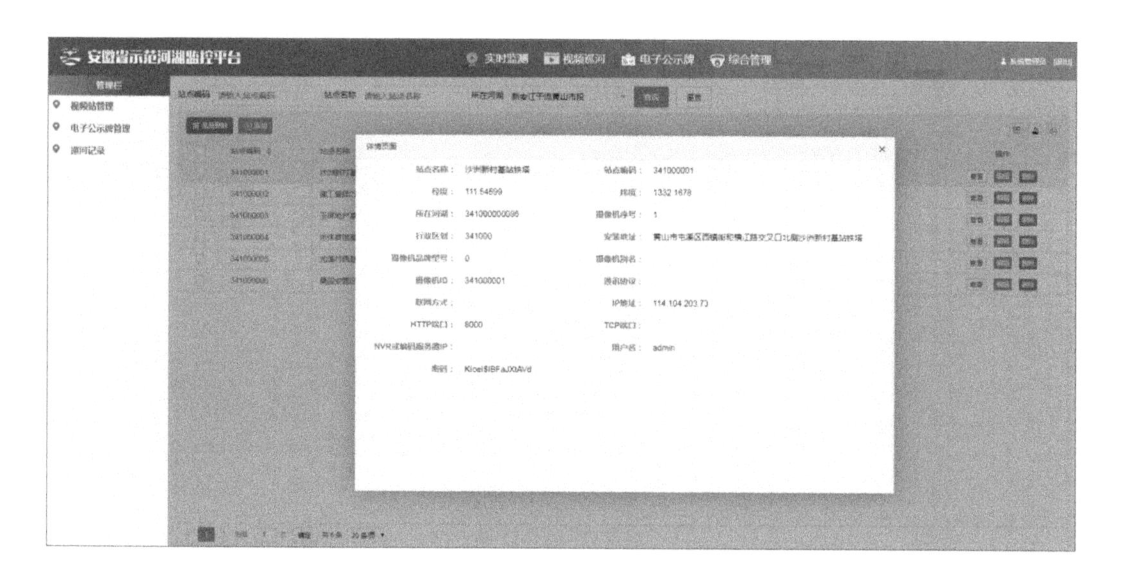

图 7-24　**视频站详情**

(3)视频站编辑。点击列表栏右侧“编辑”按钮,如图 7-25 所示。修改相关信息后,点击“提交”按钮保存。

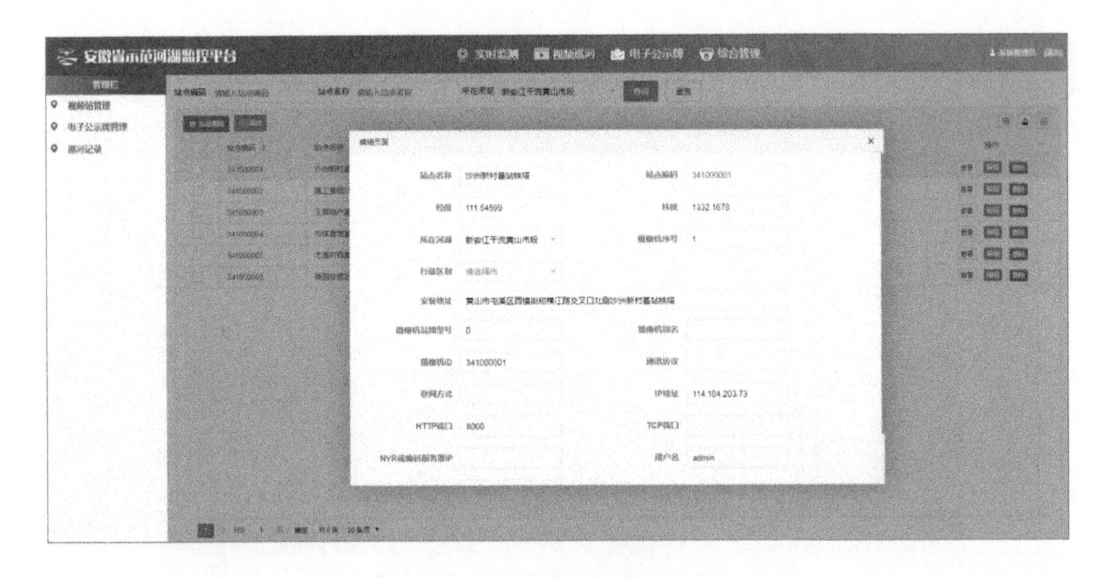

图 7-25　编辑视频站

（4）视频站删除。点击列表栏右侧“删除”按钮，弹出删除确认框，如图 7-26 所示。

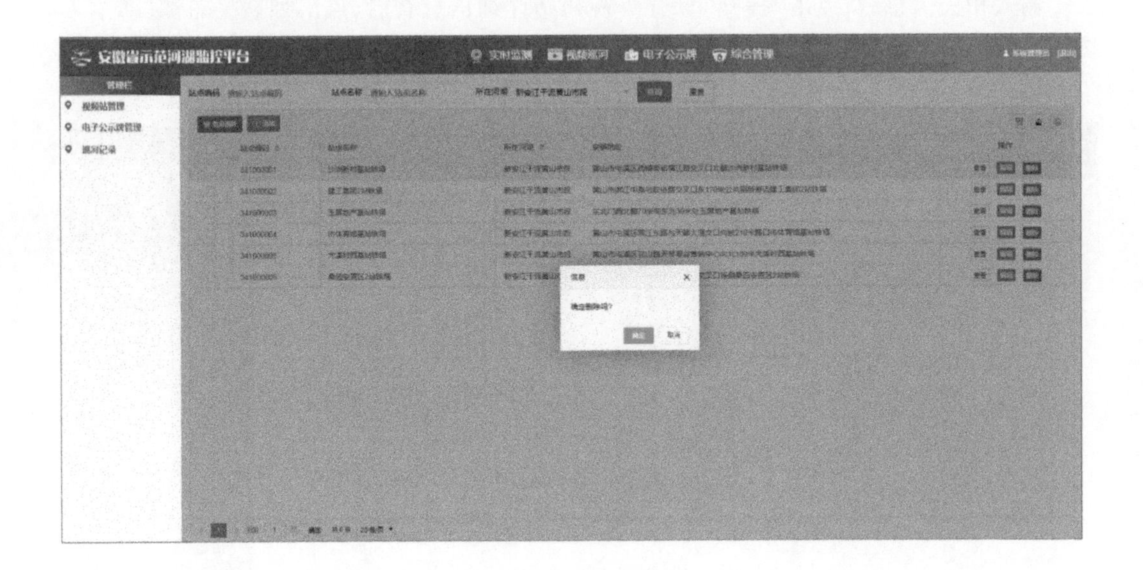

图 7-26　删除视频站

点击“确定”删除，点击“取消”放弃删除，还可批量删除，勾选所有要删除的项，如图 7-27所示。

图 7-27　批量删除视频站

然后点击“批量删除”按钮，弹出删除确认框，如图 7-28 所示。点击“确定”删除，点击“取消”放弃删除。

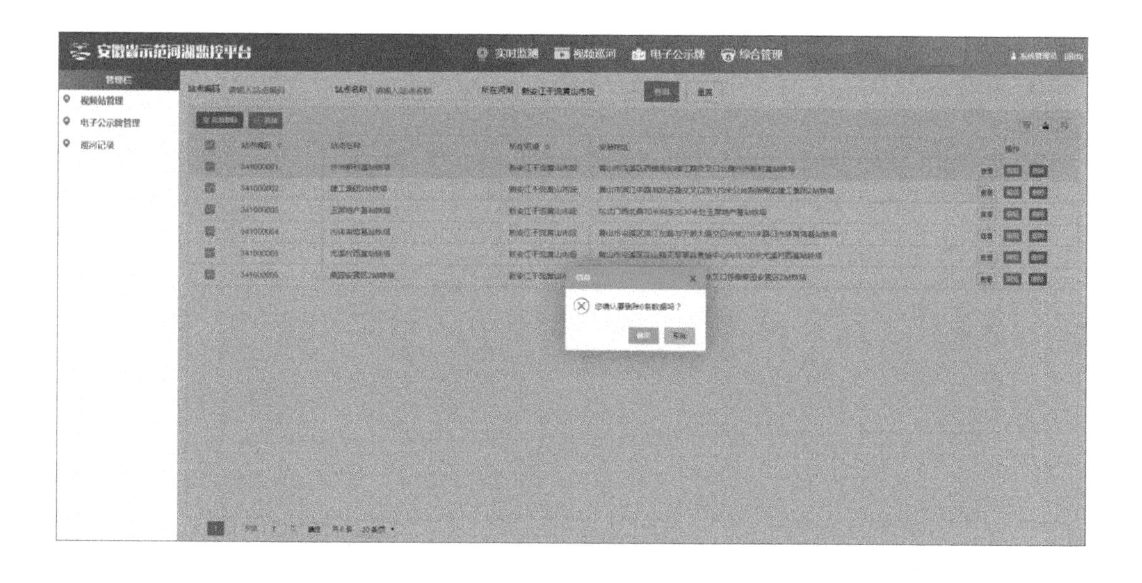

图 7-28　批量删除视频站提示

7.2.4.2　电子公示牌管理

电子公示牌列表如图 7-29 所示。

图 7-29　电子公示牌列表

(1)电子公示牌查询。选择性填入站点编码、站点名称、所在河湖条件,点击“查询”按钮进行查询,查询结果如图 7-30 所示。

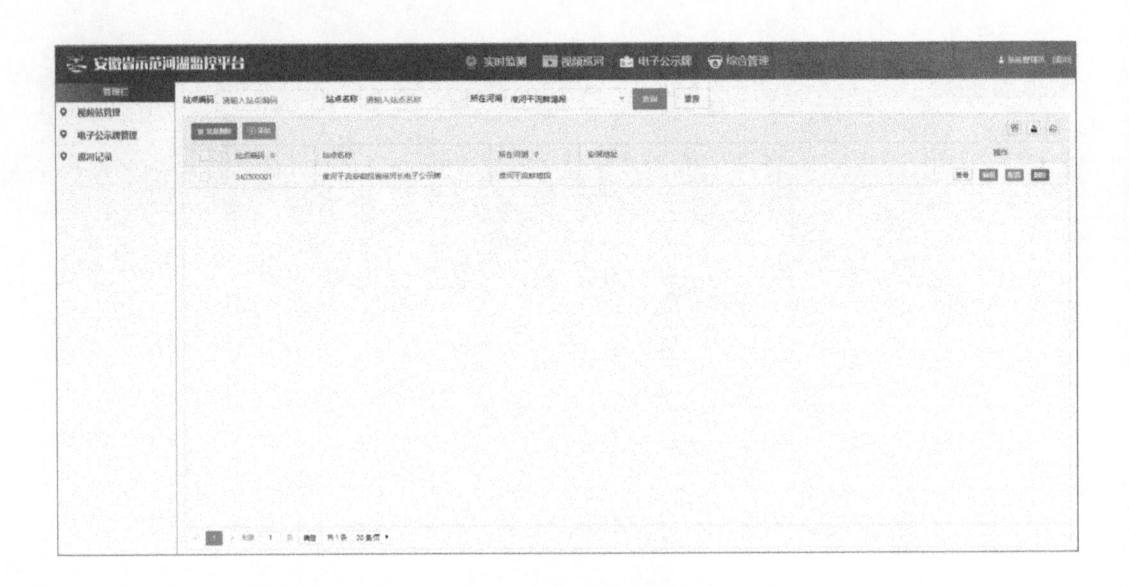

图 7-30　电子公示牌查询

(2)电子公示牌新增。点击“添加”按钮弹出新增页面,如图 7-31 所示。

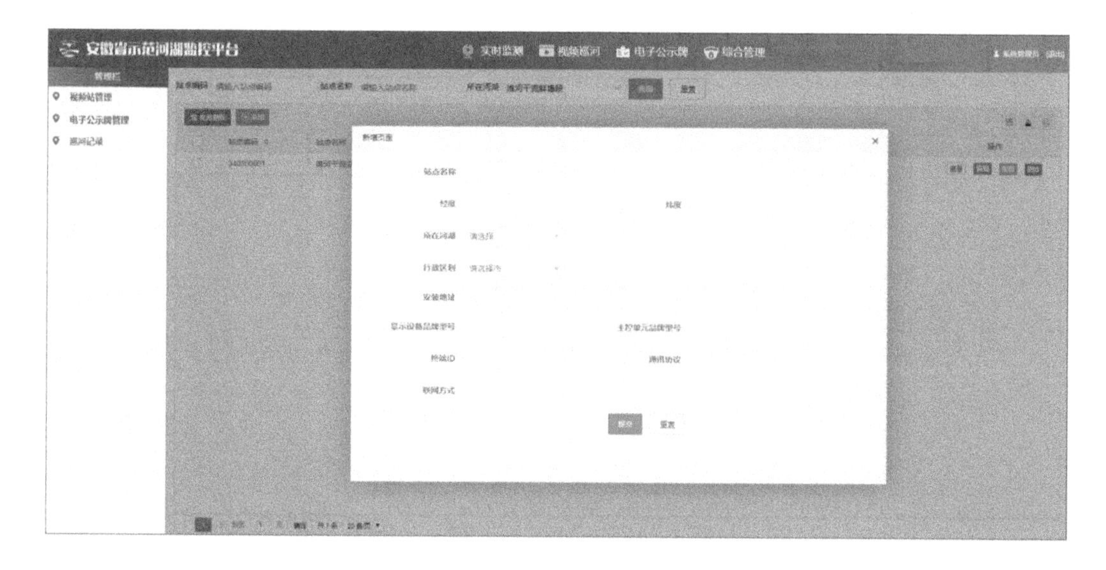

图7-31　新增电子公示牌

输入相关信息后,点击"提交"按钮保存。电子公示牌详细信息查看,点击列表栏右侧"查看"按钮,如图7-32所示。

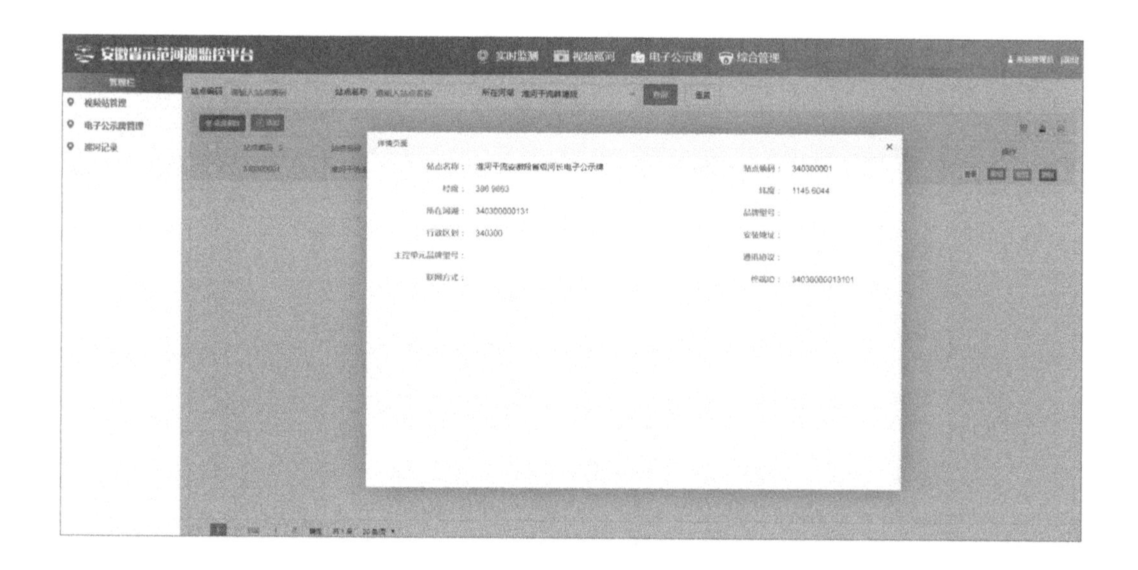

图7-32　查看电子公示牌详情

(3)电子公示牌编辑。点击列表栏右侧"编辑"按钮,如图7-33所示。修改相关信息后,点击"提交"按钮,保存。

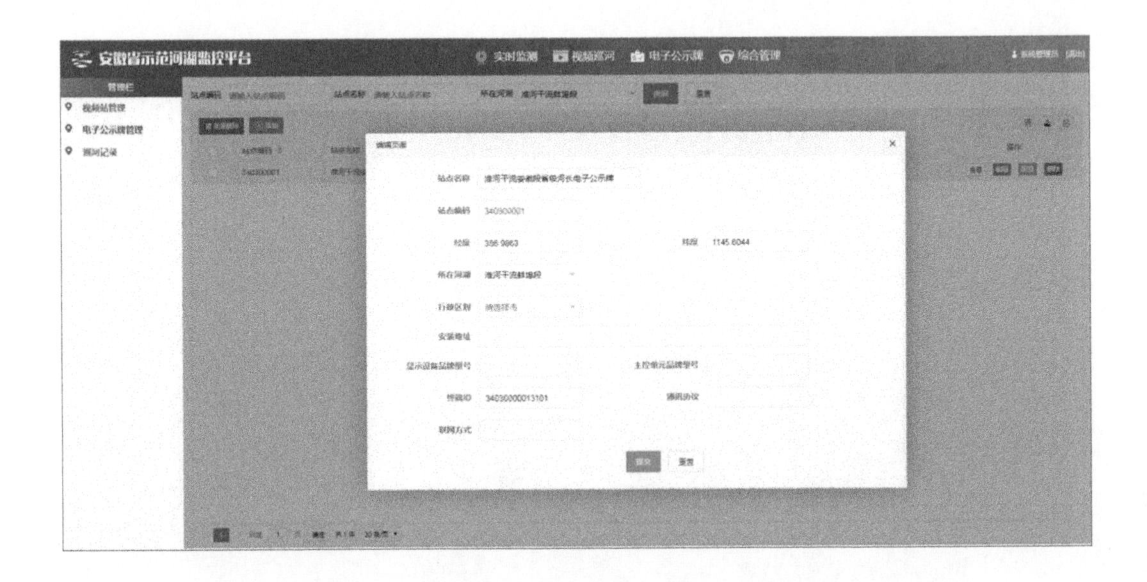

图 7-33　编辑电子公示牌

(4)电子公示牌配置。点击列表栏右侧“编辑”按钮,发布公告以及电子公示牌时段设置,如图 7-34 所示。

图 7-34　电子公示牌配置

(5)时段设置。如图 7-35 所示。

(6)电子公示牌删除。点击列表栏右侧“删除”按钮,弹出删除确认框,如图 7-36 所示。

点击“确定”删除,点击“取消”放弃删除,还可批量删除,勾选所有要删除的项,如图 7-37所示。

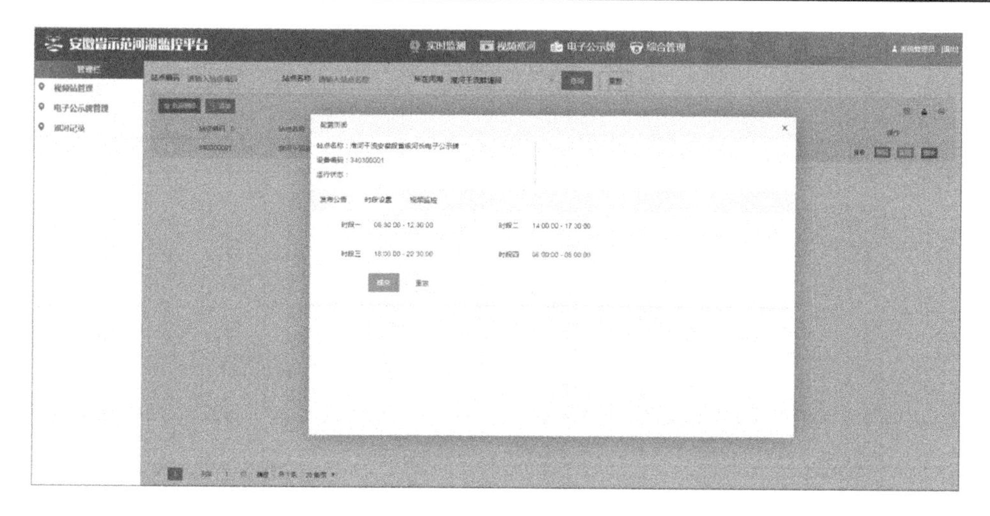

图 7-35　时段设置

图 7-36　删除电子公示牌

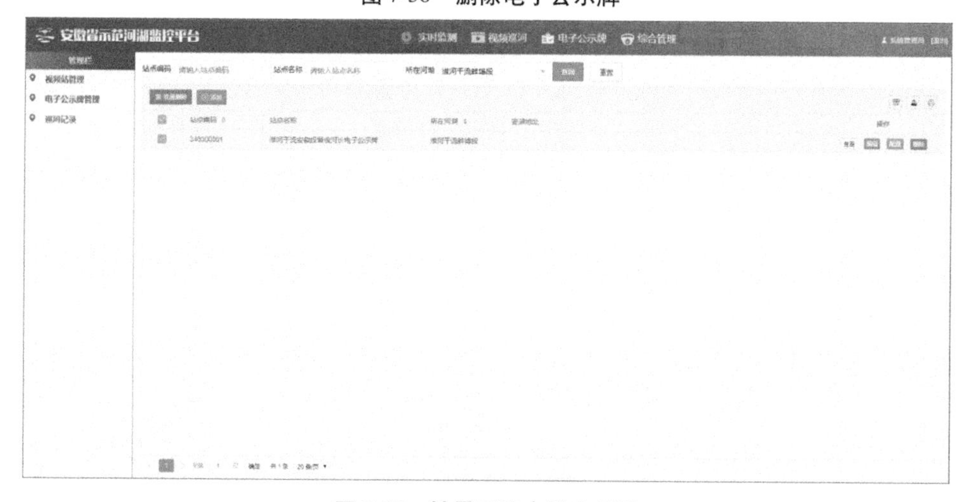

图 7-37　批量删除电子公示牌

然后点击“批量删除”按钮，弹出删除确认框，如图 7-38 所示。

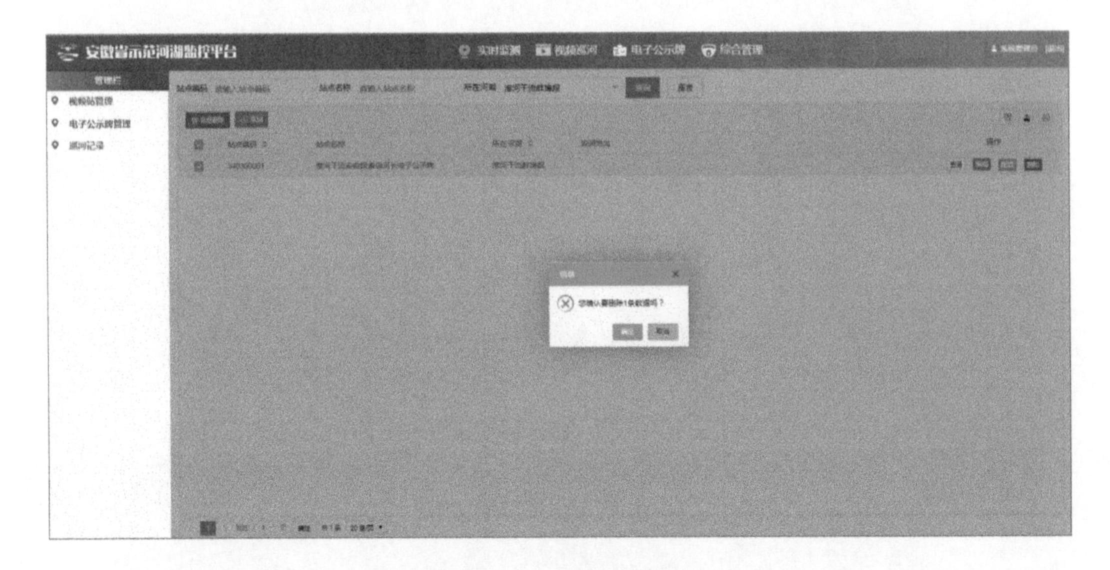

图 7-38　批量删除提示

点击“确定”删除，点击“取消”放弃删除。

7.2.4.3　巡河记录

巡河记录列表见图 7-39。

图 7-39　巡河记录列表

(1)巡河记录查询。选择性填入所在河湖条件，点击“查询”按钮进行查询，查询结果如图 7-40 所示。

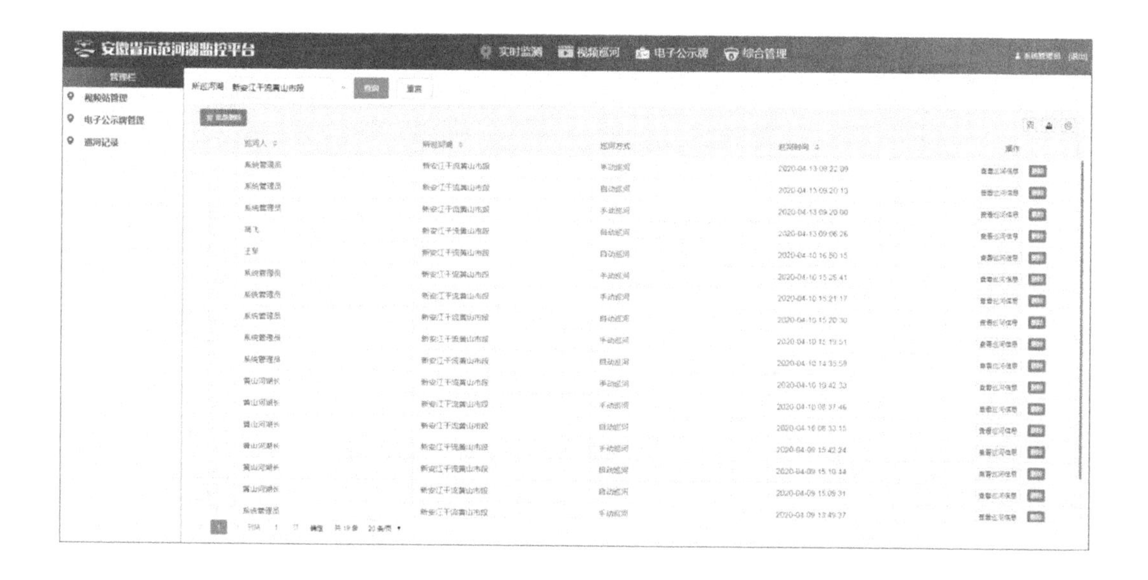

图7-40　巡河记录查询

(2)查看巡河信息。点击列表栏右侧“查看巡河信息”按钮,如图7-41所示。

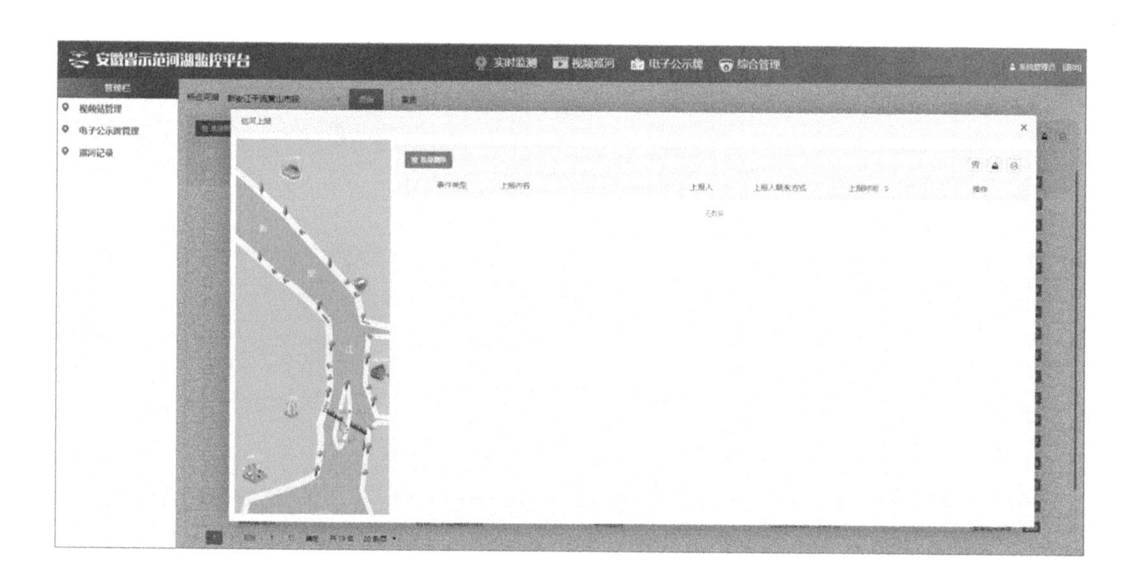

图7-41　巡河信息查询

（3）巡河记录删除，点击列表栏右侧“删除”按钮，弹出删除确认框，如图 7-42 所示。

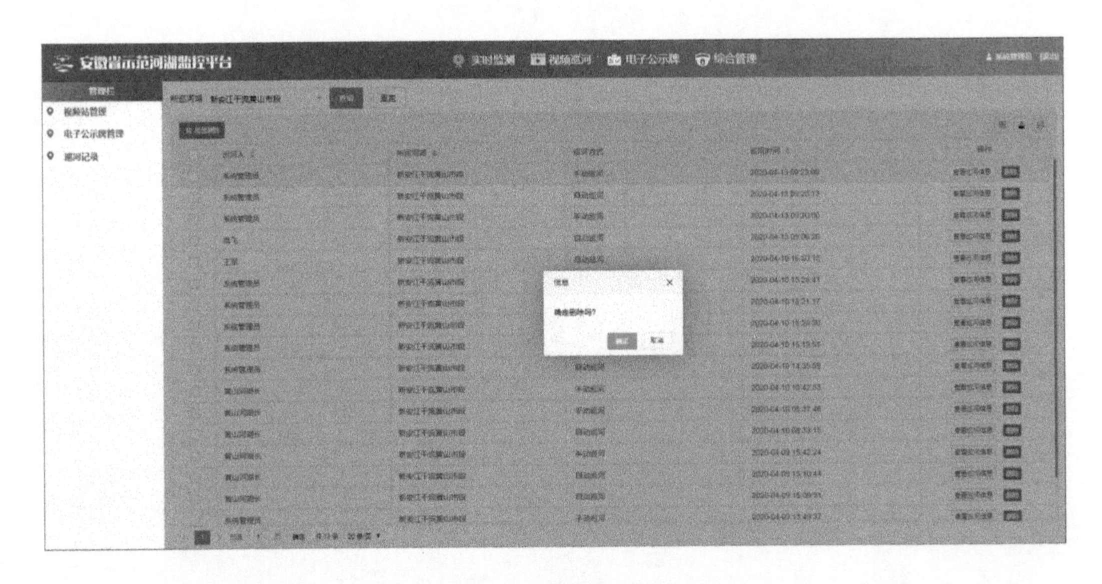

图 7-42　删除巡河记录

点击“确定”删除，点击“取消”放弃删除，还可批量删除，勾选所有要删除的项，如图 7-43所示。

图 7-43　批量删除巡河记录

然后点击“批量删除”按钮，弹出删除确认框，如图 7-44 所示。

点击“确定”删除，点击“取消”放弃删除。

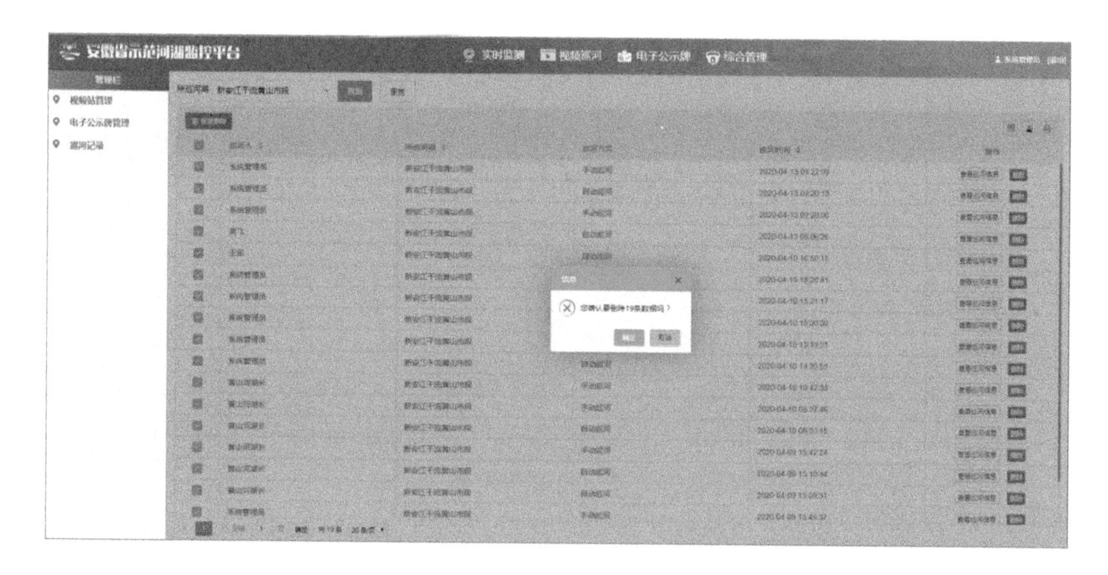

图 7-44　批量删除提示

第 8 章　河长制信息发布平台开发

河长制信息发布平台开发含有“专题首页”“图片报道”“重要部署和工作”“工作动态”“工作简报”。

8.1　专题首页

专题首页包含“通知公告和文件精神”“工作动态”“工作简报”“重要部署和工作”，如图 8-1 ~ 图 8-3 所示。

图 8-1　专题首页(一)

图 8-2　专题首页(二)

图 8-3　专题首页 – 安徽省水利厅主站入口

8.1.1　通知公告和文件精神

点击标题，在新窗口打开安徽省水利厅河长网"通知公告和文件精神"详情页面，如图 8-4 所示。

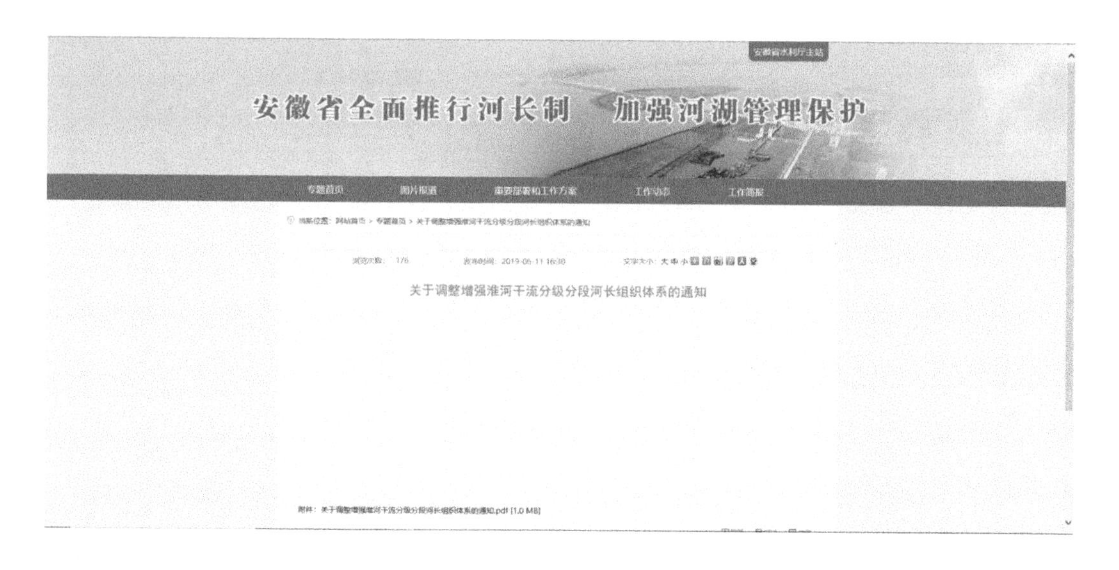

图 8-4　专题首页 – 通知公告和文件精神

关闭新窗口，打开安徽省河长制决策支持系统，点击"更多"，查看通知公告和文件精神列表页面，如图 8-5 所示。

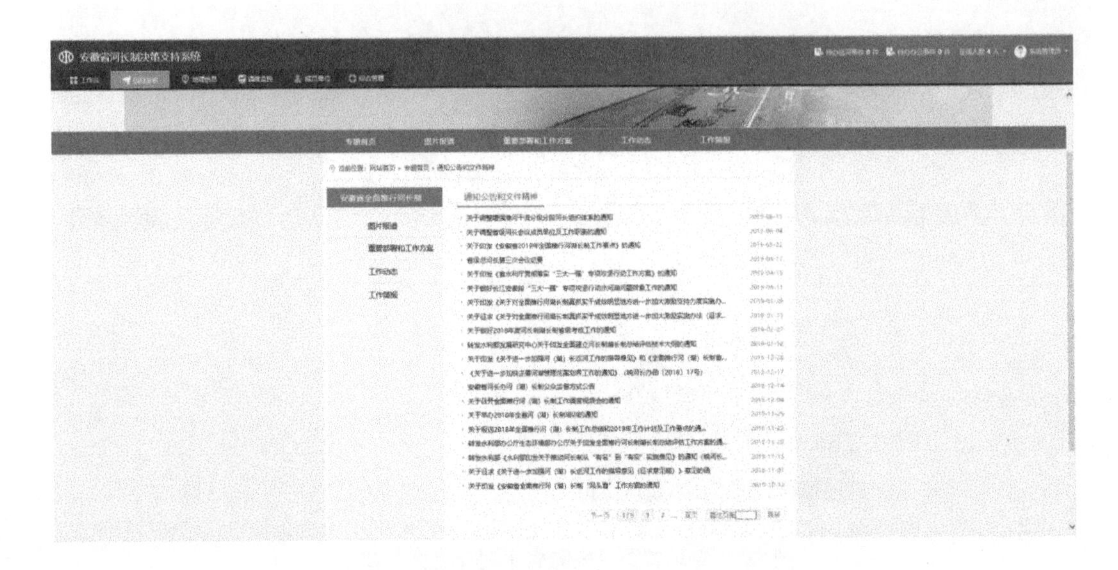

图 8-5　专题首页－通知公告和文件精神列表

8.1.2　工作动态

点击标题，在新窗口打开安徽省水利厅河长网“工作动态”详情页面，如图 8-6 所示。

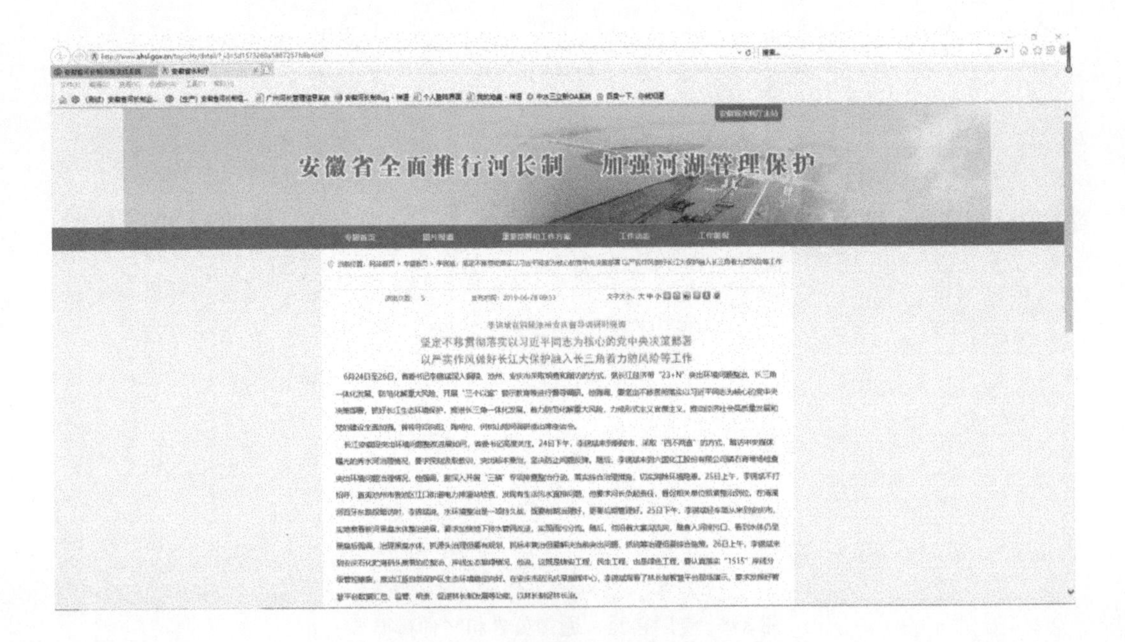

图 8-6　专题首页－工作动态

关闭新窗口，打开安徽省河长制决策支持系统，点击“更多”，查看工作动态列表页面，如图 8-7 所示。

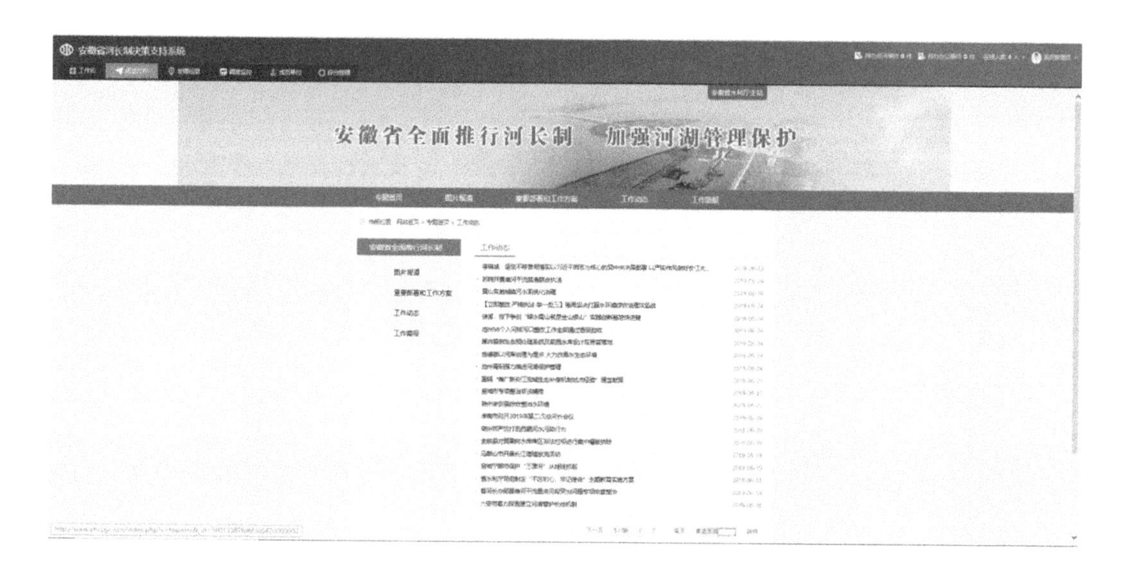

图8-7　专题首页 – 工作动态列表

8.1.3　工作简报

点击标题,在新窗口打开安徽省水利厅河长网"工作简报"详情页面,如图8-8所示。

图8-8　专题首页 – 工作简报

关闭新窗口,打开安徽省河长制决策支持系统,点击"更多",查看工作动态列表页面,如图8-9所示。

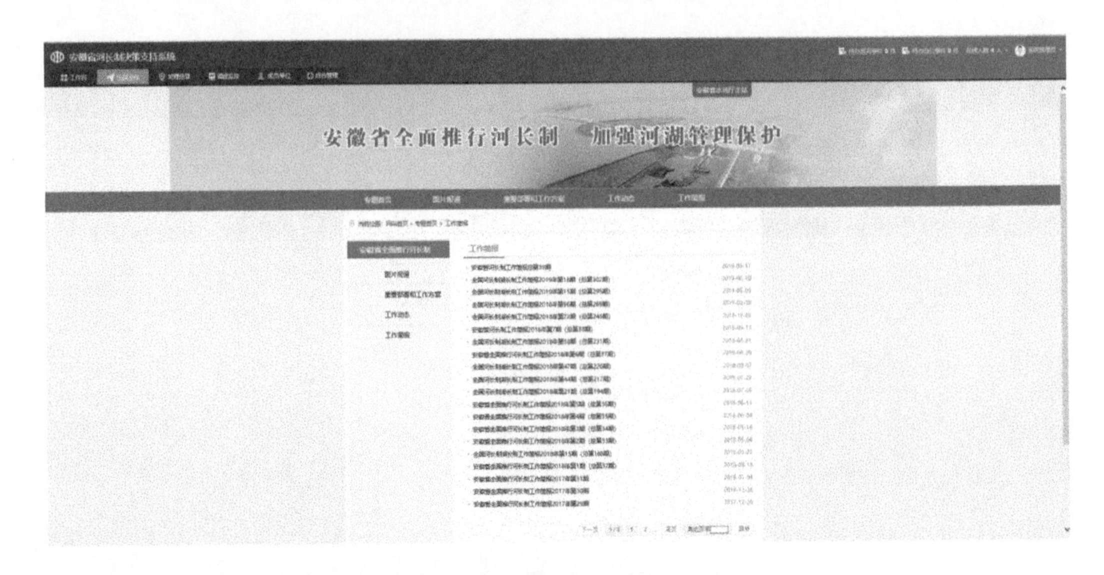

图 8-9　专题首页 – 工作简报列表

8.1.4　重要部署和工作

点击标题,在新窗口打开安徽省水利厅河长网“重要部署和工作”详情页面,如图 8-10所示。

图 8-10　专题首页 – 重要部署和工作

关闭新窗口,打开安徽省河长制决策支持系统,点击“更多”,查看工作动态列表页面,如图 8-11 所示。

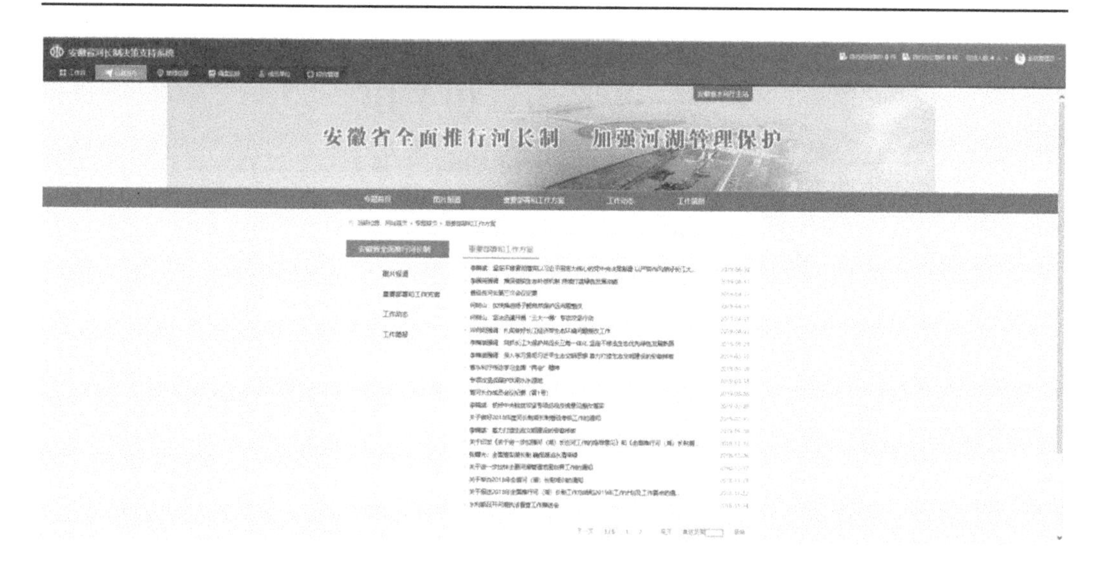

图8-11　专题首页－重要部署和工作列表

8.1.5　图片报道

点击图片报道中的图片，打开图片详情页，如图8-12所示。

图8-12　专题首页－图片详情

8.2　图片报道

与专题首页的图片报道相同。

8.3　重要部署和工作

与专题首页的重要部署和工作相同。

8.4　工作动态

与专题首页的工作动态相同。

8.5　工作简报

与专题首页的工作简报相同。

第 9 章　移动 App 专业版应用平台开发

专业版主要为省、市、县(区)、乡(镇)河长及河长办使用的一款 App,输入正确的登录账号后登录系统,默认打开工作台。

9.1　工作台

9.1.1　banner(滚动图片)

banner(滚动图片)显示全省示范河湖等图片和登录用户姓名。

9.1.2　底部功能切换

(1)“综合展示”:地图展示河湖基本状况信息,并具有导航功能。

(2)“巡河管理”:具有日常巡河、问题上报等相关功能。

(3)“工作台”:展现事件处理和专栏、河道状况、下级河长、工作动态。

(4)“信息查询”:可查询河道信息、河(湖)长信息信息、文件信息。

(5)“我的”:修改密码、我的直播、App 操作手册、知识库、退出等相关功能。

默认展示工作台界面,如图 9-1 所示。

图 9-1　工作台

9.1.3　快捷审批入口

快捷审批按钮显示需处理问题的数量。

(1)“待受理”:需要受理的事件。

(2)“待处理”:需要处理转办的事件。

(3)“我提交”:登录人提交的事件。

(4)“我参与”:登录人参与审批、转办的事件。

(5)“已办结”:我提交的,已经办结的事件。

如点击“待受理”，打开待受理页面，所有待受理的问题列表如图 9-2 所示。

点击列表，可查阅事件上报详情，并进行受理，如图 9-3 所示。

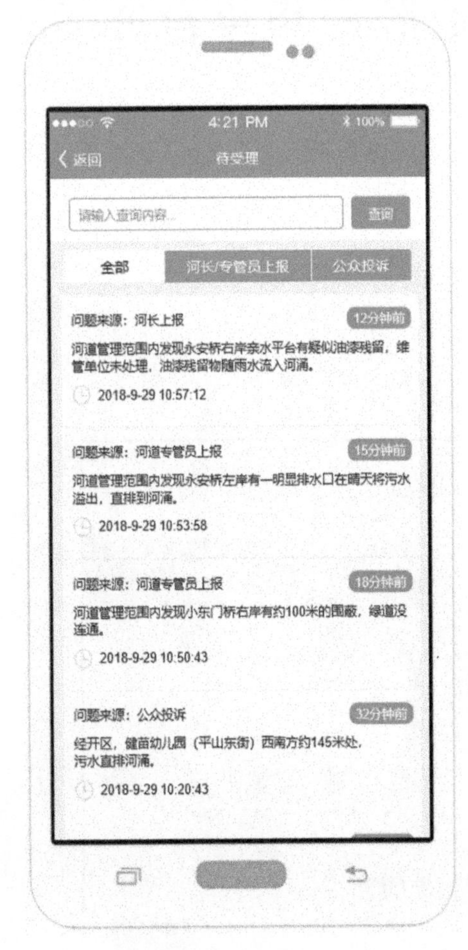

图 9-2　工作台－待受理列表

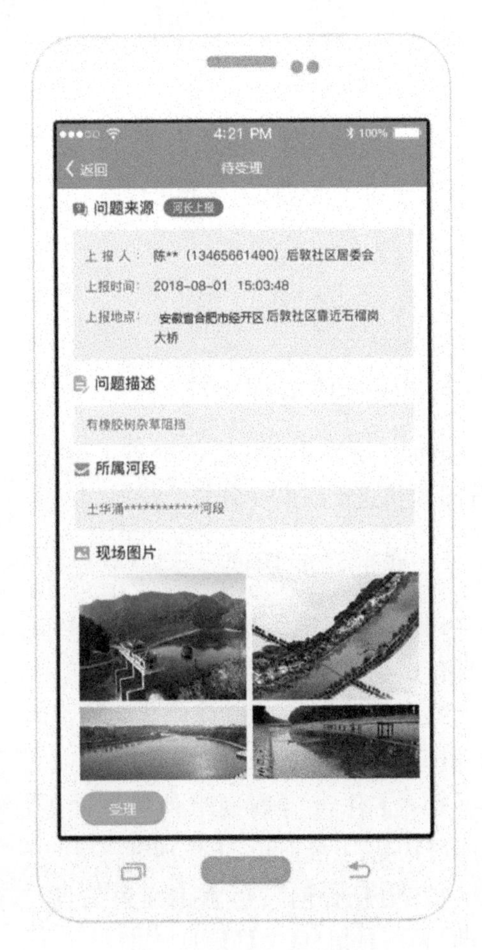

图 9-3　工作台－去受理

9.1.4　专栏快捷功能

（1）“抽查督导”：核实已办结问题，并上传相关图片。

（2）“数据采集”：核对河流河段信息，河长公示牌等地理位置信息。

（3）“年度考核”：县级以上河长制考核结果，包含得分、排名统计。

（4）“更多”：后期将开通更多的快捷入口。

如点击抽查督导，显示需要抽查督导的列表，其内容有抽查督导事件、需抽查地区、抽查问题个数、已抽查数量、未抽查数量，如图 9-4 所示。

打开一条记录，蓝色旗帜为已经确认过的事件，红色旗帜为未确认事件，点击红色旗帜，会自动导航到上报地点，方便复核，如图 9-5 所示。

图9-4　工作台－抽查督导列表

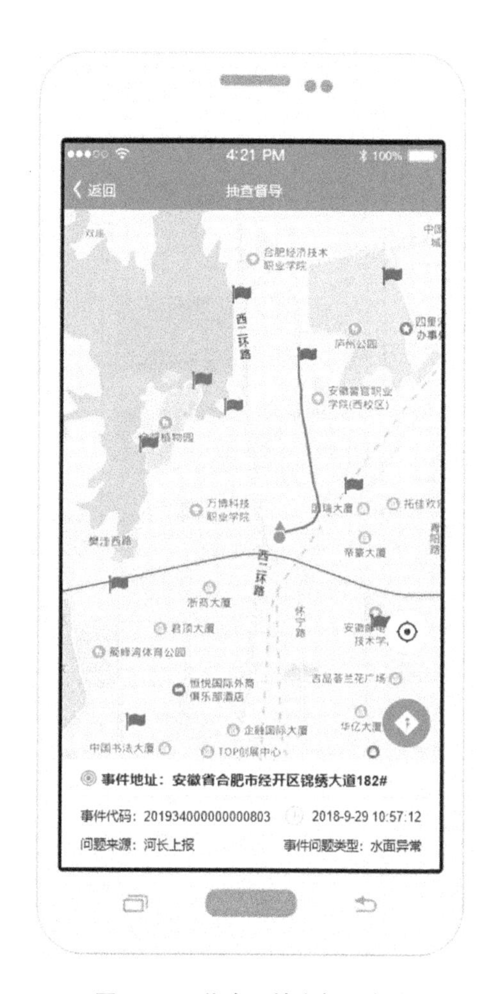

图9-5　工作台－抽查督导事件

点击需要复核的事件，显示事件详情，并可以上传复核照片，并且确认抽查事件是否合格，如图9-6所示。

9.1.5　河道状况、下级河长、工作动态

（1）“河道状况”：河长上报的最新问题列表，如图9-7所示。

（2）“下级河长”：下级河长名称、河长类型、巡河次数、上报问题数、巡河时长等，如图9-8所示。

（3）“工作动态”：河湖最新治理成果或治理相关文稿，如图9-9所示。

图 9-6　工作台 – 抽查符合或不符合

图 9-7　工作台 – 河道状况

图 9-8　工作台 – 下级河长

图 9-9　工作台 – 工作动态

9.2　综合展示

默认在地图上展示当前登录用户的责任河段位置,右侧查看河湖详情、公示牌等信息,可搜索查询其他河段/湖片/水库的河湖详情、公示牌等信息,如图9-10所示。

9.2.1　河湖详情

点击“河湖详情”,查看河流信息、河长信息、水质信息和涉河问题,如图9-11所示。

图9-10　综合展示－河段

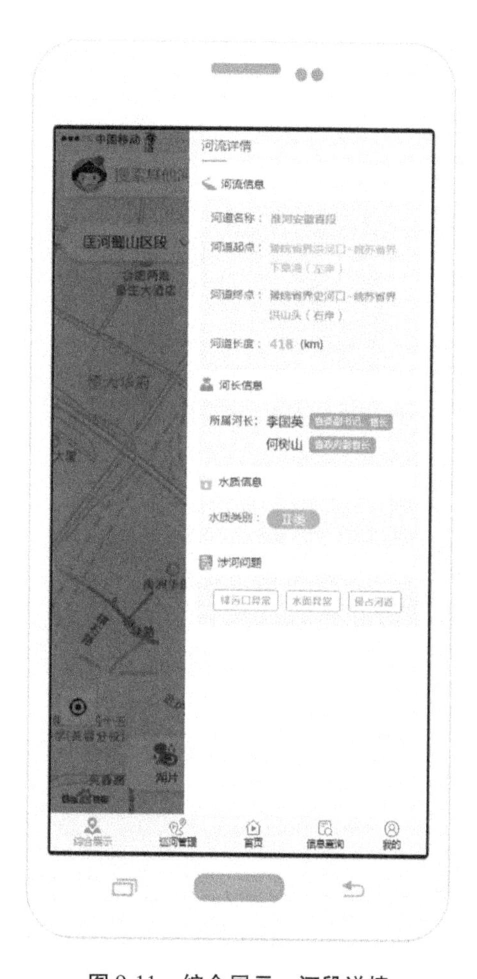

图9-11　综合展示－河段详情

9.2.2　公示牌

点击“公示牌”,查看公示牌照片信息,如图9-12所示。

9.2.3　水质

点击“水质”,查看站点实时监测水质详情,如图9-13所示。

图 9-12　综合展示 - 公示牌照片

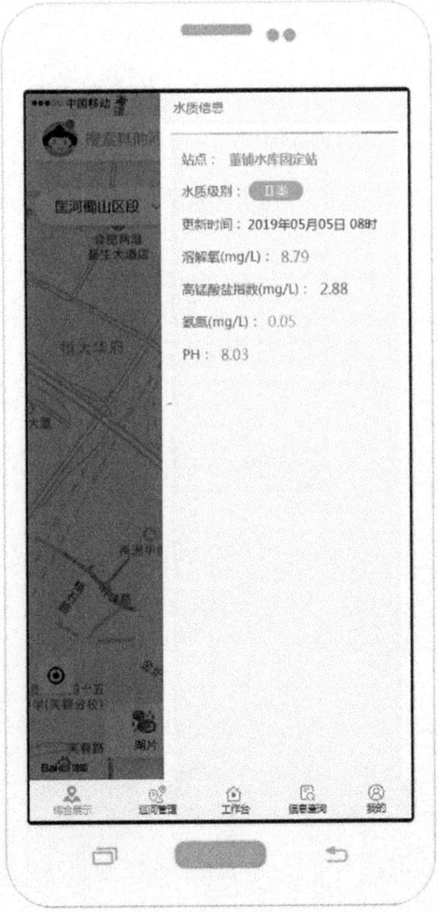

图 9-13　综合展示 - 水质信息

9.2.4　文件

点击“文件”，在线预览或下载一河一策、一河一档文件，如图 9-14 所示。

9.2.5　其他

点击“其他”，查看河段基础信息、监测信息、业务信息。默认显示基础信息 - 水功能区，如图 9-15 ~ 图 9-17 所示。

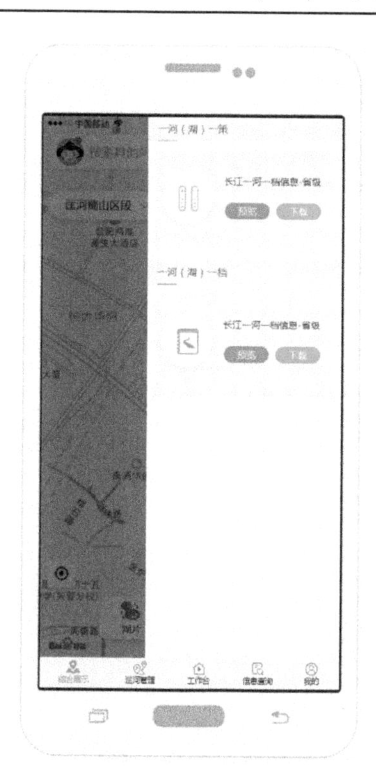

图 9-14　综合展示 - 一河（湖）一策/档

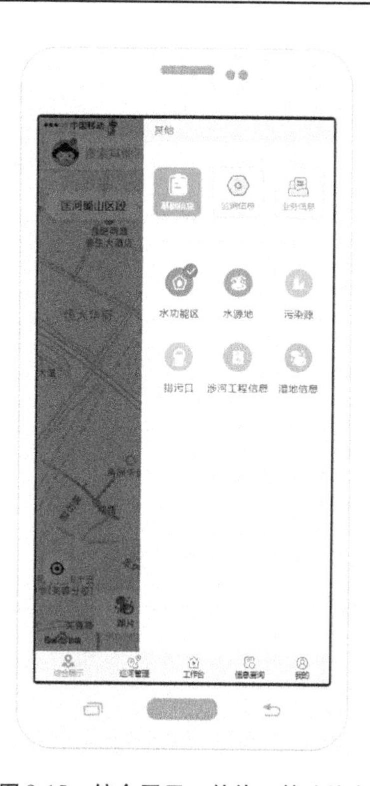

图 9-15　综合展示 - 其他 - 基础信息

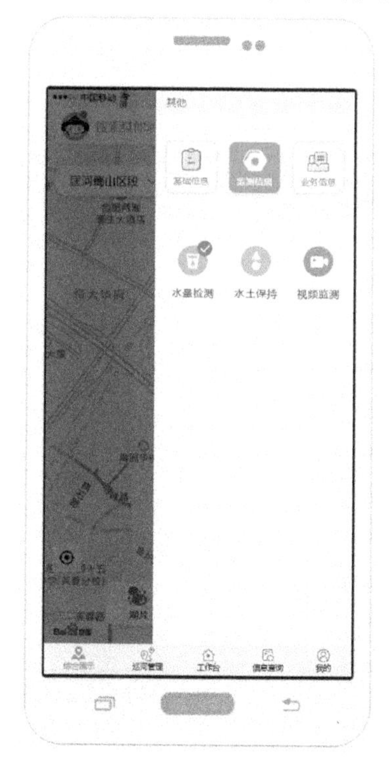

图 9-16　综合展示 - 其他 - 监测信息

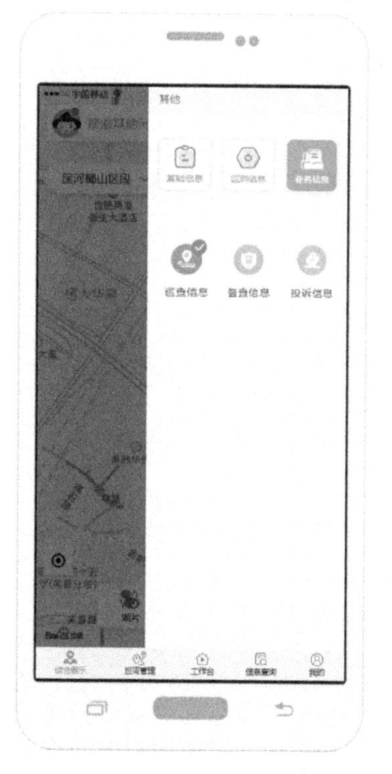

图 9-17　综合展示 - 其他 - 业务信息

9.3　巡河管理

9.3.1　有效巡河标准

显示有效巡河标准：应巡时间为 5 分钟，应巡里程 500 米；实巡时间、实巡里程默认为空，且右上角显示“未完成”。

9.3.2　巡河

设有以下巡河操作：“开始巡河”“随手拍”“巡河记录”“我的河道”“巡河统计”“草稿箱”，如图 9-18 所示。

9.3.2.1　开始巡河

记录巡河轨迹，可点击随手拍进行事件上报，如巡河过程中信号出现问题，可将巡河记录保存至草稿箱，信号恢复时再次提报。点击结束巡河，巡河结束，如图 9-19 所示。

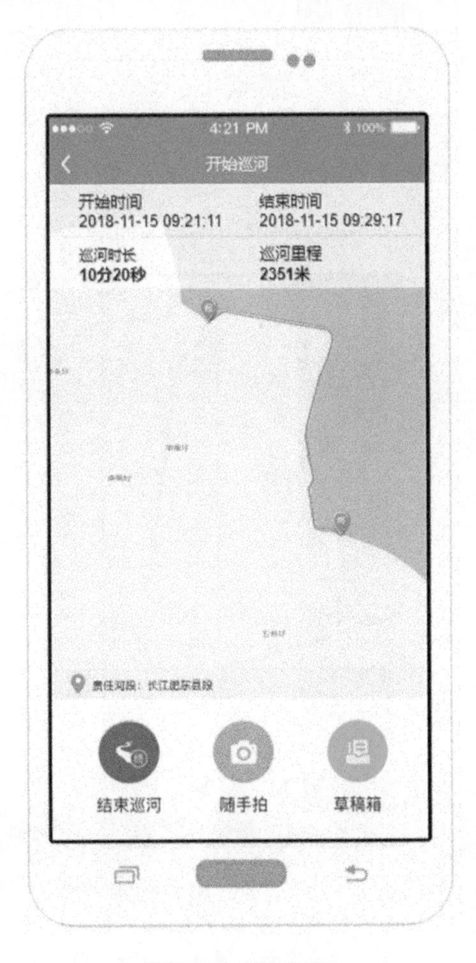

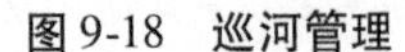

图 9-18　巡河管理　　　　图 9-19　开始巡河

9.3.2.2　**随手拍**

点击“随手拍”，进入上报事件界面，选择问题类型、河段后，系统自动显示定位信息，拍摄上报事件的照片或视频或语音，系统自动获取上报的问题信息，点击“提交问题”进行提报；点击“保存”保存到草稿箱中，如图 9-20 所示。

9.3.2.3　**巡河记录**

点击“巡河记录”，记录登录人每次巡河的详细情况：巡河事件、路程、开始时间、结束、时长、发现问题，如图 9-21 所示。

图 9-20　问题上报

图 9-21　巡河记录 – 我的巡河

点击其中的任意一条记录，显示巡河轨迹、开始时间、结束时间、巡河时长、巡河里程，并可进行轨迹回放，如图 9-22 和图 9-23 所示。

点击“巡河问题”，显示事件上报的详情，如图 9-24 所示。

点击“问题模块”，进入事件上报详情，可查看问题来源、问题描述、所属河段、现场图片等问题详情，如图 9-25 所示。

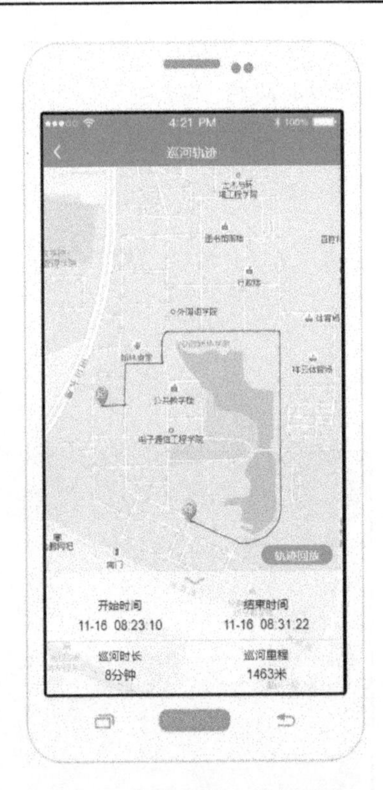

图 9-22　巡河记录 - 巡河轨迹

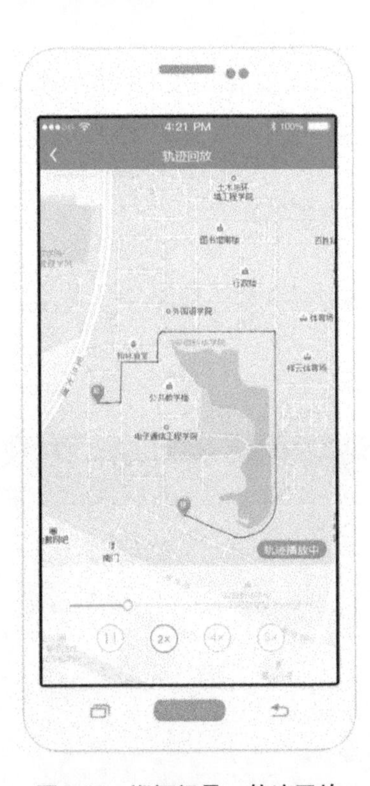

图 9-23　巡河记录 - 轨迹回放

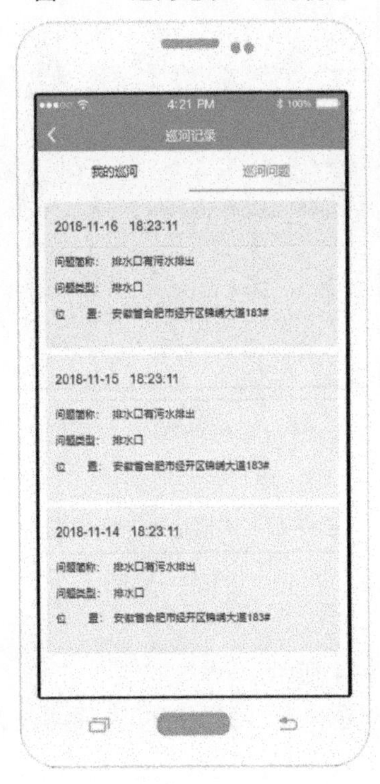

图 9-24　巡河记录 - 巡河问题

图 9-25　巡河记录 - 问题详情

9.3.2.4　我的河道

点击图 9-18 中“我的河道”，显示我的河道相关信息，如图 9-26 所示。

9.3.2.5　巡河统计

可按照月、季、年统计河长巡河详情，如图 9-27 所示。

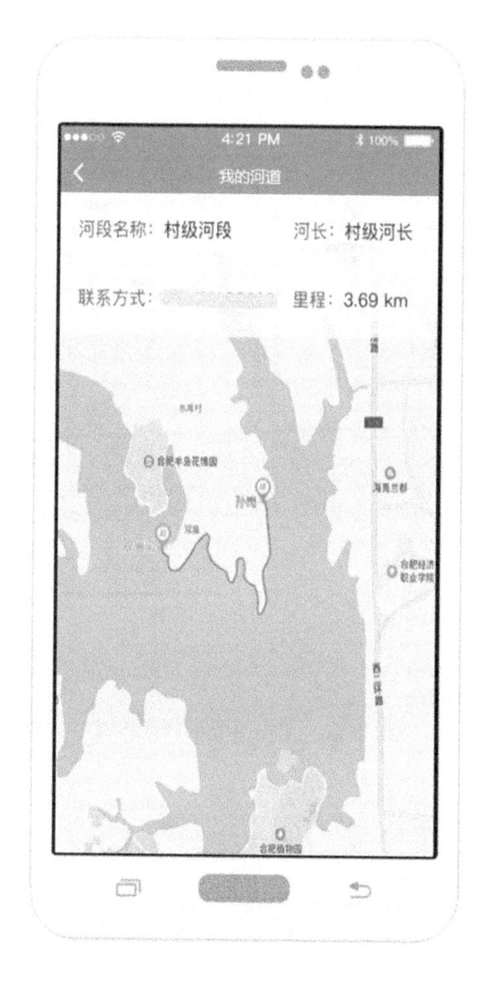

图 9-26　我的河道

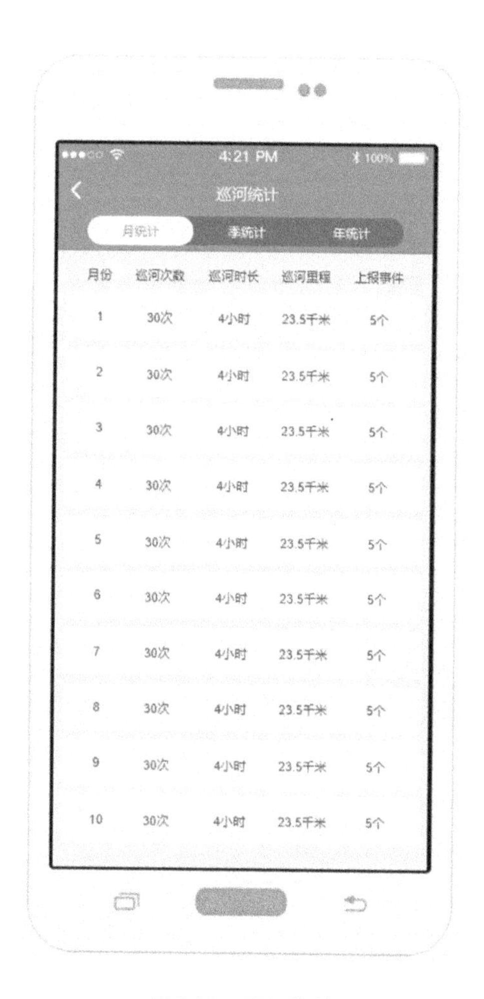

图 9-27　巡河统计

9.3.2.6　草稿箱

在巡河过程中，由于网络或 GPS 信号导致轨迹上传失败时，系统会自动将轨迹保存至巡河草稿箱，待网络允许时可自行选择提交或删除巡河轨迹，如图 9-28 所示。巡河草稿中有保存的巡河记录，可点击“提交”或“删除”。当点击“提交”时，弹出框提示：正在上传巡河轨迹，如图 9-29 所示。

图 9-28　巡河草稿箱

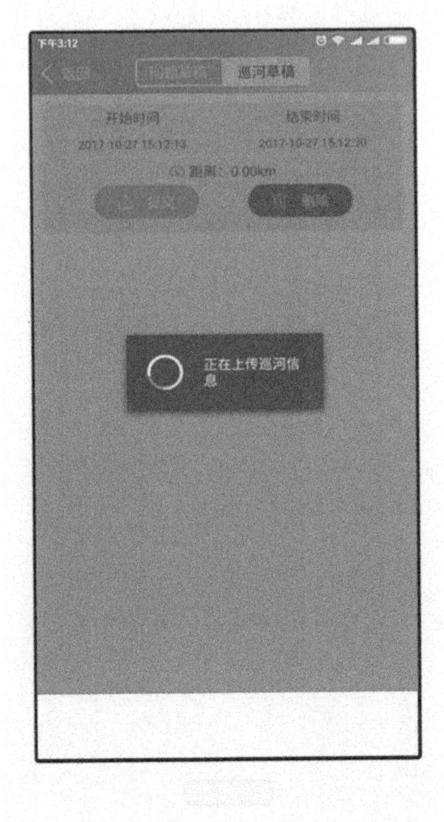

图 9-29　草稿箱巡河问题提交

9.4　信息查询

信息查询主要查询河道信息、河湖长信息和文件信息。

9.4.1　河道信息

搜索查询河湖名称，展示河道详细信息：河道名称、编号、河道起终点、河道长度、所属河长，如图 9-30 所示。

9.4.2　河湖长信息

输入河湖名称或选择行政区划，查询河湖长信息：名称、河长类型、手机号或座机号、责任河湖水库、河长职务，如图 9-31 所示。

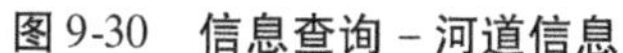
图 9-30　信息查询－河道信息

图 9-31　信息查询－河湖长信息

9.4.3　文件信息

展示一河（湖）一策、一河（湖）一档、工作方案、文件管理、工作要点管理、制度管理等 8 大查询内容，如图 9-32 所示。

如点击查看一河（湖）一策查询，可预览或下载一河（湖）一策文档，如图 9-33 所示。

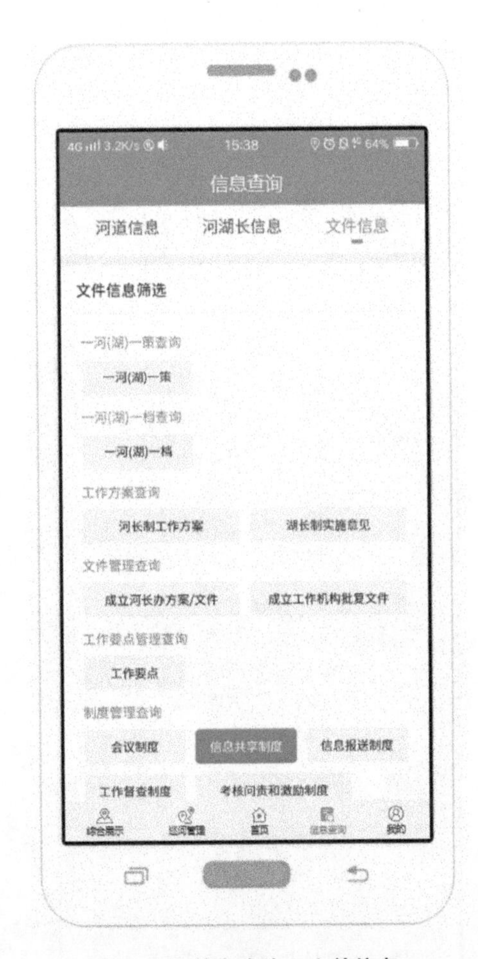

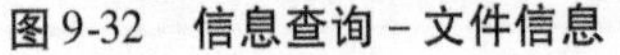
图 9-32　信息查询 - 文件信息

图 9-33　信息查询 - 文件信息 - 一河(湖)一策

9.5　我　的

“我的”显示当前登录者身份信息:姓名、职务、退出登录、修改密码、我的直播、版本更新、法律声明、关于,如图 9-34 所示。

9.5.1　修改密码

修改密码,输入当前密码,再输入新密码,再次输入新密码确认。

9.5.2　我的直播

查看各级河长巡河直播等相应功能。

9.5.3　版本更新

显示当前的版本号,点击可更新最近的版本。

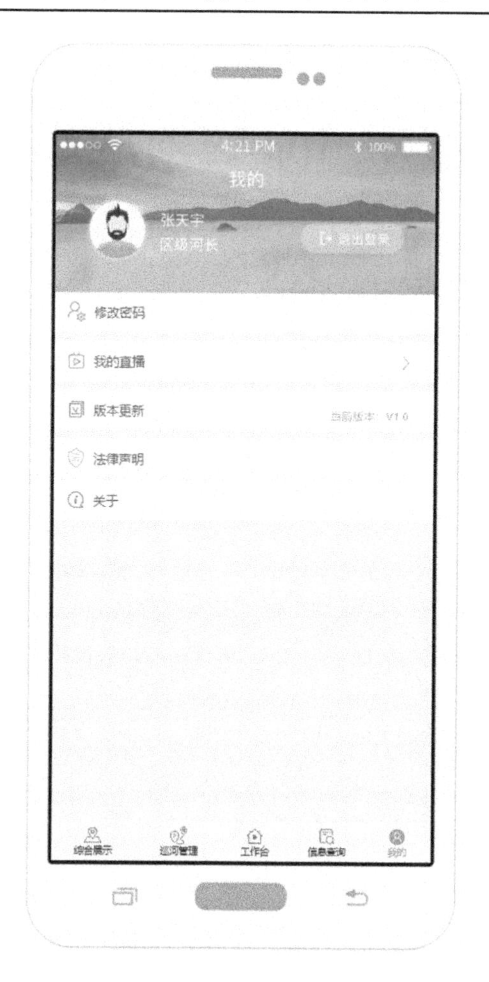

图9-34　我的

9.5.4　法律声明

显示App相关的法律声明和追责。

9.5.5　关于

点击“关于”,可查看App简介。

9.5.6　退出登录

点击“退出登录”按钮,弹出框显示“确认退出登录吗?”,确定后,退出登录,下次登录需要重新输入密码。

第 10 章　移动 App 巡河版应用平台开发

巡河版是主要为省、市、县(区)、乡(镇)及村级巡河专管员或村级河长巡河而设计的一款 App。

输入巡河专管员或村级河长账号和密码，打开如下界面，如图 10-1 所示。

图 10-1　巡河

10.1　今日巡河计划

展示巡河专管员今日巡河计划(0.5 km 以上,5 min 以上)，今日巡河计划会记录今日巡河次数和今日巡河里程，在完成今日巡河任务以后，“未完成”会更新为“已完成”；点击“开始巡河”，会进入巡河页面。

10.2　巡　河

点击按钮“开始巡河”“随手拍”“巡河记录”“我的河道”“巡河统计”“设置”,进入各自详情页面。

10.2.1　开始巡河

记录巡河轨迹,可点击“随手拍”进行事件上报,如巡河过程中信号出现问题,可将巡河记录保存至草稿箱,信号恢复时再次提报。点击“结束巡河”,巡河结束,如图 10-2 所示。

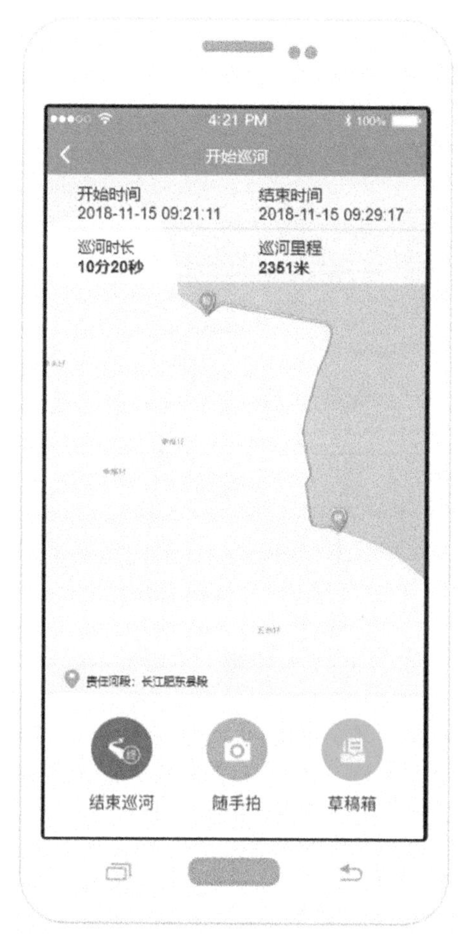

图 10-2　开始巡河

10.2.2　随手拍

点击“随手拍”,进入上报事件界面,选择问题类型、河段后,系统自动显示定位信息,拍摄上报事件的照片或视频或语音,系统自动获取上报的问题信息,点击“提交问题”,进行提报;点击“保存草稿”,保存到草稿箱中;点击“取消”按钮取消问题上传,如图 10-3 所示。

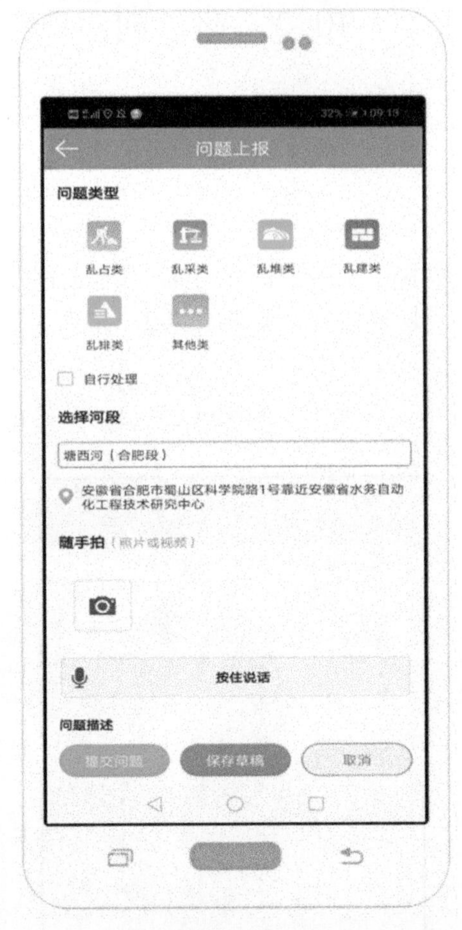

图 10-3 问题上报

10.2.3 草稿箱

在开始巡河页面,点击“草稿箱”按钮,进入草稿箱页面,分为“我的巡河”和“巡河问题”。“我的巡河”存储的是因为网络原因未能上传到服务器的巡河记录,可在网络良好的情况下自动上传到服务器。“巡河问题”存储的是因为网络原因未能上传到服务器的问题,可点击问题查看详情,在网络良好的情况下选择上传问题,如图 10-4 所示。

10.2.4 巡河记录

点击“巡河记录”,记录登录人每次巡河的详细情况:巡河事件、路程、开始时间、结束时间、时长、发现问题,如图 10-5 所示。

点击其中的任意一条记录,显示巡河轨迹、开始时间、结束时间、巡河时长、巡河里程,并可进行轨迹回放,如图 10-6 和图 10-7 所示。

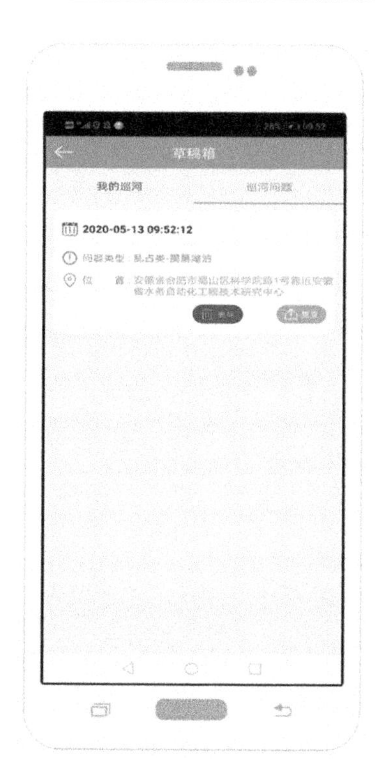

图 10-4　草稿箱－巡河问题

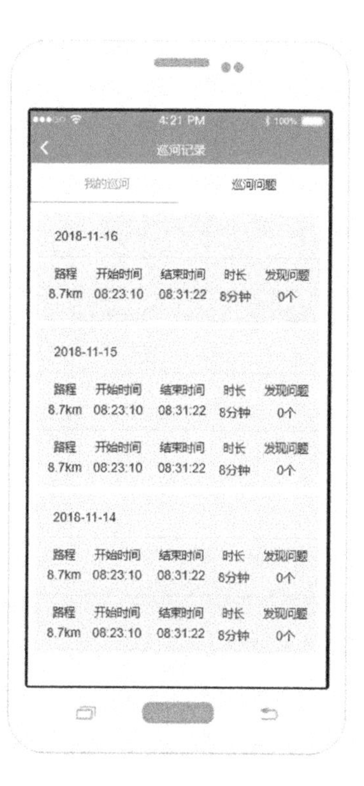

图 10-5　巡河记录－我的巡河

图 10-6　巡河轨迹

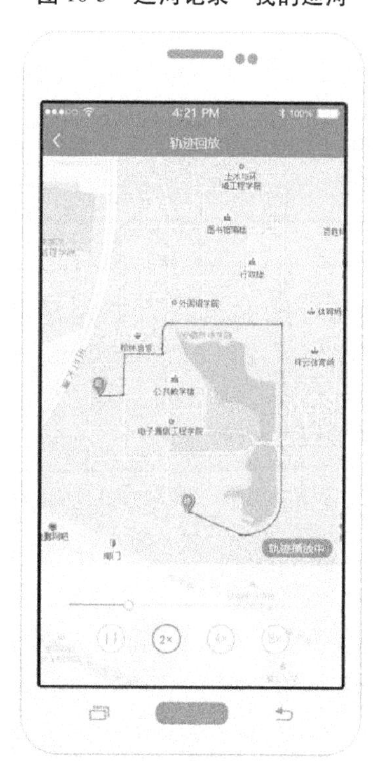

图 10-7　轨迹回放

点击“巡河问题”，显示事件上报的详情，如图 10-8 所示。

点击问题，进入事件上报详情，可查看问题来源、问题描述、所属河段、现场图片、审批流程等问题详情，如图 10-9 所示。

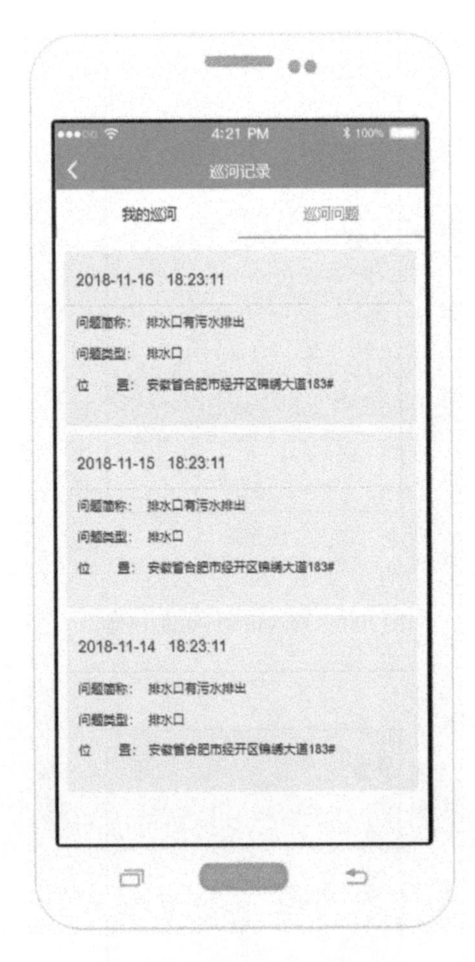

图 10-8　巡河记录 - 巡河问题

图 10-9　巡河记录 - 巡河问题 - 问题详情

10.2.5　我的河道

点击“我的河道”，显示我的河道相关信息，如图 10-10 所示。

10.2.6　巡河统计

点击“巡河统计”，可按照月、季、年统计巡河专管员巡河详情，如图 10-11 所示。

10.2.7　我的

点击“我的”，可退出登录、修改用户密码、查看版本号等，如图 10-12 所示。

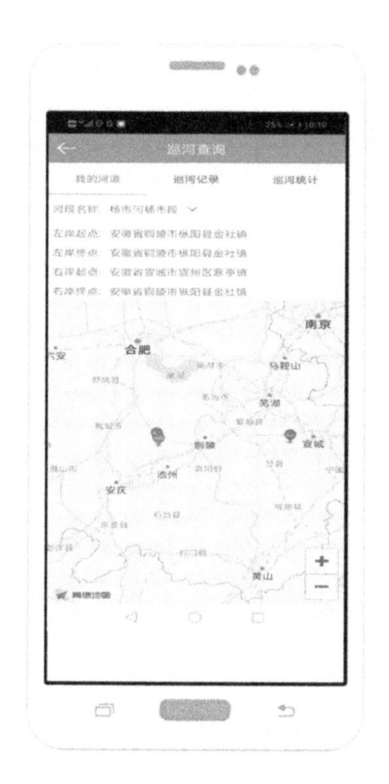

图 10-10　我的河道

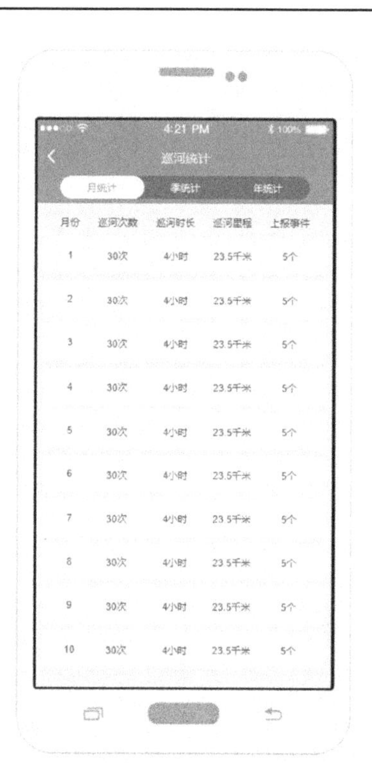

图 10-11　巡河统计

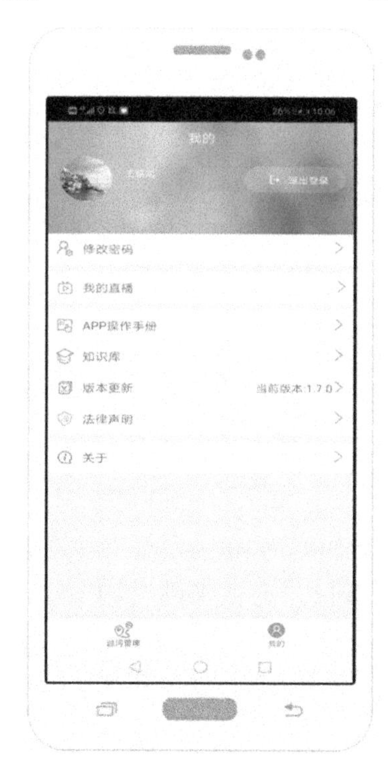

图 10-12　我的

第 11 章　移动 App 公众版应用平台开发

公众版是让普通大众使用的一款 App。公众首次下载安装 App 后，打开登录页，需要注册，点击“我要注册”，打开注册页面，如图 11-1 所示。

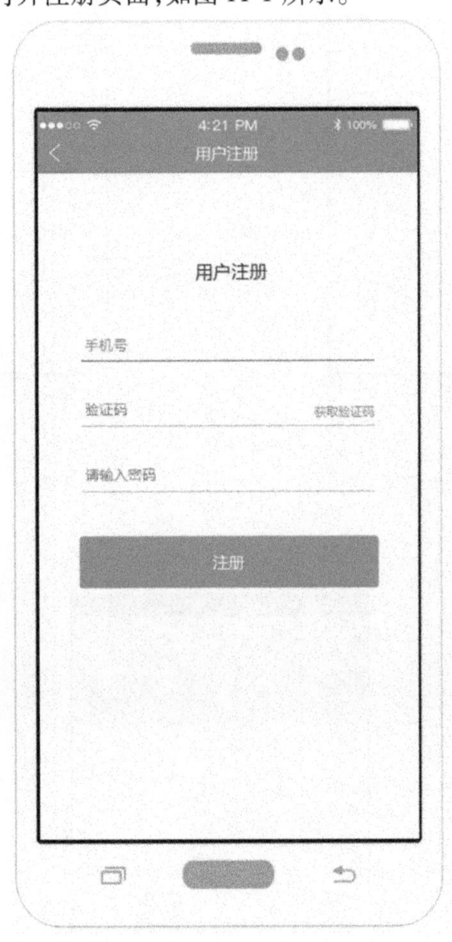

图 11-1　我要注册

注册成功后，输入账号（即手机号）和密码，即可登录 App。勾选“记住密码”，则下次登录不需要再次输入密码，未勾选“记住密码”，则下次登录时需要再次输入密码，如图 11-2所示。

点击“登录”，账号、密码正确后，跳转到新闻动态，底部栏包含“新闻动态”“我要投诉”“献计献策”“我的”，如图 11-3 所示。

图 11-2　登录页

图 11-3　主页 – 最新新闻动态

11.1　新闻动态

可切换查看安徽省及 16 个地市最新动态，点击“新闻动态”，可查看新闻动态详情，如图 11-4所示。

11.2　我要投诉

点击“我要投诉”，可提交投诉问题，如图 11-5 所示。

省水利厅合肥市水务局联合开展“世界水日”宣传进校园活动

阅读1.6万次　05-09 10:10

3月22日，省水利厅、合肥市水务局联合开展“世界水日”宣传进校园活动，以“你我节水，共建绿色校园”为主题，帮助学生从小树立知水、节水、护水、亲水理念，争当保护水资源的“宣传员”“志愿者”，节约每一滴水，守护每一片绿。

活动启动仪式上，合肥市青年路小学老师向同学们讲述了“世界水日”、“中国水周”的由来、今年的宣传主题和意义。省水利厅政策法规处负责人介绍了我国水资源短缺现状，增强学生的水危机意识和节水责任感。

节水知识问答环节帮助同学们正确辨别生活中的节水行为和浪费水行为，争做节水小标兵。

学生代表讲述了爱水故事《水的旅途》，并向同学们发出节水倡议书，号召同学们树立爱水意识，从生活的点滴做起，呵护生命之源。

今年“世界水日”、“中国水周”和“安徽省水法宣传月”期间，省水利厅还将陆续开展“水法与节水知识”大赛、法治讲座、节水进企业等活动。

图 11-4　新闻动态详情

图 11-5　我要投诉

11.3　献计献策

点击“献计献策”，可在线提交建议及意见，如图 11-6 所示。

11.4　我　的

点击“我的”，可修改密码和退出登录等，如图 11-7 所示。

图 11-6　献计献策

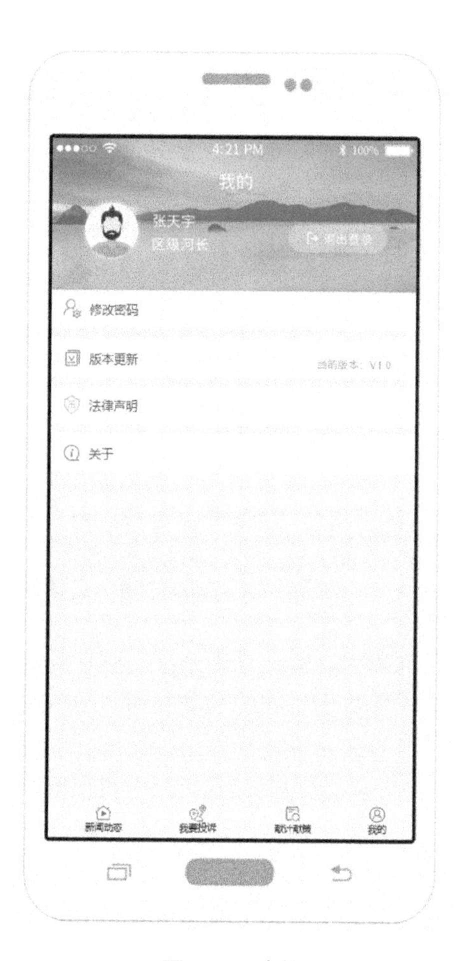

图 11-7　我的

第 12 章 系统特色与科技创新

12.1 顶层设计

12.1.1 河长制“5 + N”平台

以省河长制决策支持系统建设为抓手，以智能化、自动化、智慧化为目标，融合互联网 + 、3S 等技术，加强河湖长制相关数据的整编，开发“5 + N”业务平台，实现河湖管理等信息的“静态展示、动态管理、常态跟踪”，助力生态文明建设提质增效。

12.1.2 一级部署、三级贯通、五级应用

系统集中部署在省水利厅，通过水利专网和互联网实现省、市、县三级河长办和三级河长会议成员单位间的互联互通，实现信息共享和对三级河湖长制的业务支撑，并对五级河湖长进行培训，确保省、市、县、乡、村五级河长、湖长及有关人员能通过系统开展相关工作，方便社会公众参与河湖管护、投诉问题。

12.1.3 整合河湖基础数据和成员单位涉河湖数据

系统整合了全省河湖基础数据和成员单位涉河湖数据，其中基础数据涵盖各类静态基础数据和动态业务数据，并对这些数据进行了整编入库，形成了完善的安徽省河湖长制数据库。

12.1.4 提炼技术创新成果

申报 5 个省级标准规范，主要是数据库设计规范、数据加工存储规范、数据资源共享规范、应用服务规范、数据更新规范；申报 7 个软件著作权，主要包括河长制省、市、县三级贯通应用系统，河长制“5 + N”拓展平台应用系统、河长通 App 直播调度应用系统、河长通 App 巡河导航应用系统、基于图片与视频智能识别事件河长制应用系统、基于视频监控巡河河长制应用系统和基于无人机巡河河长制应用系统；出版 2 本专著，即《安徽省河湖长制知识百科》和《安徽省河长制决策支持系统技术研究与应用开发》；正在积极谋划多个发明专利等成果申请工作。

12.2　系统开发

12.2.1　河长制信息化业务管理及信息服务平台

12.2.1.1　三级贯通、五级应用

省级用户通过省平台，实现16个地市134个县(区)河长制系统之间的贯通，省、市、县(区)三级用户通过账号权限，实现相应的功能权限；省、市、县(区)、乡(镇)、村(居)五级用户登录移动App，根据不同身份，展现不同的功能权限。

12.2.1.2　实现省、市、县(区)政区定位和省级河湖流域定位

省级用户通过省平台，点击某市地图可快速链接到该市河长制系统；市级用户通过市平台，点击某县(区)地图可快速链接到该县(区)河长制系统；省级用户可查看三河九湖流域边界、各流域的河湖水系空间分布和基础信息。

12.2.1.3　实现省、市、县、乡、村五级河段湖片矢量图标绘工作

实现五级河(湖)长河段湖片的矢量图标绘和河湖基础要件上图标绘工作，如公示牌、入河排污口等，并扩充基础要件，确保与巡河湖轨迹对应。

12.2.1.4　实现涉河湖要件展示、监测及推进情况展现

涉河湖要件主要分为公示牌、取水口、入河排污口、省/市界断面、水源地、视频监控、三条红线、水体面积、突发水污染、水功能区水质、水环境监测和黑臭水体，实现这些涉河湖要件基础信息、监测信息和空间分布等信息展示。

12.2.1.5　构建省级河湖、河长体系，实现五级河湖长浏览

构建了省级河湖的五级分段分片，查阅关联的基础要件信息，并通过行政区划，浏览五级河湖长信息。

12.2.1.6　实现河长制业务及信息服务信息查询、管理及后台维护

查询全省河湖分段分片信息、一河(湖)一策、一河(湖)一档、工作方案制度等信息，实现河湖事件流转，抽查督导，考核评估，河湖长巡查履职功能，并对基础数据进行增、删、改、查管理，对系统后台配置管理。

12.2.2　河长制地理信息系统平台

12.2.2.1　制作河长制一张图

在“水利一张图”的基础上，制作了河长制一张图，同时PC端与App一并链接发布。

12.2.2.2　河长制一张图展现内容丰富、多样

一张图展现全省河湖属性信息、空间信息和监测信息等，提供所有信息的位置定位、详细信息浏览查询、历史信息统计等多种功能。

12.2.2.3　实现全景监视

通过一张图集成河湖的传感监测、遥感监测、移动监视、视频监视、公众参与等信息，提供所有监控信息的监控位置定位、详细信息浏览查询、历史信息统计等多种功能。

12.2.2.4 基于遥感影像、视频监控的智能识别服务

通过对比不同时期的遥感影像，自动识别水域岸线变化，对河湖岸线侵占进行预警预报；智能识别河湖管理范围内的“四乱”和面源污染，并进行预警预报。基于人工智能和深度学习，实现视频监控自动识别并预警河湖水面污染及侵占河湖等功能。

12.2.3 省级调度(监控)平台

12.2.3.1 动态掌握河湖长制工作开展情况并可进行调度

利用调度监控平台，直观展示各地市的河长制推进情况，主要包括“清四乱”、河湖采砂、水功能区水质、入河排污口整理等多项行动成效，并可进行调度。

12.2.3.2 问题类型和巡河率的统计分析

对各级河(湖)长和巡管员的问题上报类型、公众投诉的问题类型占比进行统计分析，对 App 按照一定周期的巡河率进行统计分析，对系统登录人数和 App 在线巡河人数自动统计。

12.2.3.3 GIS 全景视频监控

集成全省各类监控视频，实现监控视频的在线播放及实时操控，并可远程实时调度。

12.2.3.4 App 移动直播调度与系统无缝对接

远程调用河湖事件视频，通过移动直播方式连线巡河人员，查看现场实时情况，提升河湖监管能力。

12.2.3.5 浏览巡河问题，开展调度

平台可浏览巡河事件，并对未处理事件开展调度和督导。

12.2.3.6 无人机远程巡河监控

实现了无人机远程巡河，在调度监控中心可自由控制无人机的飞行及拍摄，适时开展河长制管理。

12.2.3.7 接入水文局和生态环境厅水质数据，实现水质的监测监控

展示水质动态监控数据、监控视频以及水质实时数据等，查看河湖水质、水资源等情况。

12.2.4 业务移动平台

12.2.4.1 实现地图展示

通过一张图，直观展示河湖分段及相关联的公示牌、排污口、水质断面、取水口、水文站的具体位置、基础信息和监测信息，便于掌握河湖的基本状况，并具备导航功能。

12.2.4.2 巡河自动定位导航，生成巡河轨迹

启动巡河，手机自动定位导航，并自动记录各级河(湖)长、河道专管员巡河时间、轨迹、河湖事件等信息。

12.2.4.3 巡河上报问题操作方便

根据设置好的问题类型，直接选择问题，拍照片或视频，上传问题描述或语音描述，便可实现巡河问题的上报操作。

12.2.4.4 巡河上报的问题处理、分发和流转

各级河（湖）长在巡河过程中，使用巡河App对发现的各类河湖健康问题及时上报，县（区）级及以上河长办对相应上报问题进行及时处置、分发和流转，并可快速跟踪相应事件的处理过程及结果，对下级河湖长的履职情况进行在线监管，提升基层河湖长履职能力，推动河湖长制各项措施落地见效。

12.2.4.5 各类数据更新、上传

能在一张图上，对河道部件如公示牌、排污口、污染源相关数据进行修改、更新和上传等，保证数据的完整性和准确性。

12.2.4.6 便捷查询河湖信息、文件信息和知识库

便捷查询河（湖）基础信息、河（湖）长信息、一河（湖）一策、工作方案制度信息及河长制知识库。

12.2.4.7 App直播调度

创建直播间，进入直播间，可与主播进行互动，观看直播实时场景，文字聊天，发送弹幕等。

12.2.5 信息发布平台

12.2.5.1 省级信息发布平台，展现河长制相关公开信息

省级信息发布平台包括专题首页、图片报道、重要部署和工作方案、工作动态和工作简报，实现河长制信息的公开。

12.2.5.2 开通市、县（区）信息发布平台

可根据省、市、县（区）管理员权限对相应后台进行维护管理。

12.2.6 示范河湖监测平台

12.2.6.1 建设视频站点，实现实时监测

系统在满足河湖长制日常工作基础上，围绕河湖长制六大任务，辅助河湖长决策，以长江、淮河、新安江和巢湖作为典型示范河湖，建设视频站点，系统采用无插件浏览模式实现视频在线播放。

12.2.6.2 实现自动或手动视频巡河

利用远程视频巡河功能，可自动巡河或手动巡河，代替人工巡河工作，提高巡河效率。

12.2.6.3 建立电子公示牌，展现河长制相关信息

利用电子公示牌，展示河长信息、管理职责、管控范围、投诉举报途径，动态展播河长制相关信息及公益类宣传视频。

12.2.6.4 对视频站、电子公示牌和巡河记录进行后台管理维护

对视频站点、电子公示牌实现增、删、改、查管理，并可对巡河记录做查看、删除操作，对电子公示牌实现远程开启控制。

12.3　数据整编

12.3.1　基础数据整编入库

完成了包括基础行政区矢量化数据、规模以上河流矢量化数据、河湖管理业务信息与河湖长组织体系关联数据、河流湖泊水库数据信息、河湖长数据信息、河湖长公示牌信息、安徽省生态保护红线信息、水利工程数据、省市一河一策信息、省市县乡河长制工作方案等数据整编入库。

12.3.2　成员单位数据整合

持续获取河长会议成员单位相关数据，根据河长制推进情况适时更新。主要包括水文监测数据整合、水资源数据整合、水土流失数据整合、入河排污口数据整合、河湖水质监测信息整合、黑臭水体数据整合等。

12.3.3　通过购买服务，获取更多数据资源

根据实际需求，使用第三方数据资源充实系统，通过遥感影像、无人机视频等丰富系统内容，为水资源监管、智能化服务提供基础数据支撑。如通过与中国水利水电科学研究院对接，中国水利水电科学研究院定时推送湖库水体面积实时监测数据，适时掌握水质与水资源情况。

12.4　应用推广

12.4.1　着眼推广使用，强化系统培训

省河长办、省水利厅高度重视系统的推广使用工作，在全省范围内多次开展系统操作使用培训会。一是省、市、县（区）级河长办人员培训，累计培训 160 余人。二是开展全省河长相关人员培训，历时 2 个月，累计培训 21 000 余人，范围覆盖全省 16 市、134 县（区）、乡（镇）、村（居）级河长。在推广使用过程中，根据各级用户反馈的意见和建议，持续优化完善省系统。

12.4.2　系统内外网同步发布

系统通过内网和外网发布，内网通过水利一张图、影像图发布，外网通过矢量图、地形图、天地图发布。对外网单独设计了权限，针对敏感信息进行全面过滤。

第 13 章　数据库建设与数据整编

13.1　数据库建设

数据库建设是在数据整合的基础上,通过平台的数据管理功能模块或数据集成共享模块,进行数据的上报,在数据校核后,形成适应于本系统的数据体系,包括结构化数据库(空间、基础、动态、属性等数据库)和非结构化数据库(文本、遥感影像、音视频多媒体、GIS 相关数据库)。本系统的数据库建设技术路线如图 13-1 所示。

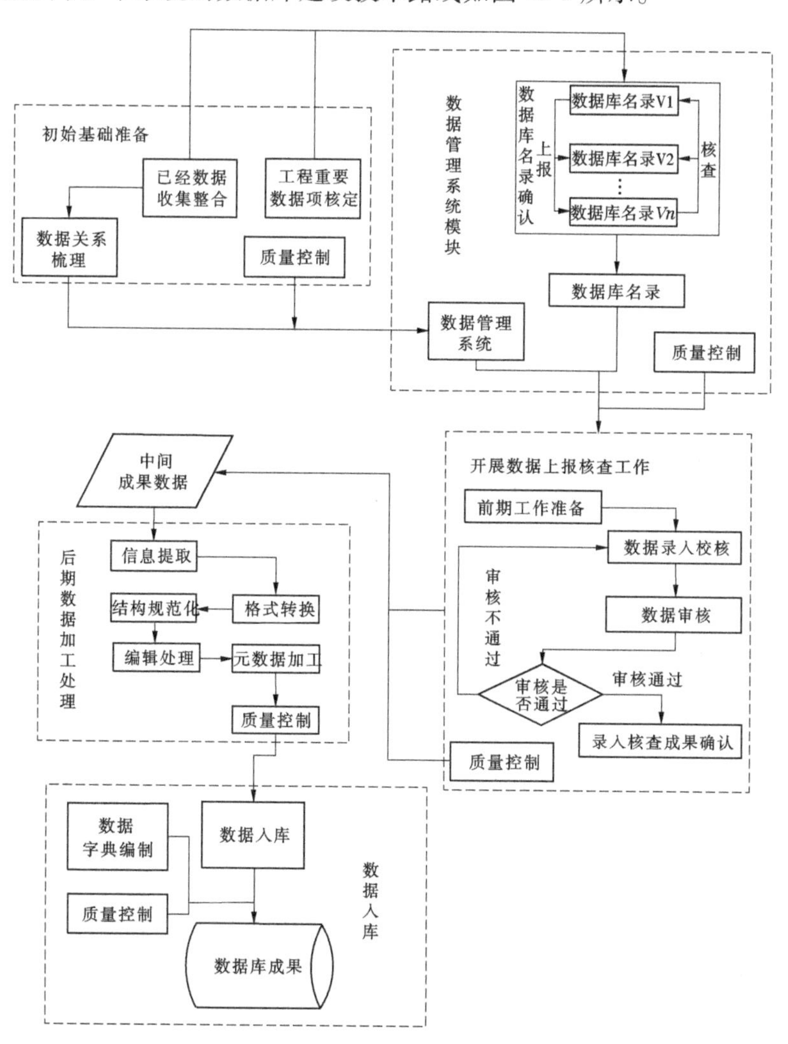

图 13-1　数据库建设总体技术路线

为支撑决策支持系统六套平台数据分析与展现的需要，构建河长制系统相关的数据库，要对现有的数据进行整合，确保所整合和入库的数据达到业务应用需求。为避免库表的重复设计，保证一数一源，业务数据互联互通，河长制决策支持系统数据结构设计应综合考虑系统所产生的数据属性、应用性质、处理方式、使用范围等因素，对数据库进行分类。建设中，汇集水利、环保、住建、国土、林业等相关河长会议成员单位当前已有的各类数据，形成最完整的河湖数据体系；基于数据格式标准规范，实现跨部门、跨平台的河湖数据聚集、整合与共享。

13.1.1　数据库类别

根据决策支持系统的建设需求，将系统数据库建设为 4 个子数据库，各个子数据库内容如表 13-1 所示。

表 13-1　数据库建设内容

类别	内容	指标
基础数据库	基本信息	河湖（河段）信息
		水库、泵站、堤防（段）、蓄滞（行）洪区、水闸等水利工程数据
		行政区数据
		河（湖）长数据
		遥感影像数据
		国家基础地理数据
	组织体系信息	河（湖）长树结构
		河长办树结构
		河长会议成员单位结构
	工作方案制度体系信息，其他与河长制相关的方案和制度	工作方案
		河长会议制度
		信息报送制度
		信息共享制度
		工作督察制度
		考核问责与激励制度
		验收制度
	一河（湖）一档信息	基础信息
		动态信息
	一河（湖）一策信息	问题清单
		目标清单
		任务清单
		责任清单
		措施清单
		考核评估指标体系

续表 13-1

<table>
<tr><th>类别</th><th>内容</th><th>指标</th></tr>
<tr><td rowspan="21">动态数据库</td><td rowspan="2">工作过程信息</td><td>巡河管理</td></tr>
<tr><td>事件处理</td></tr>
<tr><td rowspan="4">抽查督导信息</td><td>工作方案</td></tr>
<tr><td>抽查样本</td></tr>
<tr><td>工作过程</td></tr>
<tr><td>检查结果</td></tr>
<tr><td rowspan="2">考核评估信息</td><td>考核评估实测值</td></tr>
<tr><td>考核评估结果</td></tr>
<tr><td rowspan="4">监督信息</td><td>社会监督</td></tr>
<tr><td>卫星遥感</td></tr>
<tr><td>水政执法</td></tr>
<tr><td>监督电话</td></tr>
<tr><td rowspan="3">应用推送信息</td><td>水文水资源系统推送信息</td></tr>
<tr><td>水政执法系统推送信息</td></tr>
<tr><td>工程管理系统推送信息</td></tr>
<tr><td rowspan="6">部门共享信息</td><td>水质监测信息</td></tr>
<tr><td>水情、雨情监测信息</td></tr>
<tr><td>面源监测信息</td></tr>
<tr><td>点源监测信息</td></tr>
<tr><td>视频监视信息</td></tr>
<tr><td>其他成员单位应共享的信息</td></tr>
<tr><td rowspan="5">属性数据库</td><td colspan="2">河(湖)长制对象表</td></tr>
<tr><td colspan="2">河(湖)长制对象基础表</td></tr>
<tr><td colspan="2">河(湖)长制主要业务表</td></tr>
<tr><td colspan="2">河(湖)长制对象关系表</td></tr>
<tr><td colspan="2">河(湖)长制元数据库表</td></tr>
<tr><td rowspan="5">空间数据库</td><td colspan="2">遥感影像数据</td></tr>
<tr><td colspan="2">基础地理数据</td></tr>
<tr><td colspan="2">河(湖)长制对象空间数据</td></tr>
<tr><td rowspan="2">河(湖)长制专题图数据</td><td>河(湖)长公示牌</td></tr>
<tr><td>水域岸线范围</td></tr>
</table>

续表 13-1

类别	内容	指标
空间数据库	业务共享数据	水功能区
		取水口
		污染源
		排污口
		水文站
		饮用水源地、自然保护区等其他应共享的数据

13.1.2　数据库表结构设计

数据库表结构的设计，符合相关的标准和规范，如《基础地理信息标准数据基本规定》(GB 21139—2007)、《水利工程建设与管理数据库表结构及标识符》(SL 700—2015)、《河流湖泊数据库表结构与标识符》等，已按照安徽省《水利厅信息化建设与管理工作意见》(皖水防办函〔2018〕882 号)执行。

13.2　数据库整编入库

13.2.1　基础数据

整编后的数据涵盖河湖基础数据、空间数据等静态数据，以及水资源、水污染、水生态、水环境、水域岸线、执法监督等方面已有的动态数据，并按要求将整编的数据导入进对应的相关专题库、业务库、监测库和空间库中。

13.2.1.1　水系、水体分级、分段、分片数据信息的整编入库

省、市、县(市、区、开发区)、乡四级河(湖)长河流(湖泊)、水库、水系等水体、水系属性、空间矢量数据信息的复核、补充、完善和整编入库。属性信息主要分为：①河流，包括名称、别名、河段管理级别、管辖长度、平均宽度、起点所在地(含地名和坐标)、终点所在地(含地名和坐标)、是否跨界、跨界类型(上下游、左右岸、两者都有)、所属流域、上级河流(河段)、下级河流(河段)、干支流类型等；②湖泊，包括名称、别名、是否跨界、管辖面积、管辖岸线长度、管理级别、平均水深、所在流域、下级湖片等；③水库，包括名称、别名、所在地、防洪高水位、管理级别、正常蓄水位相应水面面积、管辖岸线长度、水库类型、所在流域、主汛期防洪限制水位、是否跨界等；④水系，包括根据实际需要进行整编。空间矢量数据主要要求：矢量数据应与系统所采用的底图影像基本套合，矢量数据应平滑，不能有明显的折线。参照以上空间矢量数据，在天、地、图或其他公开发布的基础影像和地图上重新采集整编一套用于在互联网上公开发布的空间矢量数据。

13.2.1.2　河(湖)长数据信息的整编入库

省、市、县(市、区、开发区)、乡、村五级河(湖)长属性信息的复核、补充、完善和整编入库。属性信息主要包括:河长信息[类型、所在流域和行政区划、姓名、性别、职务、主要领导、行政级别、手机号码、固定电话、担任河(湖)长的河湖、担任河(湖)长的时间(包括担任时间和离任时间)、文件依据、是否已公告等]、副(协助)河长信息[类型、所在流域和行政区划、姓名、性别、职务、主要领导、行政级别、手机号码、固定电话、担任河(湖)长的河湖、担任河(湖)长的时间、文件依据、是否已公告等]、协助单位信息[单位名称、联系人信息(姓名、职务、固定电话、手机)等]等。

13.2.1.3　行政区划数据信息的整编入库

省、市、县(市、区、开发区)、乡四级行政区划属性、空间矢量数据的复核、补充、完善和整编入库。属性信息主要包括全面推行河长制工作概况、行政区划名称、行政区划代码、所在流域等。

13.2.1.4　河(湖)长公示牌属性信息

省、市、县(市、区、开发区)、乡、村五级河(湖)长公示牌属性、空间信息复核、补充、完善和整编入库。属性信息主要有:①河长公示牌,包括公示牌名称、河长信息、协助单位、河流名称、所在流域、流域面积、长度、起讫点、管理范围、河长职责、治理目标、监督电话、监制单位、制作日期等;②湖长公示牌,包括公示牌名称、湖长信息、协助单位、所在流域、湖泊名称、岸线长度、平均湖水位、水面总面积、容积、境内水面面积、管理范围、湖长职责、治理目标、监督电话、监制单位、制作日期等;③水库河(湖)长公示牌比照执行;④其他属性信息,每个河(湖)长公示牌需现场拍摄不少于 3 张照片,其中一张为正面照片(要求能清晰看到公示牌上的文字说明)、一张为正面偏右或偏左 45°角照片(要求尽可能多地看到公示牌背后水系、水体)、一张公示牌背后正面照(要求能清晰看到公示牌上的文字说明);⑤空间信息,每个公示牌的空间坐标等。

13.2.1.5　省、市级“一河(湖)一策”实施方案的结构化和整编入库(五个清单)

省、市级“一河(湖)一策”实施方案结构化信息主要包括以下几点。

1. 问题清单表

问题清单表包括水资源保护、水域岸线管理保护、水污染防治、水环境治理、水生态修复等方面的主要问题、成因简析、影响范围、是否已经纳入相关治理保护规划等。

2. 目标清单

目标清单包括水资源保护、水域岸线管理保护、水污染防治、水环境治理、水生态修复的总体目标、阶段目标和责任部门等。

3. 目标分解

目标分解包括水资源保护、水域岸线管理保护、水污染防治、水环境治理、水生态修复总体目标(主要指标、现状和预期指标值)、阶段目标(第一、二、三年度)和河(湖)长信息(姓名/职务)等。

4. 任务清单

任务清单包括水资源保护、水域岸线管理保护、水污染防治、水环境治理、水生态修复、执法监管的总任务、阶段目标(指标项,第一、二、三年度指标值)、具体任务(第一、二、三年度）和责任部门等。

5. 措施与责任清单表

措施与责任清单表包括水资源保护、水域岸线管理保护、水污染防治、水环境治理、水生态修复的措施内容、责任分工（牵头部门、配合部门、监督部门）等。

13.2.1.6 省、市级“一河（湖）一档”整编入库

河湖档案主要包括水资源动态台账、水域岸线动态台账、水环境动态台账及水生态动态台账。对台账以结构化管理形式进行呈现，系统自动从数据库中采集相关数据，进行台账展现。主要包括以下信息。

1. 基础信息

（1）河流。河流（段）自然属性主要包括河流（段）名称、河流（段）编码、上一级河流名称、上一级河流编码、所在水系、河流（段）起讫位置、河流（段）长度、代表站水文信息、河段支流数量、河段与行政区位置关系等。

（2）湖泊。湖泊自然属性主要包括湖泊名称、湖泊编码、所在水系名称、所涉行政区、湖泊水域总面积、平均水深、主要入湖出湖河流名称及位置等。湖长信息主要包括各级湖长姓名、职务等。

2. 动态信息

（1）河流。

取用水信息主要包括取水口、许可年取水量、实际年取水量、饮用水水源地情况等。

排污信息主要包括排污口、年排污量、排污口监测情况等。

水质信息主要包括河段起讫点水质类别、不同水质河段比例、水功能区水质达标率等。

水生态信息主要包括河道断流情况、各类自然文化资源保护区、国家重点生态功能区和重点风景名胜区等。

岸线开发利用信息主要包括岸线长度、岸线功能区划情况、开发利用情况等。

河道利用信息主要包括通航、水产养殖、规划采砂可采区以及可采总量等。

水利工程和设施信息主要包括拦河闸与拦河泵站、橡胶坝与滚水坝、通航建筑物、水库、堤岸护坡、桥梁、涵洞、隧洞、渡槽等跨河穿河临河建筑物情况。

（2）湖泊。

取用水信息主要包括取水口、许可年取水量、实际年取水量、饮用水水源地情况等。

排污信息主要包括湖区排污口、限制排污总量、年排污量、排污口监测等。

水质信息主要包括水质类别、富营养化程度、主要污染物等。

水生态信息主要包括湖泊干涸情况、水生态空间划定情况、沿湖湿地公园和水生生物保护区建设情况等。

水域岸线开发利用信息主要包括岸线长度、岸线开发利用、岸线分区、水产养殖水面面积、规划采砂可采区以及可采总量等。

13.2.1.7 安徽省生态保护红线属性信息整编入库

按照水源涵养生态保护红线、水土保持生态保护红线、生物多样性维护生态保护红线等三大类，第 1 类包括大别山北麓中低山水源涵养及水土保持生态保护红线、大别山南麓中低山水源涵养及水土保持生态保护红线、新安江上游水源涵养及水土保持生态保护红线、淮北河间平原农产品提供及水土保持生态保护红线；第 2 类包括淮北河间平原农

产品提供及水土保持生态保护红线、滁河流域丘陵平原水土保持生态保护红线、江淮分水岭丘岗水土保持生态保护红线、大别山北麓山前丘陵岗地水土保持生态保护红线、大别山南麓山前丘陵平原水土保持生态保护红线、皖江东部水土保持生态保护红线、东贵青等低山丘陵水土保持生态保护红线；第 3 类包括淮北平原北部生物多样性维护及水土保持生态保护红线、皖东丘陵与平原生物多样性维护生态保护红线、巢湖盆地生物多样性维护生态保护红线、黄山—天目山生物多样性维护及水源涵养生态保护红线、淮河中下游湖泊洼地生物多样性维护生态保护红线、皖江沿岸湿地生物多样性维护生态保护红线等 16 个保护红线区域的名称、类型、总面积、斑块数量、生态系统特征、代表性物种、保护地情况、所属行政区、各行政区内面积。

13.2.1.8　省、市、县(市、区、开发区)、乡全面推行河长制工作方案的结构化和整编入库

对各级政府全面推行河长制工作方案进行上传并实现结构化管理，与行政区域进行关联。结构化管理中的信息包括如下内容。

1. 河湖管护工作目标

行政区域内河流(段)近期和远期工作指标。

2. 组织形式与工作职责

行政区域内河长名录、河长会议成员单位、河长制办公室及河长与成员单位工作职责等。

3. 主要任务

行政区域内水资源保护、水域岸线管理保护、水污染防治、水环境治理、水生态修复和执法监管等任务安排。

4. 保障措施

对保障行政区域内河长制工作的组织、制度和资金保障安排等。

13.2.1.9　水域岸线、取水、排污、监测断面、生态保护修复等相关数据

相关数据主要包含排污口、取水口、监控断面等属性，空间信息复核、补充、完善和整编入库。需补充的有关属性信息的获取和整编入库以及空间信息的现场采集和整编入库。

(1)排污口：包括名称、编码、设置单位、所在水资源分区、所在河湖、所在行政区、所在水功能区、入河排污口类型、规模、设置时间、污水入河方式、排放方式、批准情况等。

(2)取水口：包括名称、编码、取水单位、所在水资源分区、所在河湖、所在行政区、取水口类型、取水方式、水源类型、取水流量、年最大取水量、取水用途、批准情况等。

(3)监控断面(点位)：包括名称、所在水功能区、所在河湖、所在行政区、断面级别、断面类型、现有/拟增设、现状水质、水质目标等。

(4)固体废弃物：包括名称、所在行政区、所在河湖、详细地址、来源、储存方式、设计规模、实际规模、已使用年限、污水处理情况、批准情况、是否侵占岸线、侵占岸线长度、是否属于清除范围等。

以上项目的空间信息包括空间坐标(CGCS2000 坐标系、85 高程基准)、边界范围等。

13.2.1.10　水库、泵站、水闸、堤防等整编入库

整编入库数据包括水库、水闸、泵站、堤防等。

(1)水库：包括名称、类型、主坝坝址所在地、总库容(亿 m^3)、总装机容量(MW)、正常

蓄水位(m)、正常蓄水位相应水面面积(km^2)、水电站生态下泄流量等。

(2)水闸:包括名称、类型、所在位置、所在河湖、过闸流量(m^3/s)、引水用途、设计闸上水位(m)、水闸参照水位站警戒水位(m)等。

(3)泵站:包括名称、类型、所在位置、所在河湖、设计引水流量(m^3/s)、泵站参照水位站警戒水位(m)等。

(4)堤防工程:包括名称、所在河湖(灌区)、类型、级别、保护耕地面积(万 hm^2)、起点位置和桩号、终点位置和桩号、堤防长度、设计防洪标准(年)、堤防高度(最大值、最小值)、堤顶宽度(最大值、最小值)、设计洪水位等。

以上项目的空间信息包括空间坐标(2000 国家大地坐标系、85 国家高程基准)、边界范围等。

13.2.1.11 属性与空间数据的关联

水系、水体、河(湖)长、行政区划、河(湖)长公示牌等属性数据信息与空间矢量数据的互相关联和对应。根据属性和空间矢量数据信息能分别互相查询到相应空间矢量和属性数据信息。

13.2.2 成员单位数据

省级河长会议成员单位包含省发展和改革委员会、省教育厅、省经济和信息化厅、省财政厅、省自然资源厅、省生态环境厅、省住房和城乡建设厅、省交通运输厅、省农业农村厅、省水利厅、省卫生健康委、省应急厅、省市场建管局、省林业局,如表 13-2 所示。

表 13-2 成员单位数据

序号	单位名称	数据指标
1	省发展和改革委员会	河湖保护有关重大项目、产业政策和规划信息等
2	省教育厅	中小学生河湖保护管理教育活动
3	省经济和信息化厅	工业企业污染控制和工业节水信息等
4	省财政厅	落实省级河长制工作经费,协调河湖管理保护所需资金,监督资金使用等
5	省自然资源厅	负责矿山地质环境恢复治理,水资源调查和确权登记管理工作,协调河湖治理项目用地保障,组织、指导、监督河湖水域岸线等河湖自然资源统一确权登记,配合河湖管理保护范围划界相关工作
6	省生态环境厅	水污染防治的统一监督指导,会同有关部门编制并监督实施省重点流域、流域生态环境规划和水功能区划,监督管理饮用水水源地生态环境保护工作,指导入河排污口设置,制定严格的入河湖排污标准,开展入河污染源调查执法和达标排放监督,组织指导农村生态环境保护,监督指导农业面源污染治理工作,组织河湖水质监测,开展河湖水环境质量评估,依法查处非法排污,水污染突发事件应急监测与处置

续表 13-2

序号	单位名称	数据指标
7	省住房和城乡建设厅	城市黑臭水体、城镇污水、垃圾处理信息等
8	省交通运输厅	航道整治信息,水上运输及船舶、港口、码头污染防治信息等
9	省农业农村厅	监管水产养殖污染防治工作,推进农作物秸秆综合利用,组织开展增殖放流,推进农田废弃物综合利用,依法查处非法捕捞、非法养殖、电毒炸鱼等破坏渔业资源的行为
10	省水利厅	河湖水资源管理保护、水文水质监测,河湖管理范围内建设项目管理、河道采砂管理、水土流失预防与治理,组织对侵占河道、围垦湖泊清理整治,依法查处河湖管理范围内水事违法行为
11	省卫生健康委	指导饮用水卫生监测
12	省应急厅	协助有关省级湖长召开省级河长会议、开展巡河调研,跟踪督办省级湖长交办事项
13	省市场建管局	依法组织查处河湖管理范围及沿线无照经营活动,规范市场经营行为
14	省林业局	生态公益林和水源涵养林建设信息,河湖沿岸绿化和湿地管理保护信息,依法查处破坏森林、湿地、自然保护区行为

第 14 章　数据上传、更新、修改

14.1　数据查看

14.1.1　列表查看

用户登录系统,依据角色权限,分别展现不同种类的数据。数据的内容主要分为两大类,即列表数据和详情数据。点击具体模块,首先会进入列表页面,进行列表展示,如图 14-1所示。

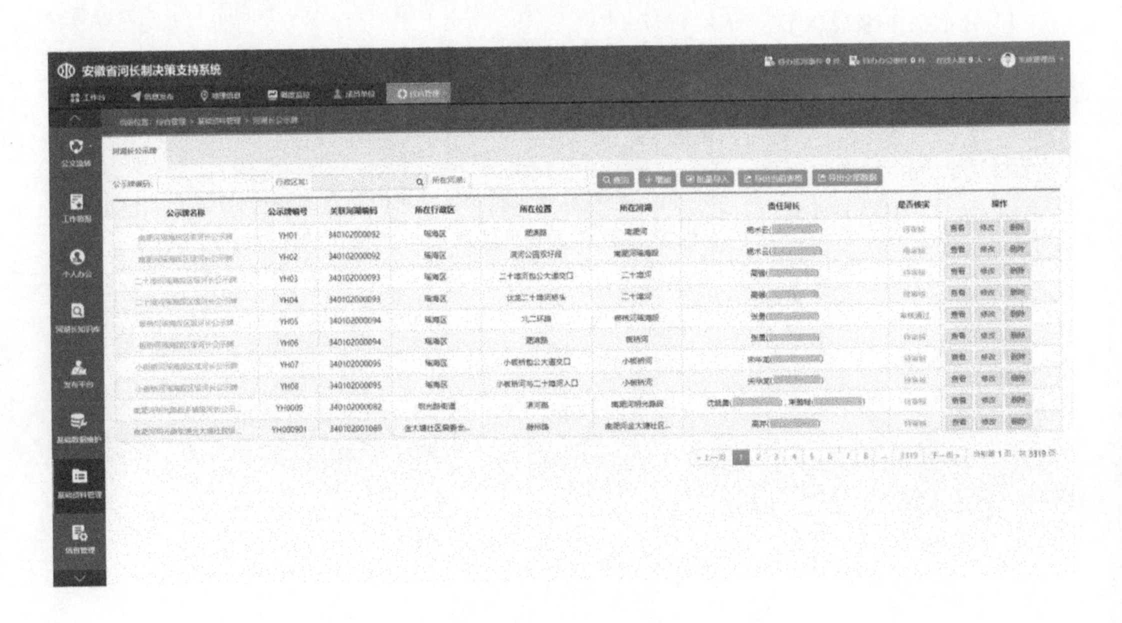

图 14-1　数据列表

14.1.2　详情查看

用户点击一条列表信息,可以查询当前选中的列表的详细内容,如图 14-2 所示。

查看

对象标识信息

公示牌编号：YH01
公示牌名称：南淝河瑶海段区级河长公示牌
所在经度：117.295
所在纬度：31.8675
所在位置：肥溪路
制作日期：2018-07
协助单位：瑶海区委组织部、瑶海区住建局
监督电话：0551-64498060
监制单位：瑶海区河长制办公室
管理范围：南淝河干流水域、岸线及支流河汇
所在行政区划：瑶海区
行政区划级别：县级

双河泵站
市节水办
市排水办
合肥市
锦林建筑工程公司
省汽车客运公司
凯泉泵业
市公安局

取消

图 14-2 详情查看

14.2 数据添加及修改

14.2.1 数据添加

用户可通过每个模块的添加功能给基础数据或者其他模块数据进行新增。在添加页面中，“ * ”号为必填项，其他为选填项，如图 14-3 所示。

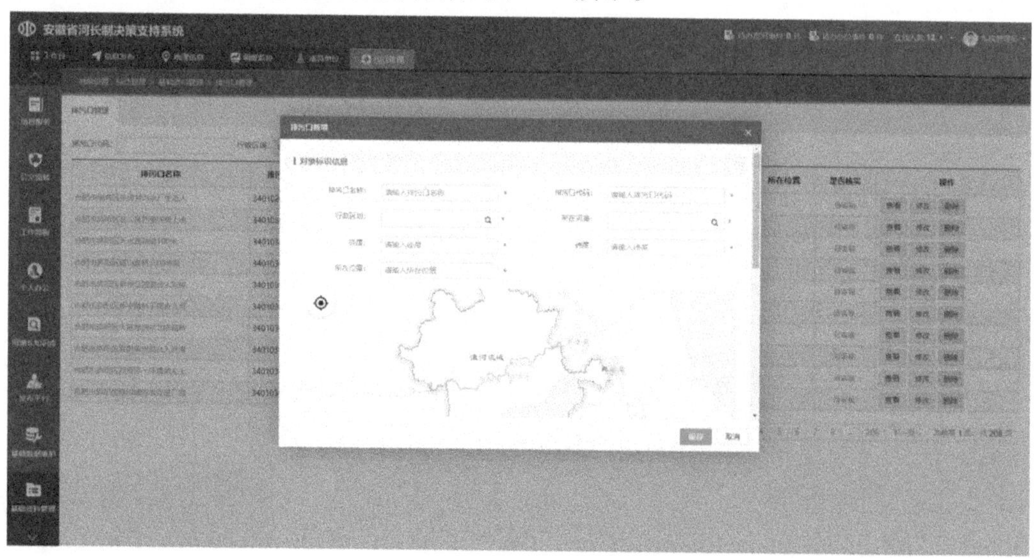

图 14-3 数据添加

14.2.2　数据修改

用户可通过每个模块的修改功能给基础数据或者其他模块数据进行修改。在修改页面中,“ * ”号为必填项,其他为选填项,如图 14-4 和图 14-5 所示。

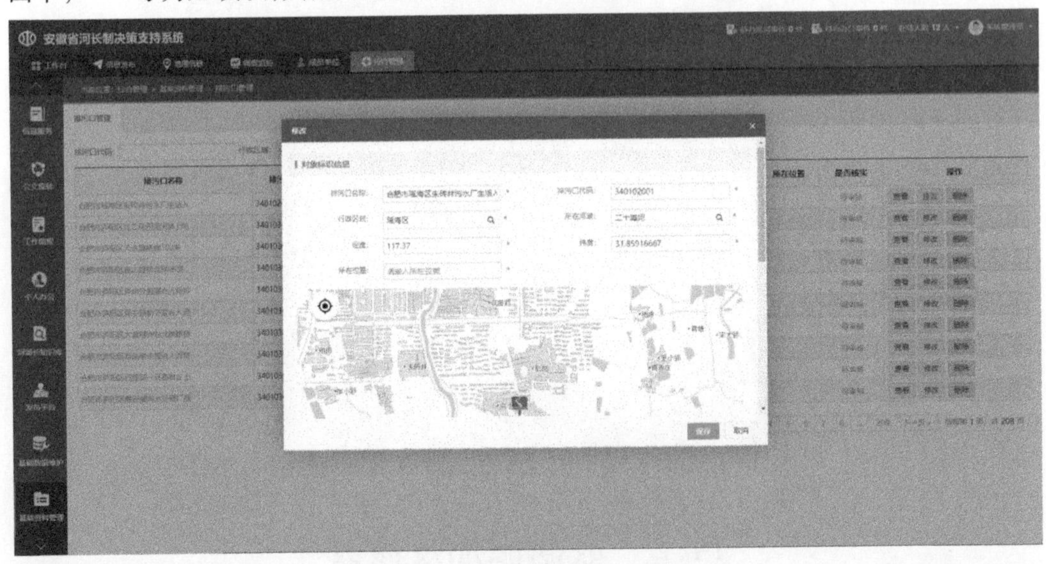

图 14-4　数据修改 – 排污口修改

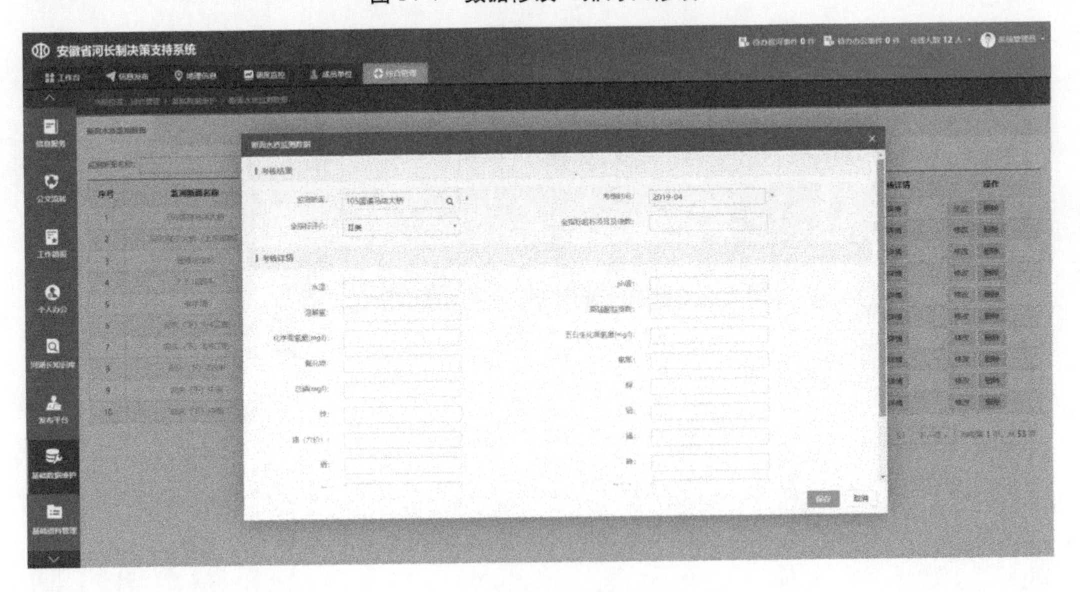

图 14-5　数据添加 – 断面水质监测

14.3　数据审核及更新

14.3.1　数据审核

用户提交的新增或者修改的数据，都会到数据审核的界面。由上级或者相关人员进行数据审核工作，如图 14-6 和图 14-7 所示。

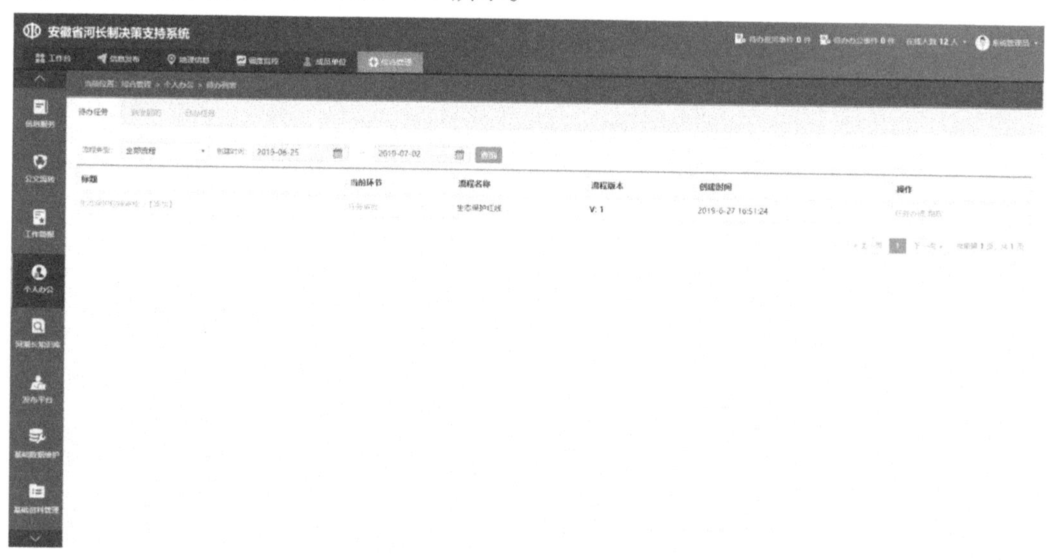

图 14-6　数据审核 – 待审批列表

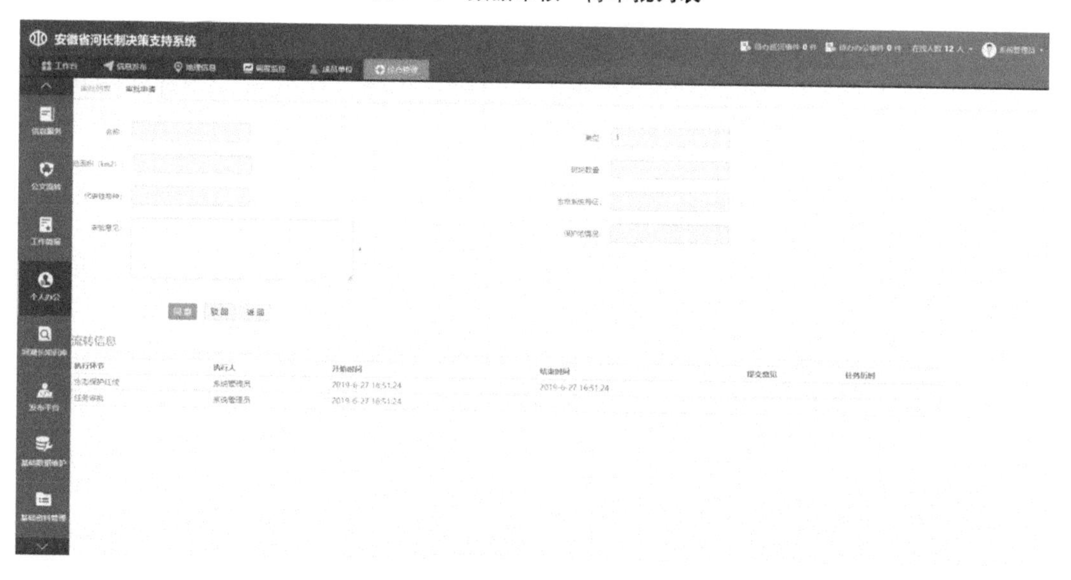

图 14-7　数据审核 – 审批

14.3.2　审核后更新

数据审核完成后,会对数据进行更新。如数据审核不通过,则原先新增或者修改的数据无效。